Grand atlas de

L'ASTRONOMIE

Bernhard Mackowiak

Grand atlas de L'ASTRONOMIE

Au-delà des limites de l'espace et du temps

L'imprévu

PRÉFACE

Établir un atlas illustré offrant une découverte exhaustive et actuelle de l'astronomie, la « science des astres », est une entreprise aussi passionnante qu'ardue. En raison de l'éloignement considérable des objets qu'elle étudie et de l'étrangeté que leur confèrent leurs particularités physiques, l'astronomie apparaît comme une science beaucoup moins abordable que la géographie ou la biologie, par exemple. Qui plus est, l'environnement extrêmement hostile de ces objets les rend inaccessibles à l'expérience directe.

Qu'il s'agisse de photographies, de cartes ou de graphiques, les illustrations de cet ouvrage ne sont que le fruit d'explorations à distance. Les objets célestes représentés sont ceux que les sondes spatiales et les télescopes les plus modernes ont permis d'étudier ; pour beaucoup d'autres, les images font encore totalement défaut. À partir de ce socle de connaissances, de savantes simulations par ordinateur et à l'aide de planétariums numériques permettent cependant de voyager « en autostop » à travers le cosmos et de franchir les limites de l'espace et du temps.

Pour faciliter au maximum l'accès au vaste champ d'étude du ciel et des étoiles, souvent malaisé à appréhender pour le profane, l'atlas débute par les corps célestes essentiels à notre vie quotidienne : le Soleil, la Lune et la Terre. Il présente ensuite les autres éléments du système solaire pour poursuivre par les fascinants objets et phénomènes du monde des étoiles et des galaxies, puis par une discussion des principales théories relatives à la naissance et à l'avenir de l'Univers. L'histoire de l'astronomie en tant que science a été réservée pour la fin. L'auteur a entièrement renoncé aux formules compliquées, aux graphiques complexes et aux grands tableaux. Les données fondamentales sont indiquées dans des cadres informatifs, et les numéros des pages traitant en détail de mots clés, tels « année lumière », figurent en gras dans l'index.

Puisse cet atlas illustré de l'Univers devenir – comme on s'empare d'un atlas géographique pour découvrir une destination du globe dont on avait simplement entendu parler – le guide d'un fascinant voyage dans le monde des étoiles.

SOMMAIRE

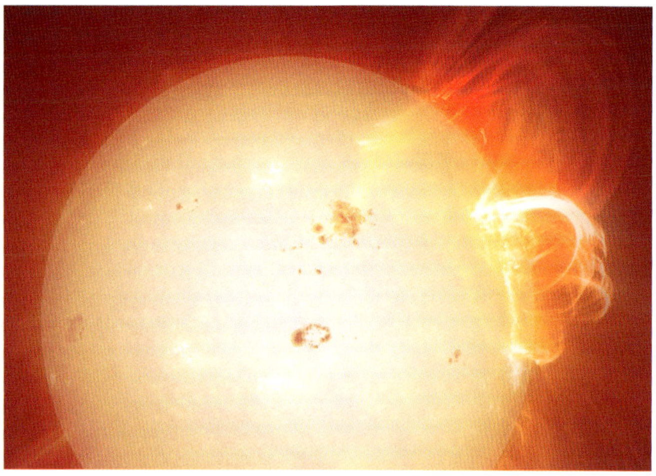

Le Soleil

Une étoile ordinaire

Un modèle stellaire

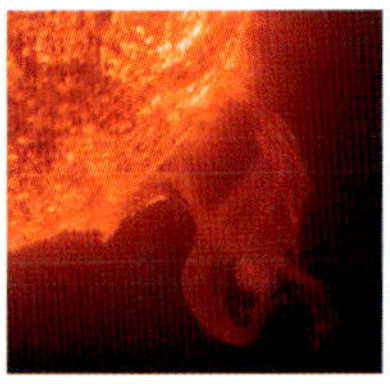

Gigantesque boule incandescente de gaz en fusion, le Soleil est l'étoile la plus proche de nous. Sa distance peu élevée – d'un point de vue astronomique – de la Terre (150 millions de kilomètres), permet d'observer et d'étudier facilement sa surface, qui nous apparaît comme un disque. Les informations obtenues pouvant être extrapolées à d'autres étoiles, le Soleil sert de modèle stellaire.

Image montrant la taille comparée de la Terre et du Soleil, et les **dimensions colossales** de notre étoile centrale.

Le phénomène des **perles de Baily** (ici en Turquie, en mars 2006) apparaît lors d'une éclipse solaire totale. Ces grains de lumière formant comme un collier résultent des différences de relief de la surface lunaire.

Image du Soleil : plus impressionnant corps céleste de notre système solaire, mais simple et modeste soleil parmi des milliards d'autres. «

Notre astre de vie

Aucune vie n'existerait sur Terre sans la lumière et la chaleur du Soleil. C'est lors d'une éclipse solaire totale, quand le disque lunaire masque entièrement l'astre du jour pendant quelques minutes, que l'on se rend le mieux compte de l'importance vitale de notre étoile centrale. La nuit s'abat alors pendant un bref moment sur une région précise de la Terre, tandis que la température chute. Un vent froid balaie la contrée, les oiseaux cessent leurs chants. Que dans des temps anciens, l'homme, saisi de panique, ait tenté par tous les moyens de chasser le démon malfaisant dont on croyait qu'il engloutissait le Soleil, et se soit demandé pourquoi et comment le Soleil brillait, n'a rien de surprenant. Cette question en apparence élémentaire, mais pourtant fondamentale puisqu'elle englobe celle de la nature de l'astre du jour, a longtemps figuré au nombre des problèmes non résolus les plus ardus de la physique et de l'astronomie.

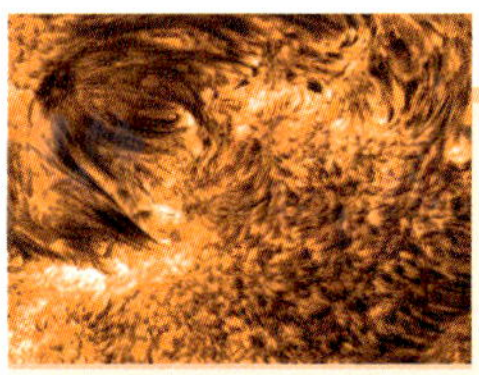

Le Soleil en chiffres

Distance à la Terre : 149, 6 MK
Diamètre à l'équateur : 1,39 MK
Masse : 333 333 Terres
Densité moyenne : 1,41 g/cm^3
Température de surface : 5 507 °C
Température du cœur : 15,7 Mio °C
Période de rotation aux pôles : 34,3 jours terrestres
Période de rotation à l'équateur : 25,5 jours terrestres
Âge : 4,6 Mrd d'années
Composition : hydrogène 73,5 %, hélium 24,9 %, autres éléments 1,6 %

Pourquoi le Soleil brille-t-il ? À cette question, comme dans de multiples domaines de nos sciences modernes, les Grecs ont été les premiers à tenter de trouver une réponse scientifique capable de se substituer aux mythes – ici celui d'Hélios, le dieu du Soleil. Le philosophe grec Anaxagore (499-428 av. J.-C.) soupçonnait ainsi le Soleil d'être une boule de fer incandescente plus grande que le Péloponnèse. Il avait été amené à cette conclusion par la chute d'une météorite ferreuse encore brûlante, qu'il supposa issue du Soleil. Cette affirmation, hautement hérétique pour l'époque, eut pour effet le bannissement d'Anaxagore de sa ville natale.

Au cours des siècles suivants, la question de la nature du Soleil ne fut plus à l'ordre du jour : personne, en effet, n'était en mesure de s'imaginer des matières capables de produire lumière et chaleur sur une période de plusieurs millénaires – puisqu'en référence à la Bible, on estimait l'âge du Soleil à 6 000 ans.

Hélios, dieu du Soleil de la mythologie grecque, avait pour tâche de conduire jour après jour le char du Soleil à travers les cieux.

Le charbon et le pétrole eux-mêmes, sources d'énergie de l'ère industrielle, ne réussiraient à alimenter que peu de temps la combustion du Soleil. Et même en admettant que le Soleil tire son énergie de la contraction continue de sa sphère gazeuse (environ 60 mètres par an), il ne devrait alors briller que pendant 30 millions d'années – or la Terre en compte déjà au moins 4,5 milliards.

Une gigantesque bombe à hydrogène Les progrès de la physique nucléaire, dans les années 1920 et 1930, fournirent enfin la clé permettant d'expliquer la production d'énergie au cœur du Soleil et, par là même, au sein des étoiles. Notre Soleil est constitué à 73,5 % d'hydrogène, à 24,9 % d'hélium et à 1,6 % d'éléments lourds. En approchant du cœur, la pression, la densité et la température augmentent si fortement que les noyaux d'hydrogène (protons) fusionnent en hélium (fusion nucléaire). Au cours de ce processus, le Soleil s'allège d'environ 4 millions de tonnes par seconde ; cette matière n'est pas perdue, mais transformée en énergie. Cette dernière est continuellement transportée vers l'extérieur jusqu'en surface, d'où elle est émise dans l'espace sous forme de lumière visible, de rayonnements ultraviolets et calorifiques, d'ondes radio, de rayons X et gamma, et du rayonnement des neutrinos. Le cœur de notre Soleil ressemble donc à une gigantesque bombe à hydrogène. Mais la pression exercée par les couches extérieures de l'étoile sur l'intérieur de celle-ci permet de contrôler la réaction atomique.

Le Soleil vu en lumière ultraviolette : cliché en **couleurs artificielles** pris par le satellite d'observation du Soleil SOHO.

L'intérieur mystérieux du Soleil

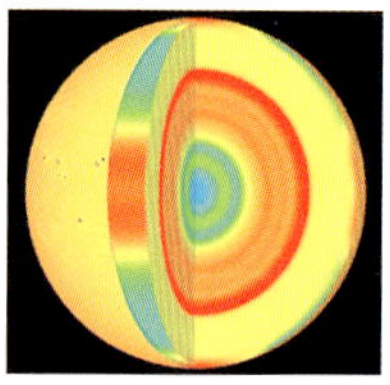

En raison des conditions extrêmes qui y règnent, nul n'a bien sûr jamais vu à quoi ressemble l'intérieur du Soleil. Les télescopes et images satellitaires ne nous permettent d'observer que la couche supérieure brillante du Soleil – la photosphère –, ainsi que l'« atmosphère solaire » qui l'enveloppe : la chromosphère et la couronne.

Pour recueillir des informations leur permettant de développer des modèles de la structure du Soleil, les scientifiques en sont donc réduits à des expérimentations et calculs sur le comportement de la matière dans des situations données, à la mesure des oscillations solaires – comparables à celles des ondes sismiques sur la Terre – ainsi qu'à l'observation des diverses formes d'activité solaire grâce aux satellites SOHO ou SDO. Ces observations montrent que notre Soleil se compose de différentes couches, ou zones.

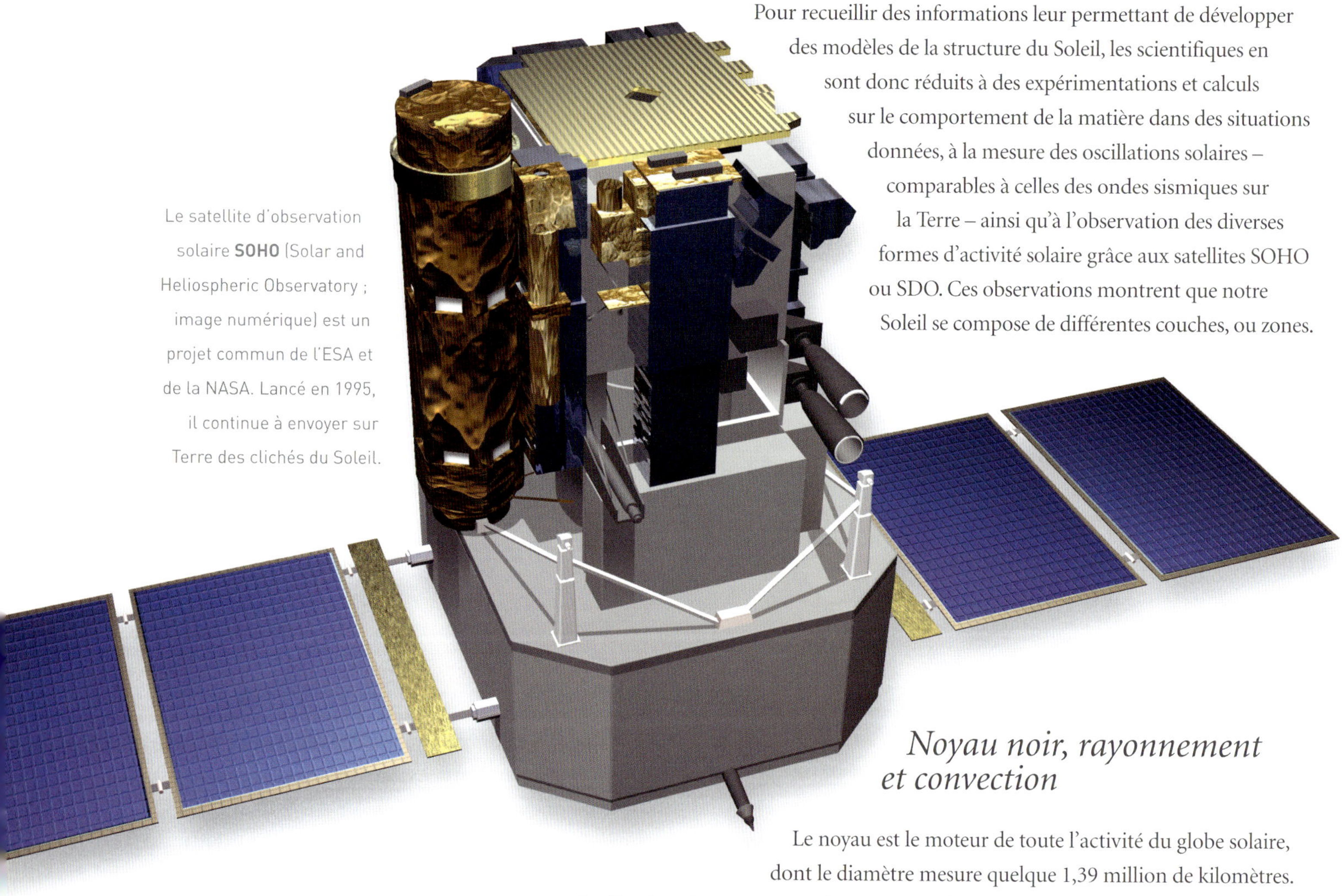

Le satellite d'observation solaire **SOHO** (Solar and Heliospheric Observatory ; image numérique) est un projet commun de l'ESA et de la NASA. Lancé en 1995, il continue à envoyer sur Terre des clichés du Soleil.

Noyau noir, rayonnement et convection

Le noyau est le moteur de toute l'activité du globe solaire, dont le diamètre mesure quelque 1,39 million de kilomètres. Le diamètre du noyau est estimé à 250 000 kilomètres. Le noyau, où la température atteint 15,7 millions °C et la densité 134 grammes par centimètre cube (ce qui la rend 160 fois supérieure à celle de l'eau), est le siège de l'activité nucléaire du Soleil : l'hydrogène y est transformé en hélium. Mais le noyau ne doit pas être représenté comme une boule chauffée à blanc ; il y règne une nuit d'encre, car l'énergie qui y est produite (comme les rayons X et gamma) est invisible pour l'œil humain.

Du fait de sa diffusion au travers d'innombrables particules élémentaires, l'énergie produite dans le noyau met très longtemps à parvenir jusqu'à la surface du Soleil ; une particule élémentaire de lumière (photon) ne rayonnera dans l'Univers qu'au bout d'environ 100 000 ans.

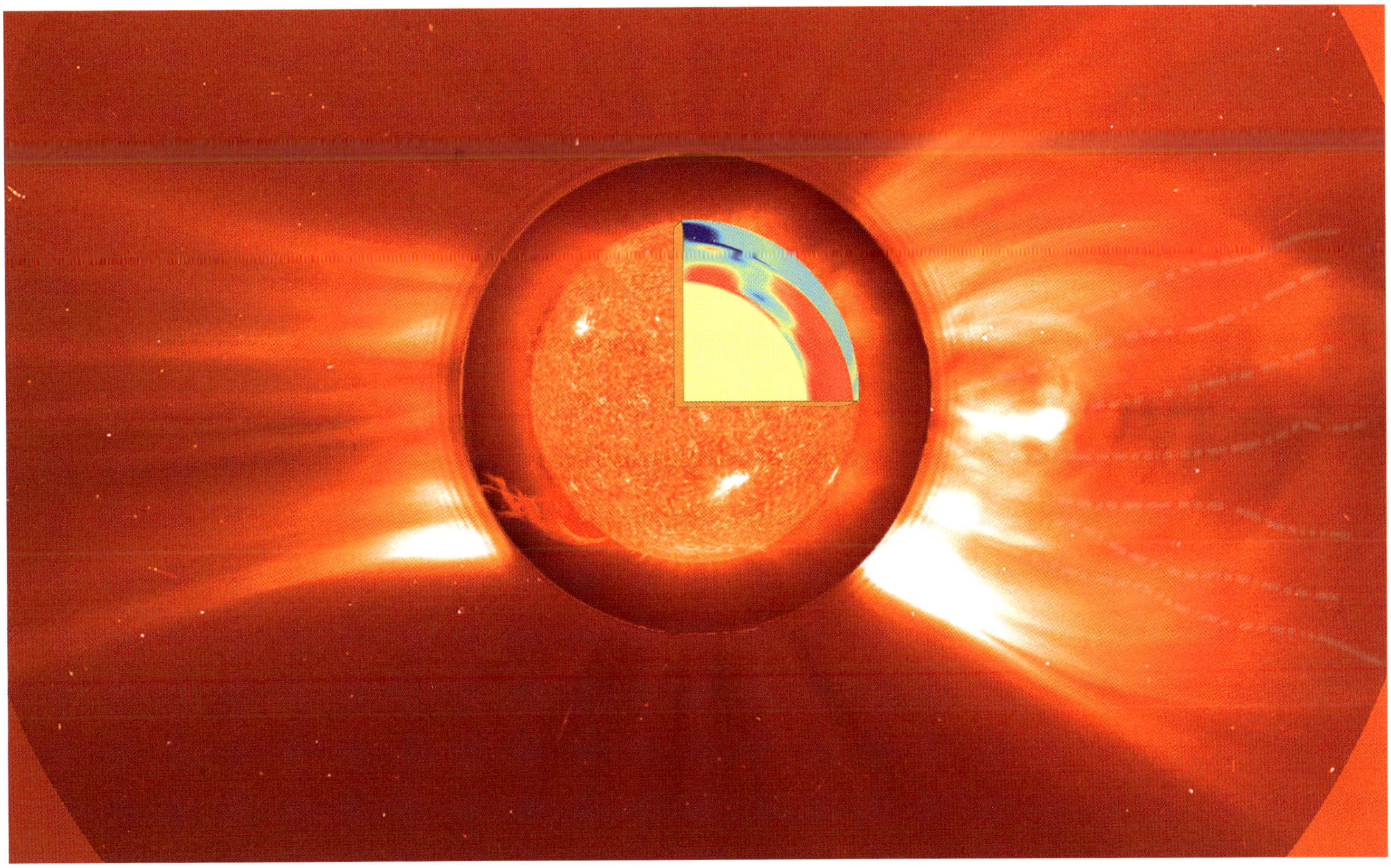

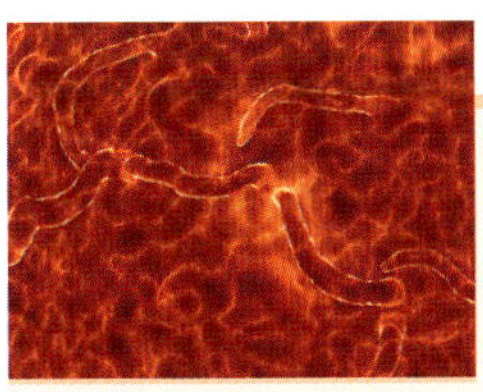

La fusion nucléaire solaire

Le four solaire Le Soleil est principalement composé d'hydrogène et d'hélium, dont la densité, la pression et la température augmentent sans cesse de l'extérieur vers le centre. Au cœur du Soleil se déroulent ainsi de gigantesques processus de fusion : la réaction dite « chaîne proton-proton » et le cycle carbone-azote-oxygène, celui-ci ayant une moindre part dans la production d'énergie. Pour décrire simplement le processus, nous dirons que la fournaise du cœur empêchant la formation complète des atomes d'hydrogène et d'hélium, donnant une « bouillie » – un plasma composé de noyaux atomiques « nus », d'atomes ionisés et d'électrons libres se déplaçant à une vitesse vertigineuse. Quand deux noyaux d'hydrogène se rencontrent, il en résulte par fusion un isotope lourd d'hydrogène, le deutérium 2D. Si un autre noyau d'hydrogène s'ajoute, on obtient l'isotope léger d'hélium, 3He. Supposons à présent que deux noyaux de cet isotope 3He entrent en collision, il en résultera deux noyaux d'hydrogène et un noyau d'hélium classique, 4He, composé de deux protons et de deux neutrons. Au cours de chacune de ces phases se forme un noyau un peu plus lourd, et d'énormes quantités d'énergies sont alors libérées. La puissance totale rayonnée par le Soleil s'élève à $3{,}83 \times 10^{23}$ kilowatts. Le Soleil produit 62 900 kilowatts par mètre carré de surface, soit un million d'ampoules à incandescence traditionnelles.

Les différents matériels photographiques embarqués à bord du satellite SOHO fournissent d'innombrables données relatives aux très nombreuses branches de la recherche sur le Soleil. Cette image composée de plusieurs clichés montre des rivières de **plasma** à l'intérieur du Soleil, ainsi que des flares et des protubérances à sa surface, pris sous lumière ultraviolette.

Sous la mince surface du Soleil appelée **photosphère** se trouve la zone de **convection**, où la matière solaire est en perpétuel renouvellement. Au-dessous se situent la zone **radiative**, puis au centre du Soleil le **noyau**, dont la température atteint plusieurs millions de degrés Celsius.

En se transportant vers l'extérieur, l'énergie traverse d'abord la zone radiative. Dans cette couche déjà un peu moins brûlante qui occupe 70 % du radius solaire, l'énergie se transmet par rayonnement. La zone convective située au-dessus occupe environ 20 % du radius solaire. Sous la pression radiative s'exerçant vers l'extérieur, le gaz s'échauffe, se dilate et remonte vers la surface, où il libère l'énergie absorbée. Ce faisant, il se refroidit et se comprime pour finalement retomber, permettant la reprise du cycle. Ce processus est appelé convection.

Les phénomènes visibles à la surface

La surface apparente du Soleil, ou photosphère, est située juste au-dessus de la zone convective. Cette couche de gaz, dont provient la lumière visible de l'astre, entoure l'épaisse structure interne du Soleil comme d'un cocon ; sa température est d'environ 6 000 °C et son épaisseur de 300 à 400 kilomètres, soit 6 000 fois celle de notre atmosphère terrestre. La photosphère, en état d'ébullition, doit son aspect granuleux et bulleux à la remontée et à la retombée incessante de courants de gaz incandescents, formant des bulles de 1 000 kilomètres de diamètre. Ce phénomène porte le nom de granulation.

Les granules, au nombre de un à deux millions, sont constamment en mouvement ; leur durée de vie moyenne n'est que de huit minutes. Les granules sont un signe visible de la convection s'opérant sous la photosphère. Ces gros « bouillons » de matière solaire s'élèvent à la vitesse de 6 à 10 kilomètres à l'heure ; la matière s'écoule et refroidit dans les zones plus sombres situées entre les bulles de gaz, à la température plus basse de 300 °C, puis redescend. La photosphère n'est pas seulement la surface visible du Soleil ; elle constitue également la couche inférieure de l'atmosphère du Soleil, laquelle se compose de la chromosphère et de la couronne.

La chromosphère, de 2 000 kilomètres d'épaisseur, doit son nom de « sphère de couleur » à son aspect rouge-orangé. La température y passe de 4 500 à

La surface du Soleil est constamment agitée. La **granulation** n'est que la manifestation de phénomènes se produisant en profondeur.

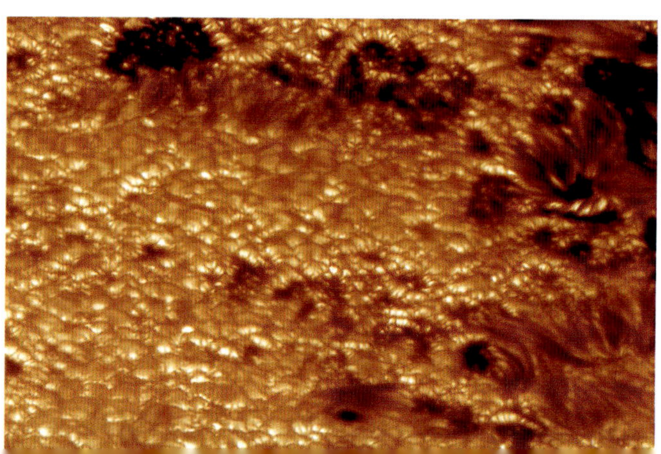

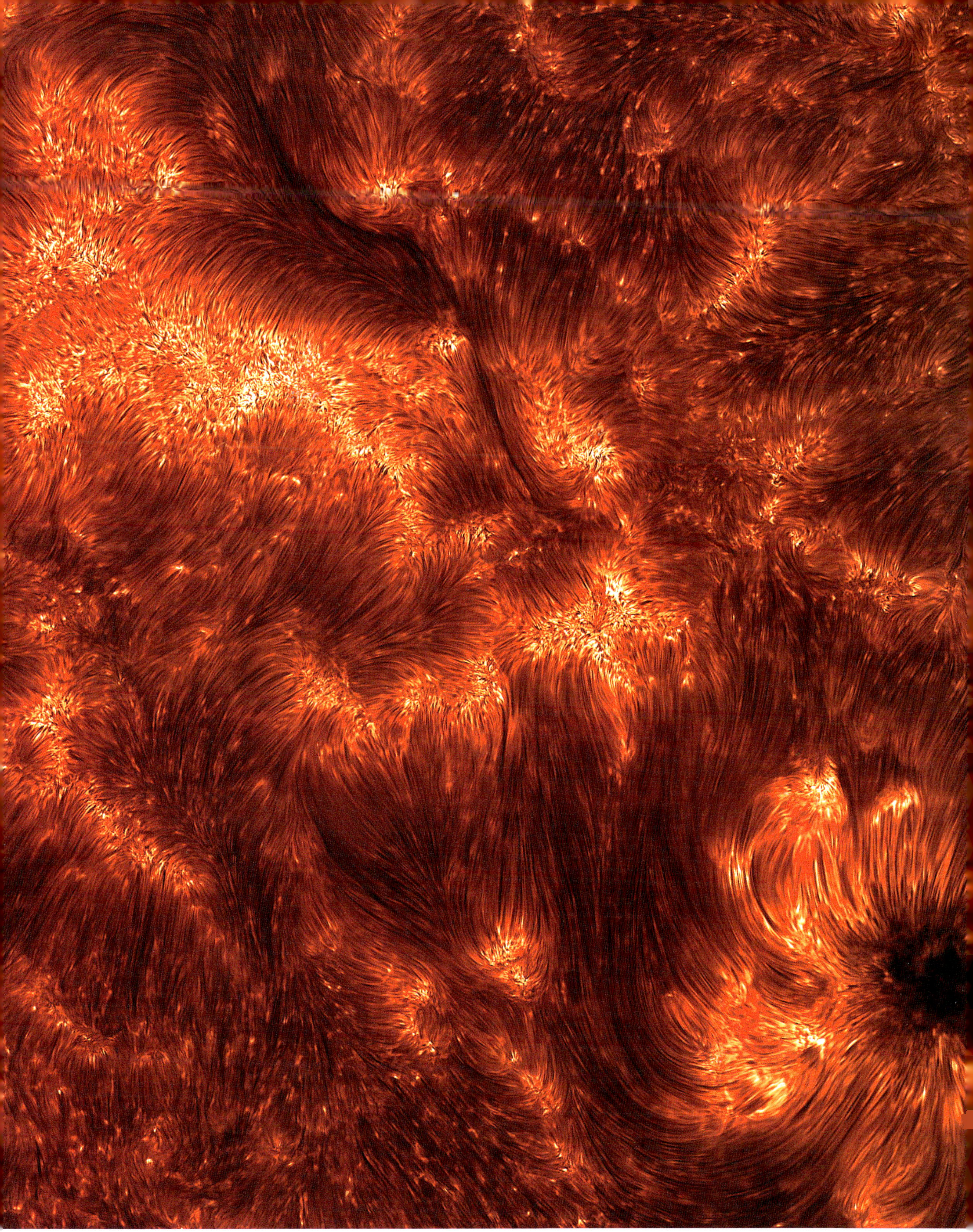

Spicules (colonnes de gaz) jaillissant de la surface solaire à la périphérie de la chromosphère.

L'enveloppe de gaz ténue formant la **couronne** n'est visible que lors d'une éclipse totale de Soleil. Sa forme varie en fonction de l'activité solaire.

quelque 20 000 °C. La chromosphère ne peut être observée qu'à la faveur d'éclipses totales de Soleil, ou bien encore à l'aide de télescopes spéciaux et de satellites. On aperçoit alors une multitude de colonnes de plasma pareilles à des flammes : les spicules. Les spicules jaillissent pendant quelques minutes, le long des lignes de champ magnétique, jusqu'à 10 000 kilomètres de hauteur.

La chromosphère est entourée d'une mince couche intermédiaire d'aspect irrégulier, où la température, pour des raisons encore obscures aux scientifiques, passe de 20 000 à 1 million de degrés Celsius.

La couronne Au-dessus de cette couche atmosphérique se situe la couronne, la couche la plus externe de l'atmosphère solaire, qui s'étend sur des millions de kilomètres dans l'espace. Sa densité est 1 billion de fois moindre que celle de la photosphère. En raison de sa luminosité beaucoup plus réduite, la couronne ne peut être directement observée que lors des éclipses totales de Soleil ; elle a alors l'aspect d'une auréole rayonnant autour du disque solaire obscurci par la Lune. La forme de cette auréole n'est pas toujours identique, et varie avec le cycle des taches solaires.

Au maximum de ce cycle, la couronne apparaît presque circulaire ; au minimum solaire, elle paraît très aplatie aux pôles et présente dans les régions équatoriales des jets lumineux se prolongeant loin dans l'espace ; au niveau des pôles solaires au contraire, on ne distingue que de courts rayons crépusculaires orientés presque radialement. La couronne, constituée d'une mince couche de plasma, présente une température extrême (2 millions de degrés Celsius), dont on ne s'explique pas encore totalement les raisons – les plus probables étant des phénomènes magnétiques : tempêtes solaires ou éjections de masse coronale, aussi appelées CMEs (Coronal Mass Ejections). Il s'agit d'éjections occasionnelles par la couronne solaire de plasma dans l'espace, qui se mêlent à très haute altitude au vent solaire.

Protubérances et flares

De la chromosphère s'élèvent fréquemment, à 100 kilomètres à la seconde et jusqu'à plus de 100 000 kilomètres de hauteur, d'énormes masses de gaz dessinant parfois des arches spectaculaires le long des lignes de champ magnétique : les protubérances. Ces éruptions gazeuses, qui sont parmi les plus splendides et impressionnants phénomènes visibles à la surface du Soleil, peuvent atteindre une température dépassant 10 000 °C. Les protubérances peuvent soit se manifester sous la forme de brèves éruptions, soit persister

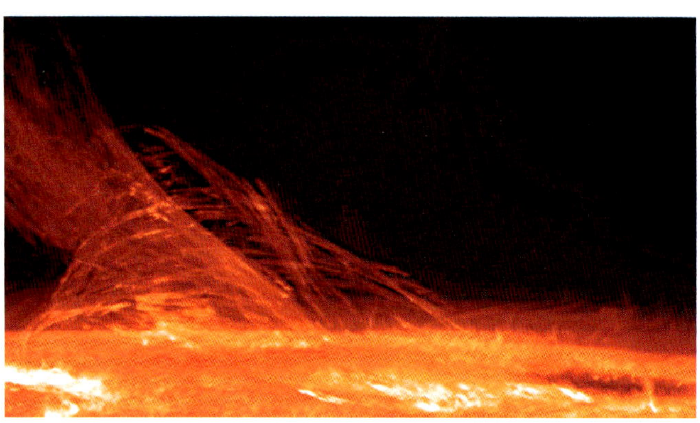

La surface du Soleil est en activité perpétuelle : le long des lignes de **champ magnétique**, des masses de gaz sont sans cesse éjectées.

Les protubérances peuvent prendre des dimensions gigantesques et former des **éjections de masse coronale** dans l'espace. »

plusieurs semaines. Leurs dimensions, variables, atteignent généralement plus de 100 000 kilomètres de longueur pour un peu plus de 10 000 kilomètres d'épaisseur.

Les flares (mot anglais signifiant « flamboiement ») sont un phénomène tout aussi fréquent, qui porte également le nom d'« éruptions chromosphériques ». Contrairement aux protubérances, ces flamboiements soudains de lumière ne sont observables qu'à l'aide d'instruments spéciaux, comme le spectrohélioscope ou le filtre H-Alpha. Un flare libère une énorme quantité de rayonnement et de particules chargées. L'événement peut durer quelques minutes, ou se prolonger plus d'une heure ; la masse de radiations alors délivrée est si importante qu'elle est capable de perturber les radiocommunications sur la Terre.

Les éjections de masse coronale En même temps que les flares s'observent des éjections de masse coronale (CMEs). Il s'agit de gigantesques masses de gaz dont les énormes bulles de plasma, semblables à un nuage en forme de croissant, peuvent peser jusqu'à 1 013 kilogrammes, et sont éjectées dans l'espace à une vitesse dépassant parfois 2 000 kilomètres à la seconde. Le plasma s'échauffe pour atteindre des millions de degrés, et dégage une énergie radiative de 1024 joules – soit 1 000 fois la consommation annuelle d'énergie de l'humanité.

Les particules électromagnétiques de haute énergie éjectées vers la Terre en période d'augmentation de l'activité solaire sont à l'origine des **aurores polaires**.

Une augmentation de l'activité solaire peut provoquer des **surtensions** dans les centrales et paralyser le réseau électrique pour plusieurs heures. »

Ces éjections explosives de matière provoquent au sein des vents solaires des ondes de choc comparables au bang supersonique d'un avion. Quand ces ondes rencontrent l'atmosphère terrestre, elles déclenchent sur Terre des tempêtes électromagnétiques se manifestant sous la forme d'aurores polaires à la fréquence accrue.

Carrington Event La plus violente de toutes les éjections de masse coronale – la Carrington Event (nom de son découvreur, Richard Carrington) – s'est produite le 1er septembre 1859. Des aurores polaires flamboyèrent sur Rome et entre Cuba et Hawaï. On prétend qu'au-dessus des Rocheuses, elles furent si lumineuses que certains mineurs crurent l'heure du petit-déjeuner arrivée. Ce fut une « chaude » journée pour le réseau télégraphique mondial : des courants à haute tension parcouraient les lignes comme l'éclair ; le papier des télégrammes s'embrasait.

De nos jours, les répercussions d'un tel événement seraient plus lourdes encore : notre monde technicisé, interconnecté par un réseau de lignes de transport d'énergie, de pipelines et de systèmes de communication, est entièrement dépendant de l'énergie électrique. En cas de CMEs, les particules chargées pourraient également induire des surtensions dans les lignes à haute tension ; ce fut le cas le 13 mars 1989, où une tempête solaire paralysa une centrale électrique au Québec, plongeant dans l'obscurité six millions de personnes pendant neuf heures.

Des satellites menacés

Piège à électrons Les super-tempêtes solaires sont très dangereuses pour les satellites de télécommunications et météorologiques, qui croisent en orbite géostationnaire à près de 36 000 kilomètres d'altitude, ou encore les satellites GPS gravitant à 20 000 kilomètres de la Terre. La raison en est les caractéristiques de la ceinture de Van Allen, la plasmasphère enveloppant notre planète. En temps normal, cette enveloppe s'étend sur quatre rayons terrestres, voire plus ; lors des tempêtes solaires, elle retient les électrons éjectés. Mais en période d'activité solaire intense, il pourrait arriver que la ceinture Van Allen soit tellement comprimée et « usée » que les particules du vent solaire atteignent une zone interne où elles resteraient piégées. Très fortement accélérés par les champs électromagnétiques de cette zone, les électrons endommageraient les équipements des satellites.

Les taches solaires

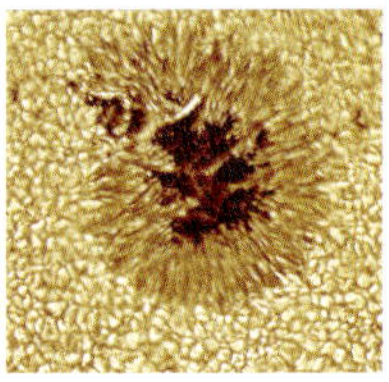

Les taches solaires sont les plus connus des phénomènes visibles à la surface du Soleil. Ces points sombres sont en effet on ne peut plus faciles à observer : il suffit de projeter l'image du Soleil (afin de ne pas être aveuglé) sur un écran blanc, ou de regarder l'astre à travers des filtres spéciaux, assez onéreux.

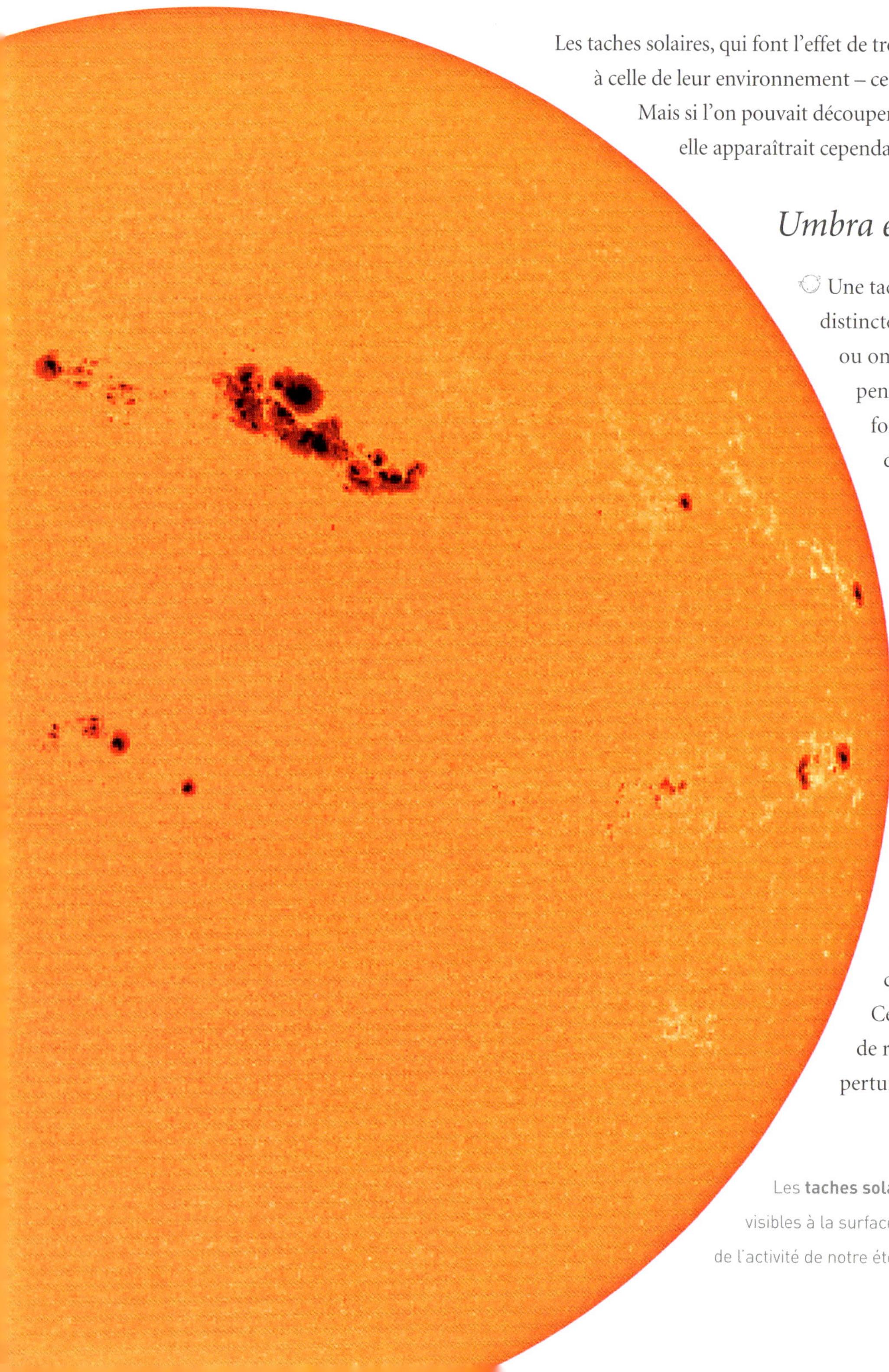

Les taches solaires, qui font l'effet de trous, ont une température inférieure de 1 000 °C à celle de leur environnement – ce qui explique leur luminosité plus faible. Mais si l'on pouvait découper une tache pour l'afficher contre le ciel, elle apparaîtrait cependant dix fois plus lumineuse que la pleine lune !

Umbra et Penumbra

Une tache solaire type se compose de deux parties distinctes : une région sombre au centre dite umbra, ou ombre, et une bordure plus claire appelée penumbra, ou pénombre. La pénombre est formée de filaments clairs et sombres rayonnant dans toutes les directions à partir du centre. La température de l'umbra atteint dans les 4 000 °C, celle de la penumbra entre 5 000 °C et 5 500 °C – le reste de la surface du Soleil affichant pour sa part 6 000 °C.

Nées de perturbations du champ magnétique

Les taches solaires résultent de perturbations locales du puissant champ magnétique solaire. Le champ magnétique a pour origine la « dynamo solaire », une couche gazeuse de quelque 61 000 kilomètres d'épaisseur en rotation au-dessous de la zone convective, à 216 000 kilomètres de profondeur. Cette couche changeant constamment de vitesse de rotation, il en résulte des turbulences et des perturbations chaotiques donnant naissance au

Les **taches solaires sombres** et les **facules brillantes** visibles à la surface du Soleil témoignent clairement de l'activité de notre étoile centrale.

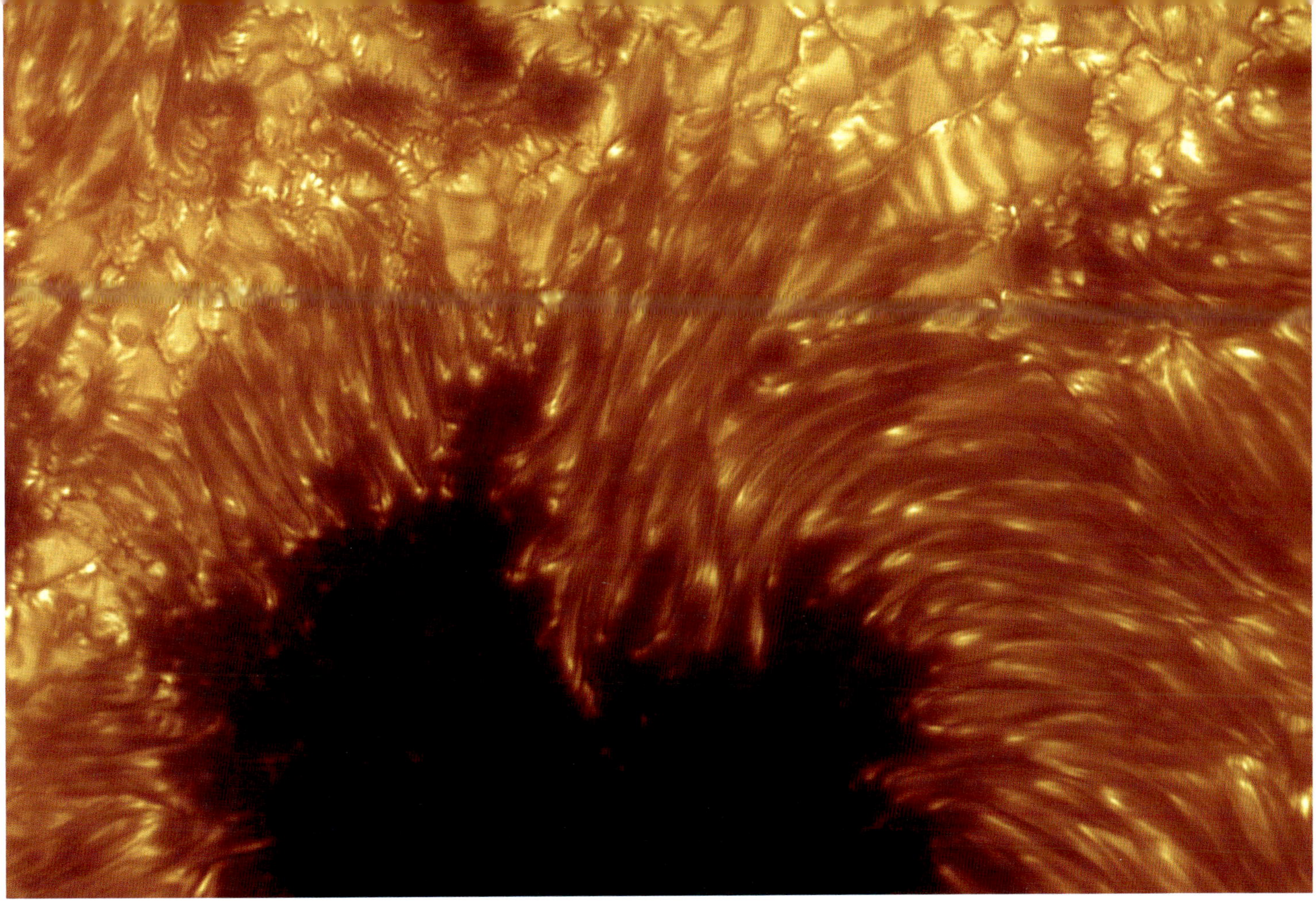

Gros plan d'une tache solaire et de son environnement. La région sombre, car plus froide, correspond à une **irruption de gaz magnétisé** à travers la surface solaire.

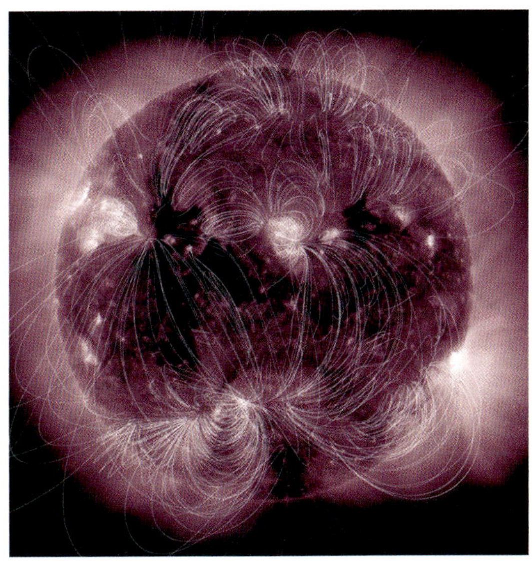

En lumière X, les régions d'activité du Soleil apparaissent avec une netteté particulière et en plus grand nombre : ici, les **trous coronaux** – zones de plus faibles densité et température.

champ magnétique. Normalement, les lignes du champ magnétique solaire suivent les méridiens d'un pôle à l'autre. Mais en raison des différences de rotation du globe solaire en fonction des latitudes, ces lignes s'incurvent au fil du temps, pour finir par s'enrouler autour de l'astre. Aux endroits où les lignes se réunissent en écheveau, le champ magnétique s'intensifie.

Il arrive que le champ magnétique forme des entrelacs, et que des boucles de lignes de force s'échappent de la photosphère jusque dans la couronne en perçant la surface, perturbant le mouvement des cellules de convection – la granulation. À ces endroits se forme d'abord une facule (une tache brillante), sur le côté ouest de laquelle apparaît ensuite une petite tache (pore). Le plasma conflue dans ce pore qui peut mesurer plusieurs milliers de kilomètres et où la Terre logerait aisément, puis disparaît dans ses profondeurs à la vitesse de 1 kilomètre par seconde.

Grâce à ce processus, le champ magnétique « gelé » dans le plasma s'intensifie, le transport d'énergie vers l'extérieur est réduit et la surface se refroidit. Le résultat est l'apparition d'une tache solaire, dont la stabilité est assurée par le courant qu'elle entretient – puisque le plasma s'engouffrant du bord se refroidit, et retourne donc s'engloutir à l'intérieur du Soleil. L'apparition de flares près des taches solaires actives n'est donc pas un effet du hasard.

En l'espace de quelques heures, de petites taches apparaissent ensuite aussi sur le côté est de la facule. Puis, ces petites taches fusionnent, tandis que la tache occidentale initiale forme une penumbra. Après quelques jours, une pénombre se forme aussi autour de la tache orientale. D'autres taches se multiplient ensuite

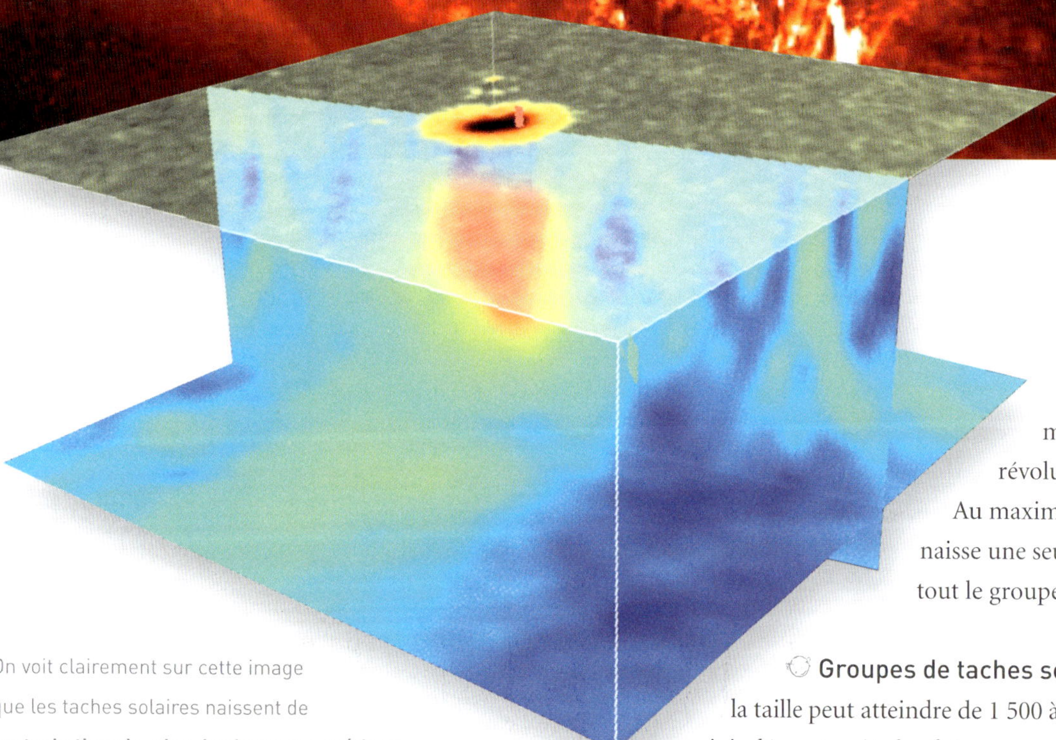

entre ces deux taches, puis toutes disparaissent, à l'exception de la tache occidentale. La tache restante peut persister plusieurs mois, et donc pendant plusieurs révolutions de la Terre autour du Soleil. Au maximum d'activité du cycle, il arrive que naisse une seule et grande pénombre entourant tout le groupe.

On voit clairement sur cette image que les taches solaires naissent de **perturbations locales du champ magnétique**, auxquelles s'ajoute le rôle des courants convectifs présents sous la photosphère ; celle-ci se détache en teinte plus sombre, sa température étant inférieure de 1 000 à 2 000 °C à celle de la surface, ornée de granules.

Groupes de taches solaires Les taches solaires, dont la taille peut atteindre de 1 500 à 50 000 kilomètres, apparaissent soit isolément, soit plus fréquemment en groupes. Ces constellations sont souvent constituées d'une grande et d'une petite taches « principales », ientourées de plusieurs taches plus petites. Un groupe de taches solaires type apparaît par ailleurs composé par paires de polarités magnétiques opposées – l'une des taches se comportant comme un pôle Nord magnétique, l'autre comme un pôle Sud.

La puissance du champ magnétique de l'umbra se situe entre 1 000 et 4 000 gauss, ce qui la rend près de dix mille fois supérieure à celle du champ magnétique terrestre. Le dessin des lignes de champ entre un couple de taches est semblable à celui que l'on observe autour d'un aimant droit. L'existence des taches solaires peut aller

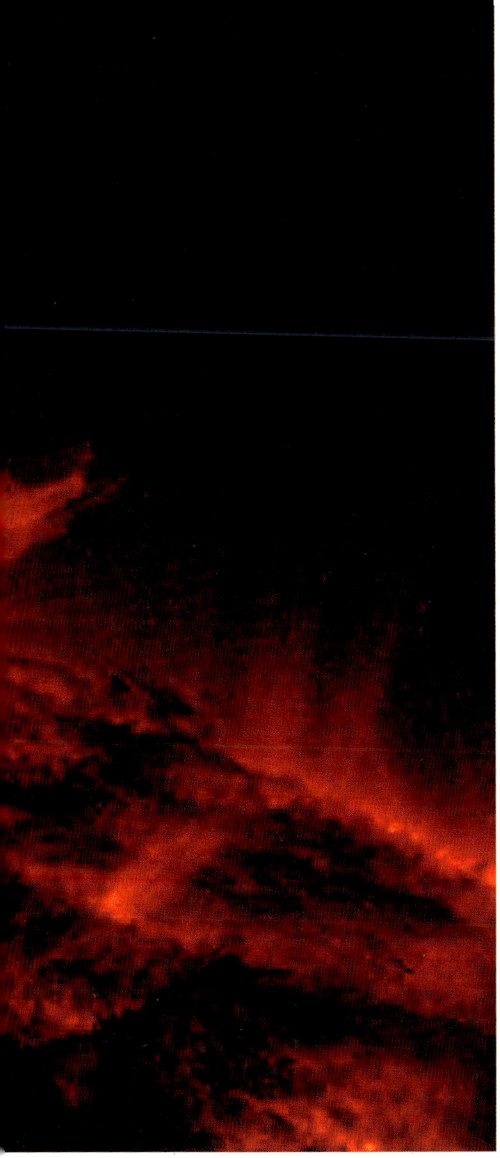

Le petit âge glaciaire

Activité solaire et climat On appelle « petit âge glaciaire » une série d'hivers rigoureux qui sévirent en Europe entre 1675 et 1716. Au cours des hivers 1683 à 1689, la Tamise gela si fortement que les habitants de Londres organisèrent sur la glace des « foires de Gel ». Il semble qu'il n'y ait pratiquement pas eu de taches solaires à cette époque, et donc pas d'activité solaire. De nombreux chercheurs établissent ainsi une correspondance entre le minimum solaire découvert en 1890 par Edward Walter Maunder (minimum de Maunder) et cette période de froid. Entre 1100 et 1250, il se produisit exactement le cas contraire : la période chaude médiévale. Le Soleil devint si actif et son rayonnement si fort, que l'on put cultiver la vigne en Norvège et que le Groenland était véritablement *« grön »*, c'est-à-dire vert.

Les **zones magnétiques actives**, comme les environs d'une tache solaire, se reconnaissent à la présence de flares et de boucles de plasma dans la couronne.

de quelques heures à plusieurs mois. Ces taches migrent en 13,5 jours d'une extrémité à l'autre du disque visible du Soleil. Par conséquent, une tache solaire donnée, et dotée d'une vie suffisante, disparaîtra à la vue durant le même laps de temps, pour retourner à son emplacement initial au bout de 27 jours.

La rotation du Soleil Sur la base de l'observation qui précède, il est possible de calculer la durée de rotation du Soleil, qui n'est cependant que de 25 jours : la Terre continuant en effet à se déplacer sur son orbite, un observateur devra attendre deux jours de plus pour retrouver une tache solaire donnée à son « ancienne » place. De plus, le Soleil étant un corps gazeux, ses diverses régions tournent à des vitesses différentes autour de l'axe propre. Cette rotation, dite différentielle, fait que son mouvement se ralentit à mesure que l'on approche des pôles. Tandis qu'à l'équateur, par exemple, la période de rotation propre est de 25,05 jours, elle sera de 34,3 jours aux pôles. Ceci n'est toutefois valable que pour la photosphère. Au début des années 1990, on s'est en effet aperçu qu'au-dessous de la zone de convection, le Soleil offre une période de rotation de 27 jours exactement.

Le cycle des taches solaires

Minimum-Maximum Si l'on surveille le nombre de taches solaires sur une assez longue période, on constate que leur nombre varie selon une certaine périodicité. Tous les 11 ans environ, des taches de grande taille apparaissent en grand nombre sur le Soleil ; à cette période succède une autre où il ne se passe quasiment rien à cet égard. Les astronomes parlent de maximum et de minimum solaires. L'intervalle de temps entre deux maxima peut osciller entre 7,3 et 15 ans. Ce cycle – également nommé « cycle de Schwabe », du nom de son découvreur Samuel Heinrich Schwabe –, est la signature visible de l'activité du Soleil. Les premières taches apparaissent à proximité des pôles solaires, puis vont s'accumulant et se rapprochent de l'équateur jusqu'au maximum solaire. La cause de cette migration réside vraisemblablement dans la rotation inégale de notre étoile centrale, dont il résulte que les zones magnétiques se trouvent déplacées vers l'équateur. Ce phénomène est représenté graphiquement sous forme d'un « diagramme papillon ».

Les cycles des taches solaires sont répertoriés avec soin ; le maximum solaire du 24e cycle a par exemple eu lieu en 2012-2013. Ce cycle a été précédé d'un cycle deux fois plus long (22 ans). Il est probable que des cycles plus longs encore ont existé, par exemple de 80-90 ans, ou même des périodes de 145 à 200 ans. D'un autre côté, les documents historiques témoignent de la survenue occasionnelle de grandes périodes d'inactivité dans le cycle des taches solaires, comme le minimum de Maunder, qui s'étendit de 1645 à 1715 et est associé au « petit âge glaciaire ».

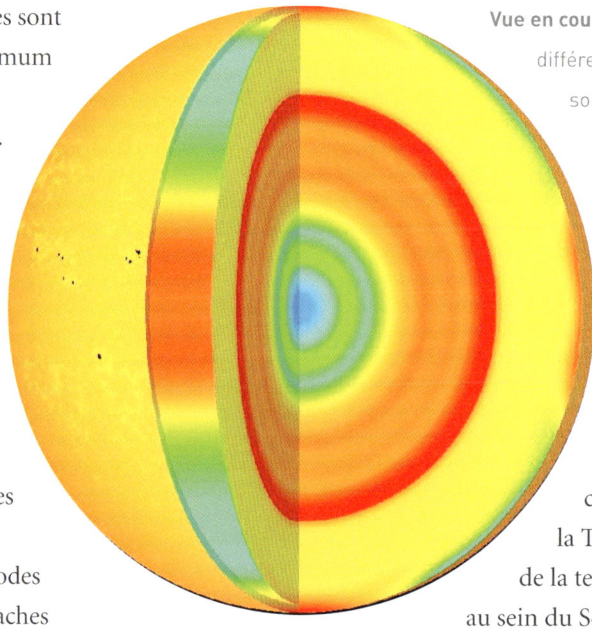

Vue en coupe de l'héliosismicité, montrant les différences de vitesse de propagation des ondes sonores selon les régions du Soleil, ce qui permet aussi de conclure à des différences de température dans ces régions.

Les oscillations solaires Les instruments modernes permettent non seulement d'observer l'activité externe visible du Soleil, mais aussi tous les mouvements du globe solaire lui-même. La surface du Soleil – la photosphère – oscille de haut en bas selon des modes vibratoires complexes. Ces pulsations sont générées par des ondes sonores qui restent bloquées dans la zone de convection. Certaines oscillations solaires sont provoquées par des « séismes solaires » – des ondes de choc issues des bords des cellules de convection (granules). L'énergie qui est alors libérée équivaut à la puissance de détonation de 1,2 milliard de tonnes de matière hautement explosive. Ce phénomène permet aux chercheurs d'avoir un aperçu indirect de l'intérieur du Soleil : en effet, les ondes héliosismiques se propagent à travers le corps de l'étoile comme nos ondes sismiques à travers la Terre, et se modifient en fonction de la température et de la densité régnant au sein du Soleil. La discipline de l'héliosismologie se sert donc pour ses recherches des oscillations solaires et de leurs millions de fréquences différentes, parmi lesquelles dominent les sons extrêmement graves.

Le vent solaire

Le Soleil éjecte sans cesse dans l'espace des flots de gaz composés de particules chargées électriquement, à savoir des électrons, chargés négativement, et des protons, chargés positivement (plasma). Ce plasma qui se déplace à une vitesse de 3 millions de kilomètres à l'heure est appelé « vent solaire » par les astronomes. Le vent solaire emplit le vide apparent de l'espace interplanétaire, formant une bulle de 15 milliards de kilomètres : l'héliosphère. L'héliosphère joue le rôle d'une enveloppe protégeant les planètes du rayonnement cosmique.

Les satellites d'observation du Soleil, comme SOHO, permettent de suivre en continu l'activité sur la surface et à proximité du Soleil. Ici l'activité de la **couronne**, qui n'est visible de la Terre que lors d'éclipses totales de Soleil.

Le vent solaire est dévié par l'**enveloppe magnétique** de la Terre, bouclier indispensable à la vie sur notre globe, notamment lors des tempêtes solaires provoquées par les éjections de masse coronale.

Le flot de particules file au long de la Terre à la vitesse de 400 kilomètres par seconde (vent solaire lent) ou de 800 à 900 kilomètres par seconde (vent solaire rapide) ; lors des violentes éjections de masse coronale (CMEs), il peut atteindre 2 000 kilomètres par seconde. Ce vent en corrélation étroite avec l'activité solaire est responsable de toute une série de phénomènes, dont l'orientation de la queue des comètes, qui pointe toujours dans la direction opposée au Soleil.

Au moment où les particules chargées électriquement atteignent, au bout de quatre jours, la magnétosphère de la Terre, la plupart sont déviées par le champ magnétique terrestre, dont le côté tourné vers le Soleil se trouve alors comprimé, tandis que le côté nuit se déforme en une queue s'étirant sur plusieurs millions de kilomètres dans l'espace.

Les aurores polaires À proximité des pôles, une partie de ces particules de haute énergie parviennent dans les couches externes de l'atmosphère terrestre, où elles se heurtent aux atomes et molécules d'azote et d'oxygène. Il en résulte un phénomène aux superbes couleurs : les aurores polaires. Les aurores polaires apparaissent

Le vent solaire est à l'origine de l'apparition répétée sur Terre des **aurores polaires** – ici sur le lac Torneträsk, en Suède. «

généralement à une altitude 100 kilomètres, et s'observent principalement dans le ciel nocturne. Elles apparaissent simultanément aux deux pôles, et toujours dans une zone entourant le pôle géographique et magnétique comme d'un immense ovale. L'ovale auroral s'étend, à environ 2 000 kilomètres du pôle magnétique, sur quelque 500 kilomètres de largeur. En période de forte activité solaire, le phénomène est très prononcé et peut même s'observer sous les latitudes de l'Europe centrale.

Les interactions Soleil-Terre

Sans le Soleil et son flux permanent de lumière et de chaleur, il n'y aurait aucune vie sur Terre. Du rayonnement solaire total (4 fois 10^{23} kilowatts) nous parviennent sur Terre 1,7 fois 10^{14} kilowatts par centimètre carré, dont 1,37 kilowatts par seconde et mètre carré dans la haute atmosphère terrestre. Cette valeur est appelée « constante solaire ». Le Soleil entretient ainsi le fonctionnement des grands cycles de notre planète : les cycles de l'eau et de l'air, le cycle des roches (altération et érosion) et celui des marées ; le rayonnement solaire détermine également le climat. Sans le Soleil, il n'y aurait ni saisons ni photosynthèse des plantes.

Activité du Soleil et climat

Une autre question très intéressante, mais toujours très controversée, est de savoir si, et comment, l'activité solaire se répercute sur le climat de la Terre. En 1952, après une forte éruption solaire, on constata à Berlin un réchauffement de la stratosphère de -48 à -12 °C qui se répercuta sur la troposphère sous-jacente et de ce fait, sur les événements climatiques. Ce phénomène de réchauffement stratosphérique

observé à Berlin fut ensuite assez souvent constaté. Ce type d'observations incline certains scientifiques à soupçonner l'existence d'un lien direct entre l'activité solaire et le climat de la Terre. Pendant les maxima solaires, qui s'accompagnent d'une énergie magnétique élevée, les températures terrestres s'élèveraient – pour chuter à l'inverse pendant les minima solaires, responsables de phénomènes tels que le « petit âge glaciaire ».

Les rayons solaires se frayant un passage entre les arbres et les mousses d'une forêt déclenchent la **photosynthèse** des végétaux.

Formations nuageuses et rayonnement cosmique Le flot d'énergie du vent solaire et le rôle protecteur du champ magnétique terrestre déterminent la quantité de rayonnement cosmique reçu par la Terre, lequel influe sur la formation des nuages. En effet, une forte activité solaire s'accompagnant d'un puissant champ magnétique entraîne une réduction du rayonnement cosmique et une nébulosité moindre : la surface de la Terre se réchauffe. Dans le cas inverse, davantage de radiations cosmiques pourront pénétrer dans l'atmosphère terrestre, entraînant la formation accrue de nuages. Or, de nombreux nuages, notamment dans les basses couches de l'atmosphère, font chuter la température globale. Cette thèse d'un moteur du réchauffement climatique est très séduisante ; mais étant donné la complexité du système climatique, elle laisse encore nombre de scientifiques sceptiques.

Même si l'énergie radiative solaire parvenant sur Terre paraît limitée, elle peut être récupérée pour produire de l'électricité grâce à de grandes surfaces de capteurs, comme ces **panneaux photovoltaïques**.

L'observation du Soleil

Les nombreuses répercussions de l'activité solaire sur la planète Terre rendent d'autant plus indispensable l'observation continue de notre étoile centrale. L'observation classique, c'est-à-dire depuis la Terre, est le fait d'observatoires spécialement équipés, où la recherche s'effectue à l'aide d'héliostats et de coelostats.

C'est du haut des grands sommets dominant la couche nuageuse que le Soleil s'observe le mieux. On voit ici l'**Observatoire du pic du Midi** (2 877 m), dans les Hautes-Pyrénées.

Coelostats Les coelostats se composent de miroirs pivotants placés au sommet d'une tour solaire abritant des télescopes verticaux, dans lesquels ils renvoient la lumière du Soleil. Il s'agit quelquefois de télescopes sous vide ; le vide réalisé à l'intérieur à l'aide d'une pompe empêche l'apparition d'un échauffement ou de turbulences. Le télescope solaire McMath-Pierce de l'observatoire de Kitt Peak, en Arizona, mesure 153 mètres de longueur ; l'image du Soleil obtenue fait

Le Soleil étant extrêmement lumineux, on utilise pour collecter sa lumière un dispositif spécial de miroirs couplés à un télescope : le **coelostat** (ici dans la tour Einstein de Potsdam).

82 centimètres de diamètre. La tour Einstein de Potsdam, sur le mont Telegrafen, est aussi un télescope solaire célèbre, notamment par son architecture.

Coronographes D'autres télescopes solaires, les coronographes – comme il en existe au pic du Midi – permettent d'« éclipser » artificiellement le Soleil grâce à un masque spécial, de manière à observer uniquement la couronne (procédé également utilisé à bords de satellites comme SOHO). Les protubérances, qui ne sont d'habitude observables que lors d'éclipses totales de Soleil, deviennent ainsi visibles. Les détails de la surface du Soleil peuvent être distingués grâce à des filtres sélectionnant la raie H-Alpha du spectre lumineux de l'hydrogène.

Détecteurs de neutrinos Ces détecteurs ne ressemblent pas aux télescopes classiques, mais à de grosses citernes d'eau ou de pétrole. Ils sont profondément enfouis dans des mines ou sous la glace permanente de l'Antarctique. Ces réservoirs sont remplis de fluides spéciaux, comme le tétrachloréthylène.

En plus du rayonnement lumineux, du rayonnement ultraviolet et calorifique, des rayons X et gamma, le Soleil émet également des neutrinos. En raison de leur absence de charge électrique et de masse, ces neutrinos sont difficilement détectables, mais aisément capables de traverser des couches de roches et même tout le globe terrestre. Le nombre élevé de neutrinos entraîne de temps à autre

Avec ses miroirs de 4 et 3,5 m, le **télescope McMath-Pierce** de l'observatoire de Kitt Peak, en Arizona, est le plus grand télescope solaire au monde.

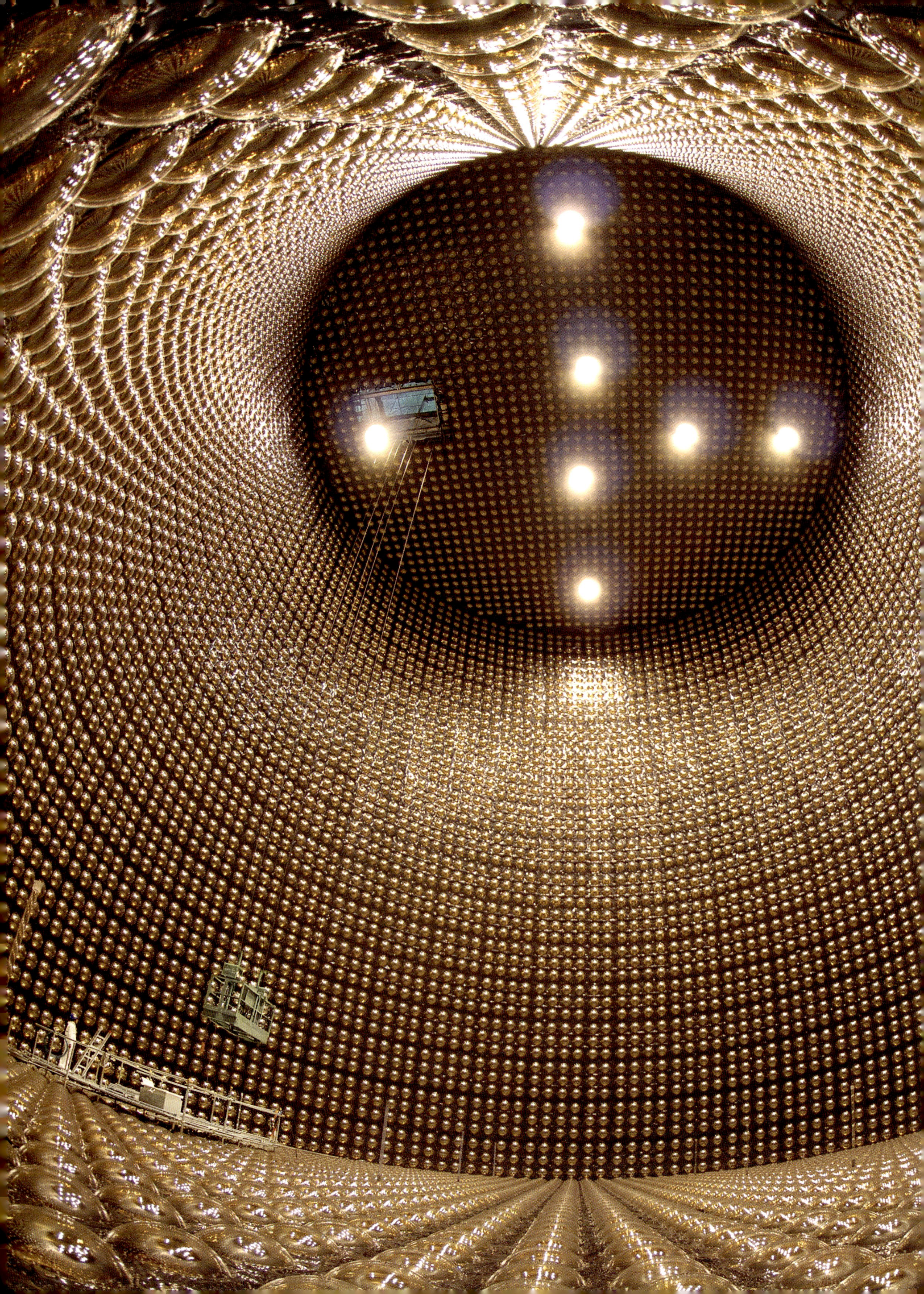

une collision avec un atome du fluide du détecteur, ce qui donne naissance à un petit éclair enregistré par plusieurs caméras. Il est ainsi possible d'identifier la direction des neutrinos et d'établir si la particule provenait du Soleil ou des tréfonds de l'Univers.

En raison de leurs propriétés, les neutrinos ne mettent que quelques secondes pour transiter jusqu'à la surface du Soleil – contrairement aux photons, auxquels il faut généralement plusieurs milliers d'années. On peut donc déduire de l'observation des neutrinos les processus les plus récents à l'œuvre à l'intérieur du Soleil. Grâce à l'étude des émissions de neutrinos, les scientifiques espèrent collecter de nouvelles connaissances sur l'activité interne du Soleil, et confirmer en même temps leurs théories antérieures.

Parmi les observatoires de neutrinos solaires célèbres pour leurs expériences, on citera GALLEX et BOREXINO, dans le tunnel de San Grasso (Abruzzes, Italie), la mine d'Homestake (Dakota du Sud), Kamiokande et Super-Kamiokande, dans le village de Kamioka (Japon), ou encore IceCube, au pôle Sud, davantage spécialisé dans les émissions de neutrinos d'origine cosmique.

Satellites d'observation solaire Depuis le début de l'ère des voyages spatiaux, en 1960, la surveillance du Soleil s'appuie sur des satellites observant notre étoile, par-delà l'atmosphère terrestre, dans toutes les régions du spectre électromagnétique. SOHO (Solar and Heliospheric Observatory), STEREO (Solar Terrestrial Relations Observatory), ACE (Advanced Composition Explorer), SDO (Solar Dynamics Observatory) ou encore la sonde solaire japonaise Yohkoh sont parmi les plus connus. Les données fournies par tous les satellites d'observation solaire sont interprétées par le Space Weather Prediction Center de la National Oceanic and Atmosphreic Administration (NOAA) et utilisées à des fins prédictives.

La place du Soleil dans l'Univers

En raison de ses nombreuses qualités et de son importance pour la Terre, le Soleil nous apparaît comme un astre à part. Pourtant, il n'est qu'une étoile banale parmi les 200 milliards d'étoiles de la Voie lactée ; étoile de la génération dite de population I et de type spectral G2V, il se situe dans la série principale du diagramme de Hertzsprung-Russel, et n'appartient donc ni aux géantes, ni aux naines rouges. Le Soleil se situe à 26 000 années-lumière environ du centre de notre galaxie ; avec 4,6 milliards d'années, c'est une étoile plutôt jeune. Comme toutes les étoiles, il gravite (avec le système planétaire) autour du centre de la Voie lactée, à la vitesse d'un million de kilomètres à l'heure environ. Il faut au Soleil près de 250 millions d'années pour accomplir une révolution complète autour du cœur de notre galaxie. Depuis sa naissance, le Soleil a accompli environ 20 révolutions galactiques complètes en compagnie du système planétaire. Au temps des dinosaures, il se trouvait exactement de l'autre côté de la galaxie. Le Soleil accomplira encore bien d'autres révolutions : selon les calculs des astrophysiciens, il a encore une espérance de vie de 11 milliards d'années.

Les neutrinos naissent dans le noyau du Soleil. Pour pouvoir enregistrer la présence de ces particules dépourvues de charge électrique et de masse, il faut avoir recours à de grands réservoirs remplis de liquide, comme le détecteur à eau **Super-Kamiokande** au Japon (ici vidé pour travaux de maintenance).

Le satellite SOHO

Le satellite d'observation solaire SOHO est l'un des satellites d'observation du soleil les plus connus – ce qu'il doit aussi à l'abréviation de son nom, évoquant un célèbre quartier londonien. Exploité par l'ESA et la NASA, le Solar and Heliospheric Observatory a été lancé le 2 décembre 1995. Cette sonde de 4,3 x 2,7 x 3,7 m et 610 kilogrammes se déplace à 1,5 million de kilomètres de la Terre ; sa période de révolution est identique à celle de la Terre autour du Soleil, vers lequel elle est orientée en permanence. SOHO étudie aussi bien l'intérieur du Soleil que les phénomènes se produisant à sa surface et le vent solaire. La sonde enregistre aussi la densité de l'hydrogène dans l'héliosphère. SOHO demeure le fleuron des sondes d'observation solaire. Sa mission a été prolongée jusqu'à décembre 2014.

Naissance, vie et mort du Soleil

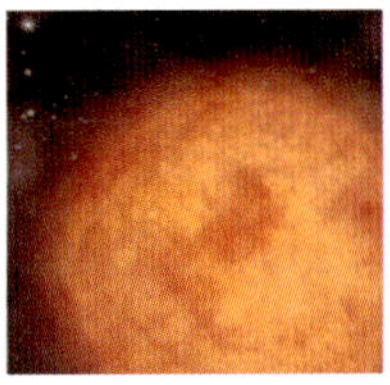

Depuis que le Soleil est né, voici quelque 4,6 milliards d'années, d'un nuage de gaz et de poussières en rotation, sa production d'énergie et sa température de surface sont globalement restées les mêmes ; cette stabilité est assurée par la pression gazeuse et la gravité. Mais les réserves d'hydrogène au cœur du Soleil sont limitées, ce qui n'est pas sans conséquences pour l'avenir de l'étoile.

Dans 5,4 milliards d'années environ, la totalité de l'hydrogène contenue dans le noyau du Soleil sera épuisée ; la force de gravitation s'exerçant vers l'intérieur ne sera alors plus équilibrée par la pression gazeuse s'exerçant vers l'extérieur. De ce fait, notre étoile va se contracter sous l'effet de son propre poids. La nette augmentation de température du cœur qui s'ensuivra permettra le transfert d'une quantité suffisante de chaleur vers l'enveloppe de matière entourant le noyau et contenant encore de l'hydrogène, pour déclencher une nouvelle série de réactions de fusion.

Voici l'aspect probable de notre Terre quand, dans un avenir lointain, le Soleil se sera transformé en **géante rouge**. Notre planète bleue sera une fournaise infernale et privée de vie.

Géante rouge

La zone de combustion va donc se déplacer du noyau vers l'extérieur, tandis que l'hélium généré par la fusion se déposera comme une cendre au cœur de l'étoile. La zone d'hydrogène et son dégagement d'énergie s'accroissant, notre Soleil gonflera jusqu'à devenir une géante rouge, aux dimensions si colossales qu'elle avalera Mercure, la plus intérieure des planètes. Vénus, la Terre et Mars devraient échapper à ce destin. Mais le vent solaire, dont l'intensité sera de 10 à 100 fois supérieure à celle d'aujourd'hui, érodera leur atmosphère, laissant leur surface rocheuse, aride et sans vie cuire sous la chaleur torride.

Ouragan solaire La température du cœur atteindra 100 millions de degrés Celsius, ce qui déclenchera un nouveau processus de fusion. Les noyaux d'hélium fusionneront en noyaux de carbone, et le Soleil demeurera au stade de géante rouge pendant des millions d'années. Le carbone « bouchant » cependant le cœur, celui-ci cessera de produire de l'énergie. Le noyau du Soleil continuera de se contracter, tandis que la combustion de l'hélium se poursuivra dans son enveloppe. Quand le combustible présent dans l'enveloppe du coeur sera épuisé, aucune pression gazeuse ne stoppera plus la force de gravitation et l'étoile s'effondrera sur elle-même. Alors, le Soleil éjectera dans l'Univers son enveloppe externe gazeuse – exposant ainsi les planètes mourantes à un ouragan solaire, d'une force mille fois supérieure à celle de l'actuel vent solaire.

Les planètes dans la super-tempête stellaire
Nul ne sait dire si et comment les planètes survivront à cet enfer cosmique. Mais une chose est sûre : après cette super-tempête, il ne subsistera du Soleil qu'un noyau chauffé à blanc, où ne se produiront plus de réactions atomiques – c'est-à-dire une « naine blanche », entourée d'une nébuleuse annulaire. Ce type d'étoile a la taille de la Terre, mais une densité moyenne de 2 tonnes par centimètre cube. Ainsi finissent la plupart des étoiles ; continuant de se refroidir, elles perdent finalement leur éclat pour devenir des naines noires.

La Lune

Notre plus proche voisine

Notre compagne nocturne

Bien qu'elle ne soit animée que par la lumière « cachée » du Soleil qu'elle réverbère, la Lune est l'astre le plus brillant après celui-ci. Se répétant à un rythme précis, les phases de la Lune – ses différents aspects selon la lumière qu'elle réfléchit – sont devenues la seconde unité de mesure du temps après le Soleil, notamment dans les civilisations orientales.

En période de pleine Lune, on distingue nettement les **mers** sombres, les **terres** claires et les **cratères** du satellite de la Terre.

Avec une distance de 384 000 kilomètres environ, la Lune est le corps céleste le plus proche de la Terre. Cette proximité est l'une des deux raisons qui la rendent si visible, la seconde étant sa taille. Avec ses quelque 3 476 kilomètres de diamètre, la Lune est certes quatre fois plus petite que la Terre, mais comparée aux autres lunes du système solaire et à leur rapport de taille à leur propre planète, la Lune apparaît comme une géante face à la Terre. C'est pourquoi la Lune et la Terre sont parfois qualifiées de « planète double », appellation qui ne se justifie plus par ailleurs que pour la planète naine Pluton et sa lune, Charon.

La Terre vue depuis l'**orbite lunaire**. «

Les phases de la Lune

Corps céleste rocheux et sombre, la Lune, à l'instar de la Terre ou des autres mondes petits ou grands du système solaire, ne brille que grâce à la lumière solaire qu'elle réfléchit, et présente donc un côté nuit et un côté jour. Au cours de sa révolution autour de la Terre, la face avant de la Lune, tournée en permanence vers notre planète, se trouve différemment éclairée par le Soleil ; elle présente donc des zones ensoleillées ou sombres de taille variable, dont la croissance et la décroissance se décomposent en quatre phases principales.

Les phases de la Lune alternent selon un rythme précis : la nouvelle Lune – où la Lune, située entre la Terre et le Soleil, n'est pas visible de la Terre (seule sa face cachée étant éclairée) – est suivie du « premier quartier » (la Lune formant un angle droit avec la Terre et le Soleil), auquel succède la pleine Lune (la Lune étant sur l'alignement Soleil-Terre, en face du Soleil), puis le « dernier quartier ». Le cycle reprend ensuite avec la nouvelle Lune.

La Lune en chiffres

Distance moyenne à la Terre : 384 000 km
Diamètre à l'équateur : 3 476 km
Masse (Terre = 1) : 0,012
Densité moyenne : 3,34 g/cm^3
Températures extrêmes à la surface : +123 °C (jour), -160 °C (nuit)
Pesanteur à la surface (Terre = 1) : 0,16
Révolution autour de la Terre : 29,53 jours
Période de rotation : 27,32 jours
Âge : 4,4-4,8 Mrds d'années
Atmosphère (ultraténue) : néon 29 %, hélium 25,8 %, hydrogène 22,6 %, argon 20,6 %, autres gaz à l'état de trace 2 %

Les **phases de la Lune** : premier croissant, lune gibbeuse croissante, pleine lune, lune gibbeuse décroissante, dernier croissant.

Photomontage montrant l'exact rapport de taille de la **Terre** et de la **Lune**, et leurs côtés se faisant face. Au moins quatre fois plus petite que la Terre, la Lune est un désert de roches.

Un satellite à demi invisible Il suffit d'observer la Lune pendant quelque temps pour se rendre compte qu'elle présente toujours à la Terre la même face, mais différemment éclairée, tandis que le côté opposé reste constamment caché à l'observateur. Ceci s'explique par la rotation dite synchrone de la Lune, dont la période de rotation autour de son propre axe et la période de révolution autour de la Terre sont identiques – la légère oscillation de la Lune par rapport à la Terre étant pour ainsi dire sans conséquence. Ce dernier phénomène, appelé libration, permet de regarder par-dessus le disque proprement dit de la lune, et d'observer au total 59 % de sa surface.

Il est facile d'illustrer ces principes par une expérience consistant à se placer, en figurant la Lune, devant une chaise (la Terre) où siège une personne, et à fixer cette dernière. Pour voir les quatre murs de la pièce environnante, on pourra faire un tour sur soi-même – ce qui oblige à tourner le dos à la personne assise. En faisant le tour de la chaise tout en tournant sur soi-même, on effectuera ce que font la Terre et les autres planètes, qui tournent à la fois autour de leur propre axe et autour du Soleil. Mais en gardant le visage constamment tourné vers la personne que l'on contourne, on aura accompli (sans toutefois tourner sur soi-même) une rotation synchrone, permettant de voir les quatre murs.

La Lune au clair de Terre

Jeu de lumières Peu après la nouvelle Lune, on peut parfois apercevoir, à côté du mince premier croissant, la partie obscure de la Lune éclairée d'une lumière gris bleu. On parle alors de « lueur pâle », de « lumière cendrée », ou de « clair de Terre ». Ce phénomène se produit quand la vaste étendue des mers et des océans terrestres réfléchit la lumière du Soleil, éclairant les zones d'ombre de la face visible de la Lune d'une lumière mate – laquelle est à son tour réfléchie vers la Terre sous l'apparence d'une lumière cendrée éclairant d'une pâle lueur le côté plongé dans l'obscurité de notre satellite. Ce phénomène est aussi connu sous la circonlocution poétique de « vieille Lune dans les bras de la nouvelle Lune ».

Une surface couturée de cicatrices

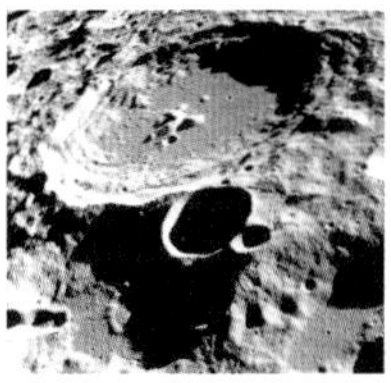

Les cratères, surtout quand ils sont éclairés par les rayons obliques du Soleil, sont l'élément le plus marquant de la surface de la Lune. Les plus imposantes de ces cavités circulaires abritent des terrasses et un piton central. Les cratères sont situés sur de hauts plateaux (les « terrae »), creusés de plaines profondes et sombres ayant reçu le nom latin de « mare » (pluriel : maria).

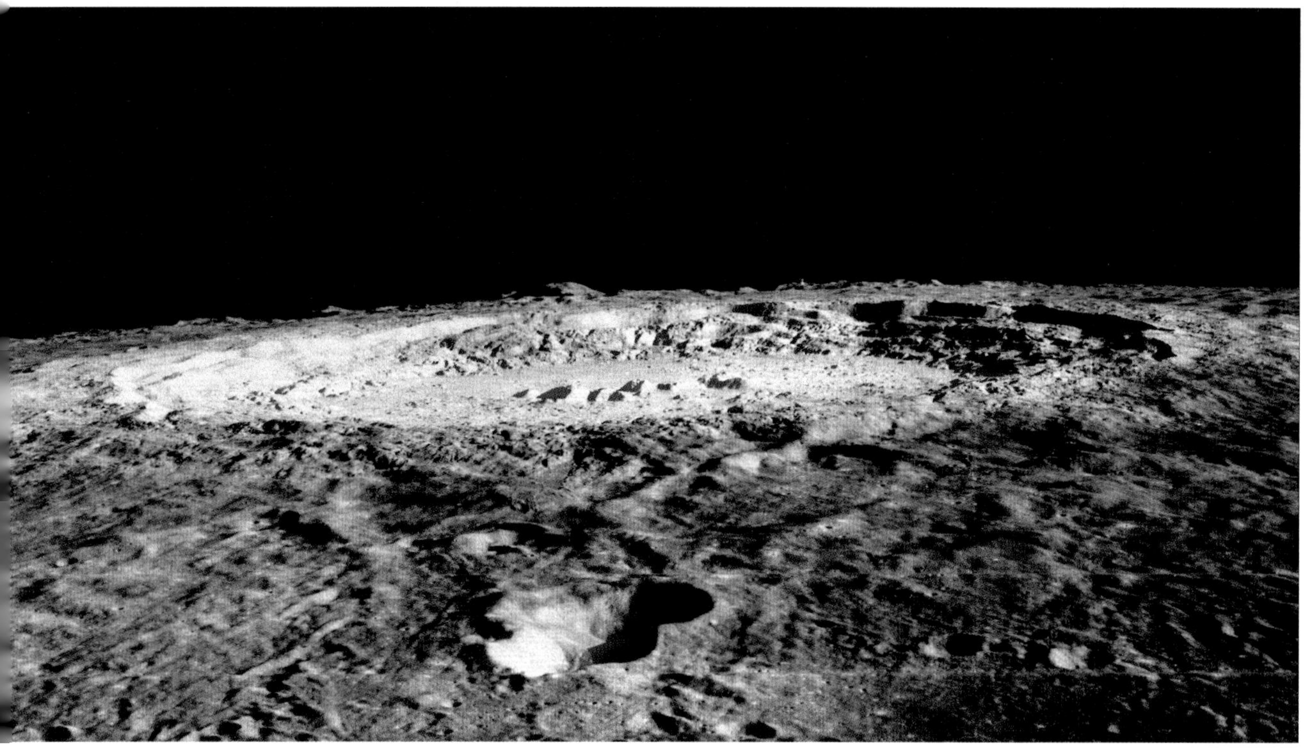

Le célèbre **cratère lunaire Copernic**, photographié par l'une des sondes Lunar Orbiter. Son diamètre fait plus de 90 km, et ses parois escarpées atteignent par endroits 3 800 m d'altitude. À l'avant-plan, le cratère double Fauth.

L'origine des cratères et maria (mers) lunaires fut très discutée jusqu'aux alunissages : résultaient-ils du volcanisme ou d'impacts de météores ? Pour répondre, les scientifiques se basaient sur les données dont ils disposaient sur Terre, où ils étudièrent un grand nombre de cratères volcaniques (plus de 100 à ce jour) ainsi que de rares cratères météoritiques, comme le cratère Barringer, en Arizona, ou le cratère géant Nördlinger Riese, près d'Augsbourg, en Bavière. L'avènement du télescope entraîna l'abandon rapide de deux conceptions pittoresques voulant que les cratères lunaires aient été le logis des habitants de la Lune, et les surfaces sombres, des mers ou des marais auxquels on prêta des caractéristiques climatiques : « mer de la Tranquillité », « mer de la Sérénité », ou « océan des Tempêtes ». Or, il faudrait pour cela une condition essentielle, qui fait défaut sur la Lune : une épaisse atmosphère (respirable).

Les cratères lunaires Les cratères sont les éléments caractéristiques les plus répandus de la Lune : sa face visible, qui abrite quelque 300 000 cratères de plus de 1 kilomètre de diamètre, peut être véritablement qualifiée de « vérolée ». La plupart de ces cratères sont situés dans la zone plus claire des hauts plateaux, les terrae, qui

Pour établir si les cratères lunaires étaient aussi des cratères d'impact, on les compara au **cratère Berriner**, en Arizona.

réfléchissent 11 % des rayons solaires. Les maria, qui ne réfléchissent que 4 % de la lumière solaire, n'abritent en revanche que des cratères isolés.

Une simple lunette astronomique permet déjà de constater que les cratères diffèrent nettement par leur forme et surtout par leur taille. Copernic, le plus célèbre des cratères, présente par exemple un diamètre de 90 à 95 kilomètres pour une profondeur de 3 800 mètres. Il est qualifié de « montagne annulaire » par les spécialistes. Des formations plus imposantes (plus de 100 kilomètres de diamètre) sont appelées « cratère-plaine ». Elles ont pour plus fameux représentants Clavius et Schickard (plus de 200 kilomètres), Ptolémée (environ 164 kilomètres), Posidonius (environ 95 kilomètres) et Bailly, qui avec ses 287 kilomètres de diamètre est le plus grand cratère plaine

Formation des cratères Aujourd'hui, on peut décrire avec précision le mécanisme de formation des cratères non seulement grâce à l'étude des cratères météoritiques de la Terre, mais également grâce à l'analyse des cratères d'explosions nucléaires, aux expériences menées en laboratoire avec des projectiles à grande vitesse, puis enfin et surtout aux connaissances acquises lors des alunissages. La vitesse d'un météore s'écrasant sur la Lune est de 10 à 70 kilomètres par seconde (soit 30 à 200 fois la vitesse du son sur Terre). Lors de l'impact, le météore s'enfonce dans la roche jusqu'à 100 mètres de profondeur en l'espace de quelques millièmes de secondes, qui suffisent pour que toute son énergie cinétique se transforme en chaleur : le météore explose. L'onde de choc ainsi générée brise et disperse les roches environnantes sous forme de cônes

Grâce à leur véhicule lunaire, les **astronautes d'Apollo 16** purent explorer des cratères éloignés.

Image de la **face cachée de la Lune**, où dominent les terrae, et du cratère **Tsiolkowsky**, réalisée par la sonde spatiale Galileo.

de percussion, et un rempart de matériaux éjectés se forme autour de l'excavation. Quand les vitesses d'impact sont très élevées, la surface de la Lune réagit comme un ressort, et il se forme une montagne centrale (piton).

La matière éjectée de l'intérieur de certains cratères géants, vraisemblablement sous forme d'un nuage de poussières, forme des systèmes de rayons s'étoilant jusqu'à des centaines de kilomètres de distance ; c'est le cas de Tycho, le plus célèbre cratère de ce type. On notera par ailleurs que la plupart des cratères lunaires portent le nom de savants célèbres – d'où le nom de « plus grand cimetière de savants » donné par dérision à la Lune.

Les maria Bien que l'on utilise le terme de « maria » (mers) pour une grande partie des régions se détachant en sombre sur les hauts plateaux (terrae), et qu'en outre, des appellations comme « Oceanus » (océan), « Lacus » (lac), « Palus » (marais) ou « Sinus » (baie), qui désignent les zones sombres de moindre taille, évoquent des plans d'eau – il n'y a pas d'eau sur la Lune, sa faible gravité ayant empêché la création d'une épaisse atmosphère.

Les observateurs de la Lune se sont très tôt rendu compte de l'absence probable d'eau liquide sur ce corps céleste ; dans le cas contraire, les étendues d'eau au Soleil auraient renvoyé des reflets que même les plus petites lunettes astronomiques auraient permis d'observer. De plus, on aurait dû distinguer des bancs de brume et des formations nuageuses générés par l'évaporation de l'eau. Il ne restait donc plus, pour expliquer la présence de zones sombres, que l'hypothèse d'inondations de lave de grande étendue ; comme pour les cratères, on débattit jusqu'au temps des alunissages pour savoir si ces inondations résultaient du volcanisme lunaire ou de l'impact de grands météores. C'est finalement cette dernière cause qui se révéla exacte. Les cratères d'impact ont été inondés par de la lave issue des entrailles de la Lune ; les « maria » sont ainsi des mers, océans ou lacs de lave refroidie.

Âge des maria Selon les estimations les plus récentes, la Lune aurait dans les 4,527 milliards d'années. De même que la plupart des cratères, les grandes plaines se sont formées au cours des premiers temps de la Lune, voici 3,8 à

La mer **Mare Imbrium** et le cratère **Copernic**. Les rayons obliques du Soleil permettent de distinguer nettement le relief de la surface.

L'astronaute James B. Irwin, de la mission Apollo 15, avec son véhicule lunaire au pied du **mont Hadley**, qui ressemble plutôt à une dune géante.

3,1 milliards d'années, et résultent de l'impact de gigantesques météores (des objets pouvant atteindre 130 kilomètres de diamètre). À ce stade de son développement, le manteau de la Lune était encore liquide ; sans cesse crevée par de forts impacts, sa croûte récente et mince laissa échapper du manteau surchauffé par la radioactivité des flots répétés de lave qui inondèrent les plaines. Ces maria ne se sont complètement refroidies que quelques centaines de millions d'années plus tard.

Les monts lunaires Avec une incidence appropriée de la lumière solaire, les effets d'ombre font apparaître des reliefs plus fascinants encore : les monts, portés sur les cartes de la Lune sous le nom de « Montes ». À l'instar de leurs homologues terrestres, ils bordent des vallées ou forment, à la surface, des chaînes montagneuses isolées. Mais les ressemblances s'arrêtent là. Car même si de nombreux monts lunaires portent les noms de chaînes montagneuses terrestres, Alpes, Caucase, Apennins ou Pyrénées, ils ne sont ni déchiquetés ni composés de couches de roches

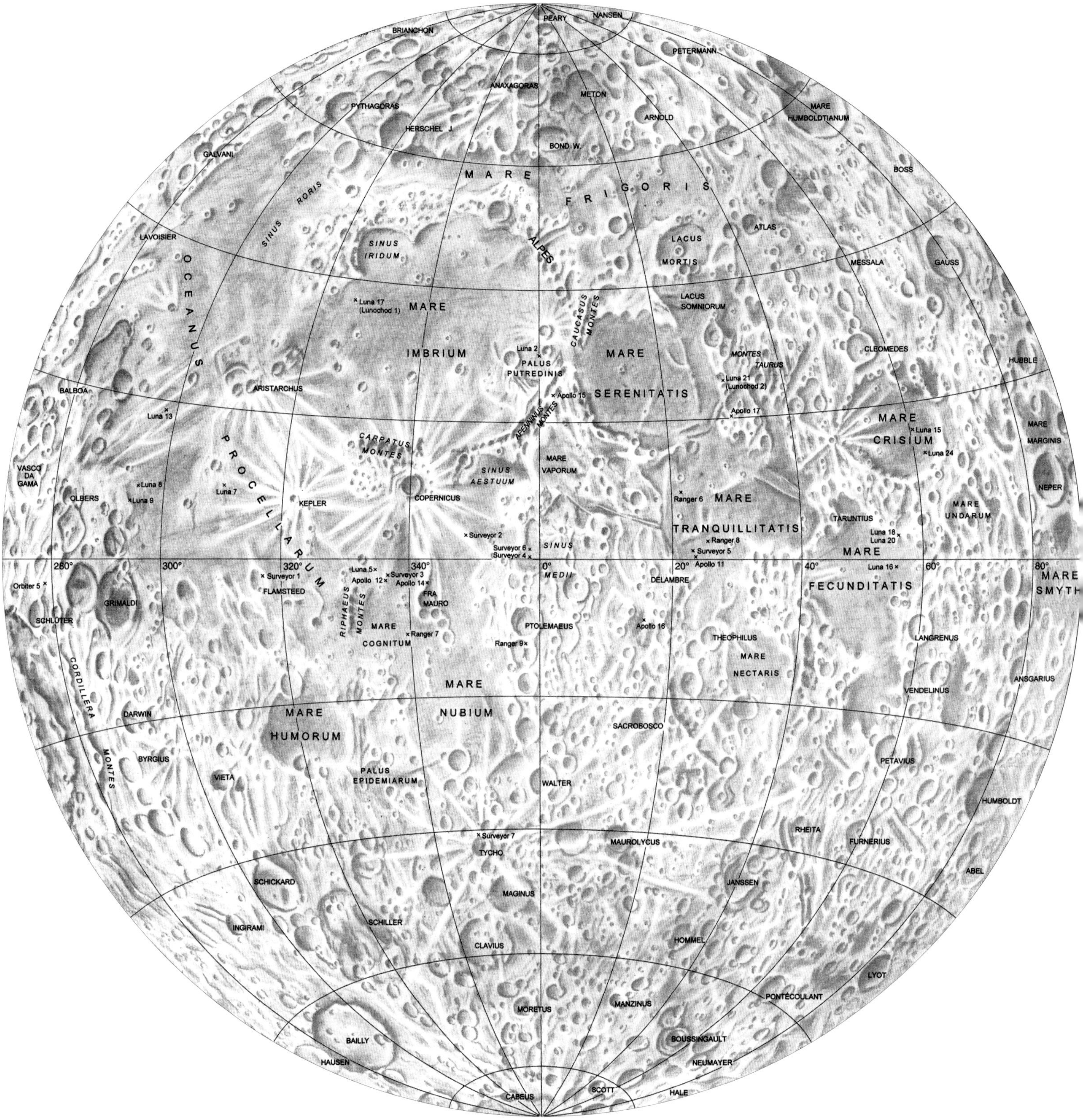
PEARY
NANSEN
BRIANCHON
PETERMANN
ANAXAGORAS
METON
PYTHAGORAS
ARNOLD
MARE HUMBOLDTIANUM
HERSCHEL J.
BOND W.
GALVANI
BOSS
MARE FRIGORIS
SINUS RORIS
ATLAS
LAVOISIER
SINUS IRIDUM
ALPES
LACUS MORTIS
MESSALA
GAUSS
OCEANUS PROCELLARUM
LACUS SOMNIORUM
Luna 17 (Lunochod 1)
MARE IMBRIUM
CAUCASUS MONTES
Luna 2
PALUS PUTREDINIS
MARE SERENITATIS
MONTES TAURUS
CLEOMEDES
HUBBLE
Luna 21 (Lunochod 2)
BALBOA
ARISTARCHUS
Apollo 15
Apollo 17
Luna 13
APENNINUS MONTES
MARE CRISIUM
Luna 15
Luna 24
MARE MARGINIS
CARPATUS MONTES
MARE VAPORUM
VASCO DA GAMA
Luna 8
Luna 7
SINUS AESTUUM
NEPER
OLBERS
Luna 9
KEPLER
COPERNICUS
Ranger 6
MARE TRANQUILLITATIS
MARE UNDARUM
TARUNTIUS
Surveyor 2
Luna 18
Luna 20
Ranger 8
Surveyor 6
Surveyor 4
SINUS MEDII
Surveyor 5
MARE FECUNDITATIS
280°
300°
320°
340°
0°
20°
40°
60°
80°
Luna 5
Surveyor 3
Apollo 12
Apollo 14
Apollo 11
Luna 16
MARE SMYTH
Orbiter 5
Surveyor 1
FLAMSTEED
DELAMBRE
FRA MAURO
GRIMALDI
SCHLÜTER
RIPHAEUS MONTES
MARE COGNITUM
Ranger 7
PTOLEMAEUS
Apollo 16
Ranger 9
THEOPHILUS
LANGRENUS
MARE NECTARIS
CORDILLERA MONTES
MARE NUBIUM
VENDELINUS
ANSGARIUS
DARWIN
MARE HUMORUM
SACROBOSCO
BYRGIUS
PETAVIUS
VIETA
PALUS EPIDEMIARUM
WALTER
HUMBOLDT
RHEITA
Surveyor 7
MAUROLYCUS
FURNERIUS
TYCHO
ABEL
SCHICKARD
JANSSEN
MAGINUS
INGIRAMI
SCHILLER
HOMMEL
CLAVIUS
LYOT
PONTÉCOULANT
MORETUS
MANZINUS
BAILLY
BOUSSINGAULT
HAUSEN
NEUMAYER
SCOTT
CABEUS
HALE

Cartes de la Lune (face avant et arrière) montrant les principaux cratères (y compris rayonnants) et maria de notre satellite. Les places d'alunissage des sondes lunaires soviétiques et US et des missions Apollo y figurent aussi. On remarque que la face cachée est dépourvue de grandes étendues de mers.

Du fait de l'**absence d'érosion** par le vent et la pluie, les monts lunaires ne sont pas aussi déchiquetés et abrupts que les nôtres ; ils ressemblent plutôt à de gigantesques dunes de sable.

Les rainures, comme la **rainure Hyginus**, ne sont pas le vestige d'anciens cours d'eau ; elles résultent du passage de fleuves de lave ou de l'effondrement de tunnels de lave aux premiers temps de la Lune. »

plissées : en raison de l'absence d'atmosphère et d'eaux de surface, il n'y a en effet sur la Lune ni érosion par les intempéries, ni sédimentation.

L'origine des monts lunaire ne s'explique pas par la tectonique des plaques. Sur la Lune, l'unique facteur d'altération et donc de transformation réside dans le contraste radical des températures entre le jour (jusqu'à +123 °C) et la nuit (jusqu'à -160 °C), auquel s'ajoute le bombardement permanent par des micrométéores. Les monts lunaires ressemblent donc plutôt à de gigantesques dunes de sable, et les chaînes montagneuses à des blocs erratiques. Ceci tient aussi au fait que, contrairement à leurs homologues terrestres, leur formation ne résulte pas de la tectonique des plaques, mais soit d'impacts météoriques – et ils sont alors les vestiges d'anciens cratères –, soit de soulèvements intervenus lors du refroidissement et de la contraction de la Lune, qui s'est ridée comme la peau d'une pomme desséchée. L'altitude des monts lunaires surpasse en partie celle de nombreux sommets terrestres : les Alpes lunaires culminent à 3 000 mètres, les Apennins à 5 000 mètres au-dessus de la surface lunaire, et le Caucase atteint même 6 000 mètres d'altitude.

Vallées ou rainures Comme sur notre Terre, les monts ont pour pendants des vallées de formes diverses, qui peuvent soit former une entaille dans les montagnes, telle la célèbre vallée des Alpes, soit se composer d'une chaîne de cratères réunis, comme la vallée Rheita – ou bien encore dessiner des rainures pareilles à des failles s'étirant de façon linéaire ou en courbes sinueuses à la surface de la Lune. Sous un éclairage favorable, elles sont même visibles à l'aide de petites lunettes astronomiques, comme les rainures Hyginus ou Ariadaeus. La particularité de nombreuses rainures et systèmes de rainures est leur longueur, qui peut atteindre plusieurs centaines de kilomètres. En comparaison, leurs cousines terrestres apparaissent relativement modestes. Ainsi, les canaux de lave d'Hawaï n'atteignent pas même 10 kilomètres de longueur sur seulement 50 à 100 mètres de largeur, contre des milliers de mètres de largeur pour les rainures lunaires.

Les rainures lunaires ne résultent ni d'un creusement par l'eau, ni d'un rabotement glaciaire – mais tout comme les maria, de l'émission répétée de flots de lave que leurs bordures ont endiguées en se refroidissant.
Les canaux de lave d'Hawaï se sont formés ainsi.

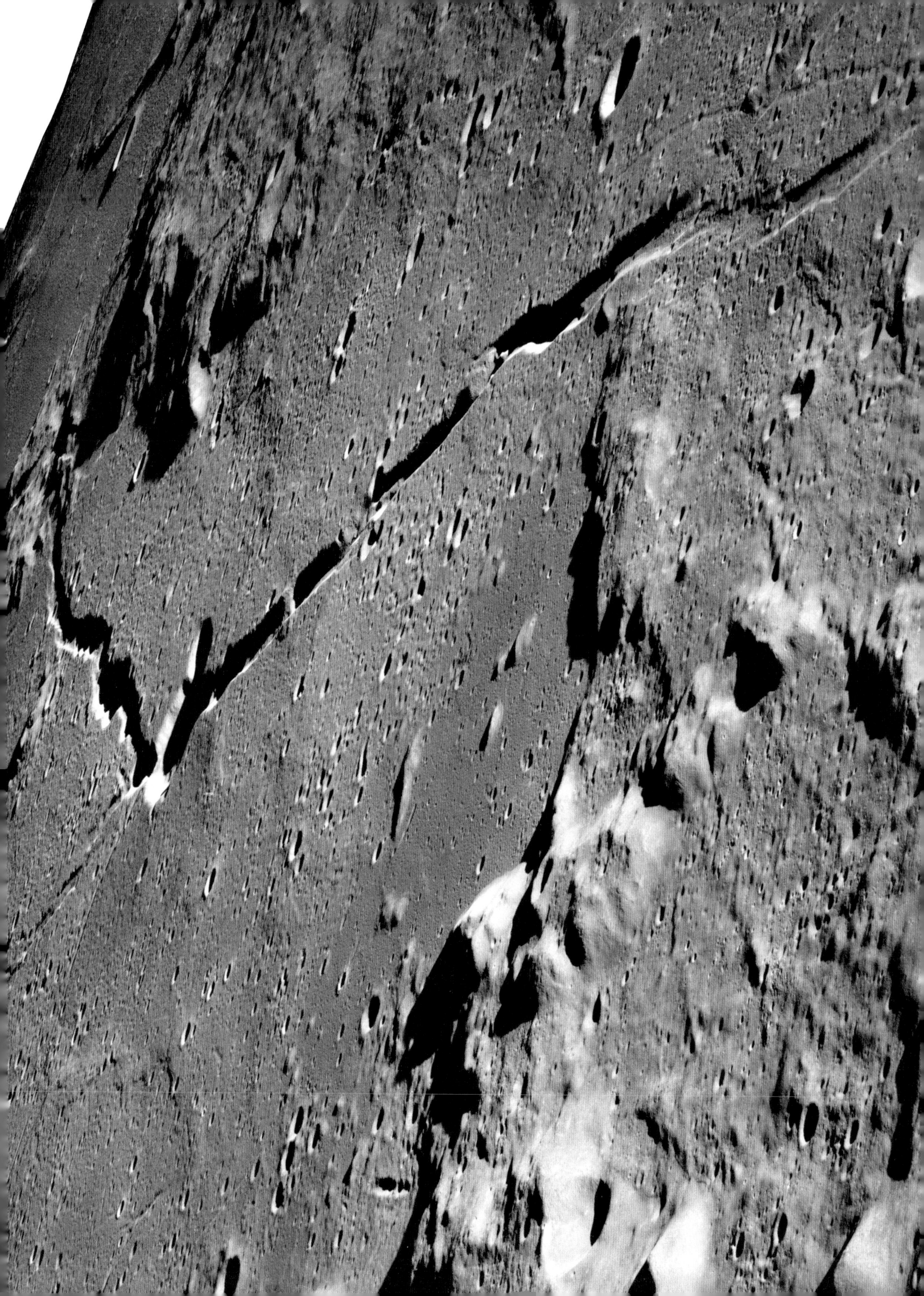

Naissance de la Lune

Comment et où la Lune est-elle née ? À ce jour, et bien que des astronautes aient aluni et étudié les roches de la Lune et ses entrailles, il n'existe toujours pas de réponse définitive à cette question. L'hypothèse ayant actuellement la faveur de la plupart des scientifiques est celle d'une collision ou d'un impact géants (Giant Impact).

Selon l'**hypothèse de l'impact géant** ou de la **collision** en faveur de nos jours, la Lune est née, voici 4,5 milliards d'années, d'un anneau de matière à la suite de la collision de la Terre avec Théia, un corps céleste de la taille de Mars.

Une chose est certaine : notre Lune a le même âge que la Terre et les autres planètes, soit entre 4,4 et 4,8 milliards d'années. De plus, elle s'éloigne toujours plus de la Terre, à raison de 3,8 cm par an. On peut en conclure que dans un passé éloigné, notre satellite devait être très proche de la Terre. Mais comment est-il arrivé là ?

L'hypothèse de l'impact géant ou de la collision La théorie présentée en 1975 par William K. Hartmann et Donald R. Davis pour expliquer l'origine de la Lune est aujourd'hui unanimement reconnue. Selon cette théorie, un corps céleste errant de la taille de Mars entra, voici environ 4,5 milliards d'années, en collision avec la proto-Terre, alors partiellement en fusion et à la composition chimique

Séismes lunaires

Des secousses fréquentes La Lune est secouée par plus de 3 000 séismes par an, dus à des impacts de météores dont toute sa surface porte la trace. Il existe ensuite des séismes internes, qui se manifestent sous la forme de séismes superficiels ou profonds. Les séismes superficiels naissent au sein du manteau, entre 50 et 300 kilomètres de profondeur ; ils résultent de l'alternance de dilatation et de rétraction de la Lune, provoquée par l'échauffement radioactif d'une partie du noyau et le refroidissement des couches supérieures. Les séismes profonds ont lieu entre 800 et 1 000 kilomètres de profondeur. Les séismes lunaires ne dépassent que rarement la force 2 sur l'échelle de Richter. Ils sont par ailleurs probablement en rapport avec les marées terrestres, ce qui explique le rythme cyclique de leur survenue (tous les 15 jours).

incomplètement différenciée, sur laquelle commençait tout juste à se former une croûte solide. La violence de la collision réduisit en miettes la surface des deux corps et les vaporisa. De multiples fragments de la croûte terrestre et du manteau du corps céleste impacté, baptisé Théia en l'an 2000, se trouvèrent éjectés en orbite autour de la Terre. Ils s'y agrégèrent, à une distance de 20 000 à 30 000 kilomètres de notre planète, d'abord en un disque d'accrétion, puis s'agglomérèrent en lunes d'assez petite taille qui formèrent plus tard notre Lune actuelle, essentiellement composée des matériaux du manteau de l'impacteur. Selon les calculs d'une équipe internationale de chercheurs, la Lune est née entre 30 et 50 millions d'années après la formation du système solaire.

Structure interne

Reste la question de la structure interne de la Lune. Nos connaissances à ce sujet s'appuient essentiellement sur les données des séismomètres construits pour les missions Apollo, la cartographie de la surface et du champ gravitationnel lunaires, ainsi que sur les analyses minéralogiques entreprises lors des missions Clémentine et Lunar Prospector.

Les données recueillies montrent que la Lune possède un noyau de fer d'au moins 400 kilomètres de diamètre, où règnent sans doute des températures comprises entre 1 000 et 1 600 °C. Ce noyau est entouré d'une couche de roches en partie liquide, où naissent les séismes lunaires et à laquelle succèdent une mince couche de potassium, terres rares et phosphore, puis le manteau de basalte et enfin la croûte ; cette croûte épaisse de 70 kilomètres sur la face avant de la Lune, et de 150 kilomètres sur sa face arrière, est recouverte d'une couche de 10 à 18 mètres de régolite.

Grâce aux séismomètres des missions Apollo et aux données des missions Clémentine et Lunar Prospector, nous pouvons nous faire une idée approximative de la structure de la Lune, composée d'une surface recouverte de **régolite**, d'une **croûte** de 70 à 150 km d'épaisseur, d'un **manteau** et d'un **noyau** ferreux d'au moins 400 km de diamètre.

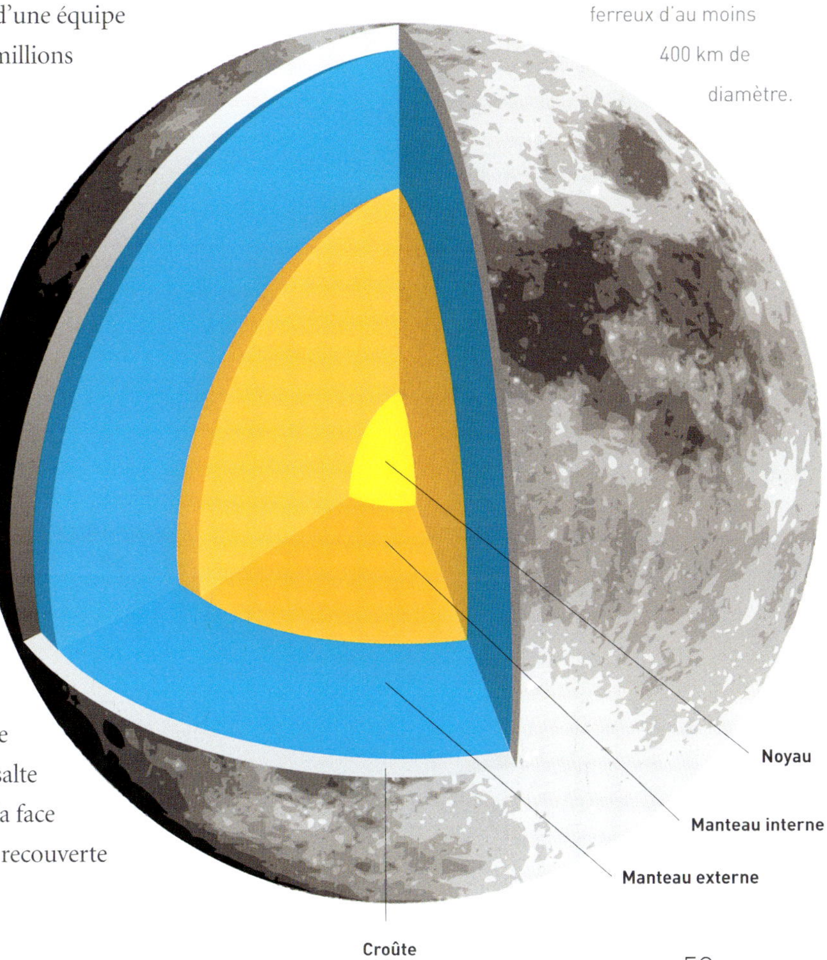

L'influence de la Lune

La question de l'influence réelle de la Lune sur les événements terrestres est toujours débattue. Mais jusqu'à présent, aucun scientifique n'a pu établir de rapport entre les phases de la Lune et la survenue de troubles du sommeil, d'accidents de la circulation, de complications post-opératoires, d'un nombre accru de suicides et de naissances, sans parler du cycle menstruel des femmes.

Les **oiseaux** ainsi que quelques espèces d'**insectes nocturnes** utilisent le mouvement journalier de notre satellite pour leur navigation. Les phases de la Lune influent aussi sur de nombreux autres animaux.

Toutefois, les oiseaux migrateurs et quelques espèces d'insectes nocturnes utilisent le mouvement journalier de la Lune et les informations qu'il donne pour leur navigation ; chez un certain nombre de vers annulaires, de crustacés et de poissons, l'activité reproductrice est étroitement liée au cycle lunaire mensuel. Si ces phénomènes passent inaperçus du citoyen ordinaire, deux phénomènes également liés à la Lune lui offrent en revanche un spectacle impressionnant : les marées et les éclipses.

Une Hallig lors d'un raz-de-marée ; les habitants de ces îles de la mer des Wadden sont bien placés pour connaître les **marées** provoquées par la Lune.

Les marées

Dans toutes les mers du globe, on peut observer jour après jour un phénomène que les hommes d'antan ne s'expliquaient pas : à certaines heures, le niveau de la mer monte (flux ou marée haute), pour baisser à d'autres (reflux ou marée basse), et remonter au bout de 12,5 heures. La cause de ces marées réside dans l'interaction de la force d'attraction de la Lune avec l'inertie de la Terre et des masses océaniques – phénomène qui intervient aussi dans les relations Terre-Soleil. Les marées lunaires sont deux fois plus puissantes que les marées solaires.

L'attraction lunaire étant maximale du côté de la Terre faisant face à la Lune, il s'y forme un bourrelet d'eau. De l'autre côté de la Terre, où la force d'attraction de la Lune est nettement plus faible, et l'inertie des masses liquides – c'est-à-dire leur propension à rester immobiles – plus grande, se forme un autre bourrelet. Entre les deux règne la basse mer.

Du fait de la rotation de la Terre, les deux bourrelets d'eau font le tour de la planète en l'espace d'une journée, ce qui entraîne des variations cycliques du niveau de la mer. La différence de niveau entre la pleine et la basse mer est appelée marnage. Sur les côtes de la mer du Nord, le marnage est de 2 à 3 mètres, contre seulement 30 centimètres sur la côte occidentale de la Baltique. En revanche, il peut atteindre 15 mètres dans la baie de Fundy, sur la côte orientale du Canada.

Le calendrier des marées dépend de la position de la Lune dans le ciel. En raison de la révolution de la Lune autour de la Terre, les bourrelets d'eau ne se succèdent pas toutes les 12 heures, mais toutes les 12 heures et 25 minutes.

Marées de vive-eau et de morte-eau La position du Soleil et de la Lune par rapport à la Terre se modifiant au cours d'un mois, leur force d'attraction mutuelle varie : quand le Soleil et le Lune sont alignés, leurs forces d'attraction s'ajoutent, et le flux se change en marée de vive-eau – ce qui advient à chaque nouvelle ou pleine Lune. En cas de conjonction avec une tempête créée par l'approche d'une zone dépressionnaire, les digues et les populations seront fortement menacées. Ce fut par exemple le cas lors du grand raz-de-marée qui submergea les côtes de la mer

Sur les côtes de la mer du Nord, les effets des **marées** se font fortement ressentir, surtout lors des **tempêtes**.

du Nord du 16 au 17 février 1962, touchant notamment Hambourg et sa région, où il coûta la vie à 315 personnes.

En revanche, le niveau du flux s'abaisse lors de la combinaison d'une forte marée lunaire et d'une faible marée solaire : c'est la marée de morte-eau, qui se produit au premier et au dernier croissant.

Les éclipses

Les éclipses de Lune ou du Soleil par la Lune ont un retentissement psychologique beaucoup plus important du fait du spectacle grandiose qu'elles offrent : soudain, l'aspect et l'intensité lumineuse des deux corps célestes que nous considérons comme nos sources naturelles de lumière se modifient. Au moment de la phase totale d'une éclipse lunaire, la Lune prend une coloration rouge sombre ; lors d'une éclipse solaire totale, le Soleil se mue au contraire en un disque totalement noir, et l'obscurité tombe durant quelques minutes sur la région concernée. Ce n'est qu'à cet instant que beaucoup prennent conscience de l'importance du Soleil pour la vie quotidienne.

Les éclipses de Soleil La Terre est la seule planète du système solaire où peuvent se produire des éclipses de Soleil ; vus de la Terre en effet, le Soleil et la Lune paraissent de même taille, ce qui est unique dans le système solaire.

Les éclipses de Soleil ont toujours lieu quand la Lune se trouve entre la Terre et le Soleil, donc en période de nouvelle Lune. Le disque sombre de la Lune, seulement éclairée par-derrière, passe alors directement devant le Soleil, projetant sur la Terre deux cônes : un cône de pénombre très étendu, depuis lequel un observateur ne voit le Soleil que partiellement assombri (éclipse partielle de Soleil), et un cône d'ombre relativement restreint (300 kilomètres de largeur), également appelé « zone de totalité ». Dans cette dernière région, le Soleil apparaît totalement masqué par le disque sombre de la Lune, et l'on assiste à une éclipse totale de Soleil. Le jour fait brusquement place à la nuit, un silence inquiétant s'abat sur la contrée, tandis qu'autour du Soleil occulté, la couronne et des protubérances deviennent visibles pendant 7,6 minutes au maximum. Du fait de la rotation de notre planète et du mouvement de la Lune, le cône d'ombre central se déplace à la surface

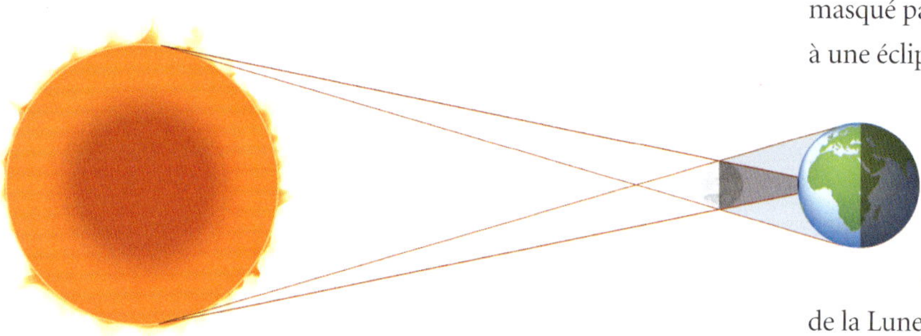

Lors d'une **éclipse solaire**, la nouvelle Lune, placée entre le Soleil et la Terre, projette sur la Terre un cône de pénombre et un cône d'ombre. Dans la zone du cône d'ombre, on assiste à l'éclipse totale du Soleil.

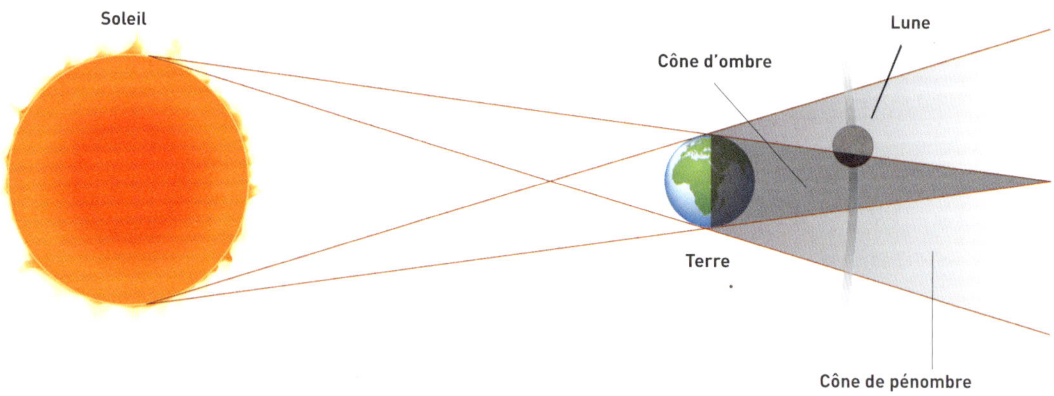

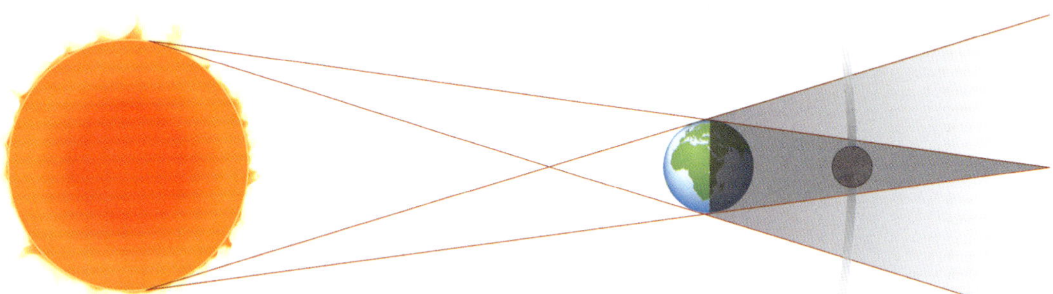

Lors d'une **éclipse lunaire**, la Lune passe dans l'ombre de la Terre. Si elle ne traverse que partiellement l'ombre, l'éclipse sera dite partielle (ci-dessus) ; à l'inverse, si la Lune traverse le cône d'ombre, l'éclipse sera totale (ci-contre).

Ces clichés successifs d'une **éclipse totale de Lune** montrent le trajet de la Lune à travers le cône d'ombre de la Terre, quatre fois plus grand que la Lune : une éclipse de Lune peut donc durer jusqu'à trois heures.

de la Terre à une vitesse de 2 000 kilomètres à l'heure, décrivant comme une étroite bande – et privant de spectacle l'observateur aussi promptement qu'il l'avait fasciné.

Les éclipses de Lune Les éclipses de Lune sont loin d'être aussi spectaculaires que les éclipses de Soleil. On peut les observer de n'importe quel point où la pleine Lune se situe au-dessus de l'horizon au moment de l'éclipse – autrement dit, sur tout le côté nuit de la Terre.

Lors d'une éclipse lunaire, la Lune, vue du Soleil, se situe derrière la Terre, dont elle traverse l'ombre. Comme l'ombre de la Terre, à une distance moyenne de la Lune, mesure 9 000 kilomètres de diamètre (diamètre de la Lune : 3 476 kilomètres), les éclipses de Lune durent beaucoup plus longtemps que les éclipses de Soleil : jusqu'à 3,5 heures.

Selon le trajet suivi par la Lune dans l'ombre de la Terre, on assiste à une éclipse totale (la Lune traverse totalement le cône d'ombre) ou partielle (la Lune ne traverse que partiellement l'ombre).

Lors d'une éclipse totale, la Lune, contrairement au Soleil et sauf rares exceptions, ne disparaît pas totalement. Cela vient de ce que l'atmosphère terrestre projette encore de la lumière solaire dans le cône d'ombre, notamment des rayons rouges à ondes longues. Pendant une éclipse totale, la couleur de base de la Lune apparaît donc rougeâtre ; mais si l'atmosphère contient beaucoup de poussières (à la suite d'éruptions volcaniques par exemple), elle peut aller jusqu'au brunâtre.

Périodicité Les éclipses de Soleil devraient en fait se reproduire à chaque nouvelle Lune, et les éclipses de Lune à chaque pleine Lune. Mais le plan de l'orbite lunaire étant incliné d'environ 5° sur le plan de l'orbite terrestre (écliptique), la nouvelle Lune passe généralement au-dessus ou au-dessous du disque solaire. De ce fait, la possibilité d'une éclipse se réduit aux moments où la Lune se trouve au voisinage d'un des points d'intersection (nœuds) de son orbite avec l'écliptique, dans la direction du Soleil : le Soleil, la Lune et la Terre doivent donc non seulement se trouver dans la même direction, mais aussi à la même « hauteur ». Par la suite, il ne se produit en moyenne que deux ou trois éclipses de Soleil par an, rarement jusqu'à cinq. Et comme en raison du déplacement des nœuds, la pleine Lune manque elle aussi généralement l'ombre de la Terre, il ne se produit guère qu'une ou deux éclipses de Lune annuellement. Sur les nombreuses et magnifiques éclipses totales de Soleil observées, il n'y en eut aucune en Europe centrale entre le 19 août 1887 et le 11 août 1999, le retour de la prochaine n'y étant prévu que pour le 3 septembre 2081.

Les vols lunaires

Pendant des siècles, la surface de la Lune ne put être observée et étudiée qu'au moyen de lunettes astronomiques. Les vols lunaires n'existaient que dans des histoires, des romans et plus tard des films de science-fiction. Les choses changèrent radicalement avec le début de l'ère des vols spatiaux, marquée par la course vers la Lune.

Lancement de la fusée **Saturn V**, alors seule capable d'emporter vers la Lune trois astronautes et leur équipement. »

Les trois astronautes d'**Apollo 8**, Borman, Lovell et Anders, ici attachés sur leurs sièges pendant la phase de lancement, ne portèrent leurs combinaisons spatiales que durant les phases de lancement et de retour dans l'atmosphère ; pendant le reste du vol, ils avaient des combinaisons de travail.

La Guerre froide entre les États-Unis et l'Union soviétique et la compétition entre les deux systèmes politiques ne se déroulaient pas seulement sur Terre ; elles se poursuivaient également dans l'espace. Cette forme de confrontation marqua donc aussi les premières décennies de l'ère des vols spatiaux. L'URSS remporta une première victoire avec le lancement, le 4 octobre 1957, du premier satellite artificiel terrestre, Spoutnik – puis avec le premier vol spatial habité, le 12 avril 1961 ; l'un et l'autre semblaient démontrer au monde la supériorité technique, scientifique et militaire du système socialiste. En matière de réponse, le président des États-Unis, John F. Kennedy, annonça devant le Congrès : « Je suis convaincu que ce pays devrait se fixer pour objectif d'envoyer, avant la fin de cette décennie, un homme sur la Lune et de le ramener sain et sauf sur Terre. Aucun projet spatial, dans cette période, ne sera plus impressionnant pour l'humanité ni plus important pour l'exploration de l'Univers proche, et aucun ne sera aussi ardu ou coûteux à réaliser. » Ce fut là le signal de départ de la « course vers la Lune ».

Cosmonautes

Des Russes en route pour la Lune L'URSS avait elle aussi son programme de vol lunaire habité, mais les détails n'en furent connus qu'après 1989. Le porteur du projet était le constructeur Sergueï Korolev (1907–1966), et le lanceur la fusée N-1 ; haute de 105 mètres, elle pouvait emporter vers la Lune une charge utile de 95 tonnes. Comme pour le programme Apollo, les ingénieurs avaient prévu un vaisseau spatial – amélioration de la capsule Soyouz –spécialement destiné au vol lunaire et au survol orbital de la Lune, et un module d'atterrissage lunaire baptisé Lunniy Korabl (LK), censé permettre à un cosmonaute de se poser sur celle-ci. Mais la mort de Korolev, les rivalités, les difficultés de mise au point de la N-1 et les progrès fulgurants du programme de vols lunaires des USA conduisirent en 1974 à l'arrêt du projet.

Le programme Apollo

Les États-Unis baptisèrent leur objectif ambitieux du nom d'Apollon, le dieu grec du Soleil, dont la flèche était réputée pour ne jamais manquer son but. Au début, il n'était nullement question d'un atterrissage habité. Le plus sûr moyen d'atteindre la Lune n'était pas non plus très clair, et ne devait se préciser que peu à peu : un véhicule spatial comprenant deux modules – un module de commande et de service avec un équipage de trois hommes, et un module d'atterrissage lunaire –, mis en orbite autour de la Terre par une fusée géante (Saturn V) dotée d'une forte poussée, et de là, accélérés pour un transfert vers l'orbite lunaire. Ces deux modules devaient s'arrimer durant le trajet Terre-Lune, pour ne se séparer de nouveau qu'une fois en orbite lunaire. Deux astronautes devaient ensuite alunir, puis regagner le module de commande grâce à l'étage de remontée du module lunaire, qui devait être ensuite désaccouplé ; après son voyage de retour vers la Terre, la capsule spatiale, freinée par des parachutes, devait enfin atterrir dans le Pacifique.

Mais il s'agissait auparavant de reconnaître la Lune grâce à des sondes spatiales inhabitées et de repérer de possibles zones d'alunissage.

Edwin Aldrin, le deuxième homme à marcher sur la Lune, posant pour un portrait. Dans la visière de son casque se reflètent Neil Armstrong et l'atterrisseur lunaire.

En 1998, la sonde spatiale de la NASA **Lunar Prospector** découvrit au pôle Sud lunaire de possibles indices d'une présence d'eau.

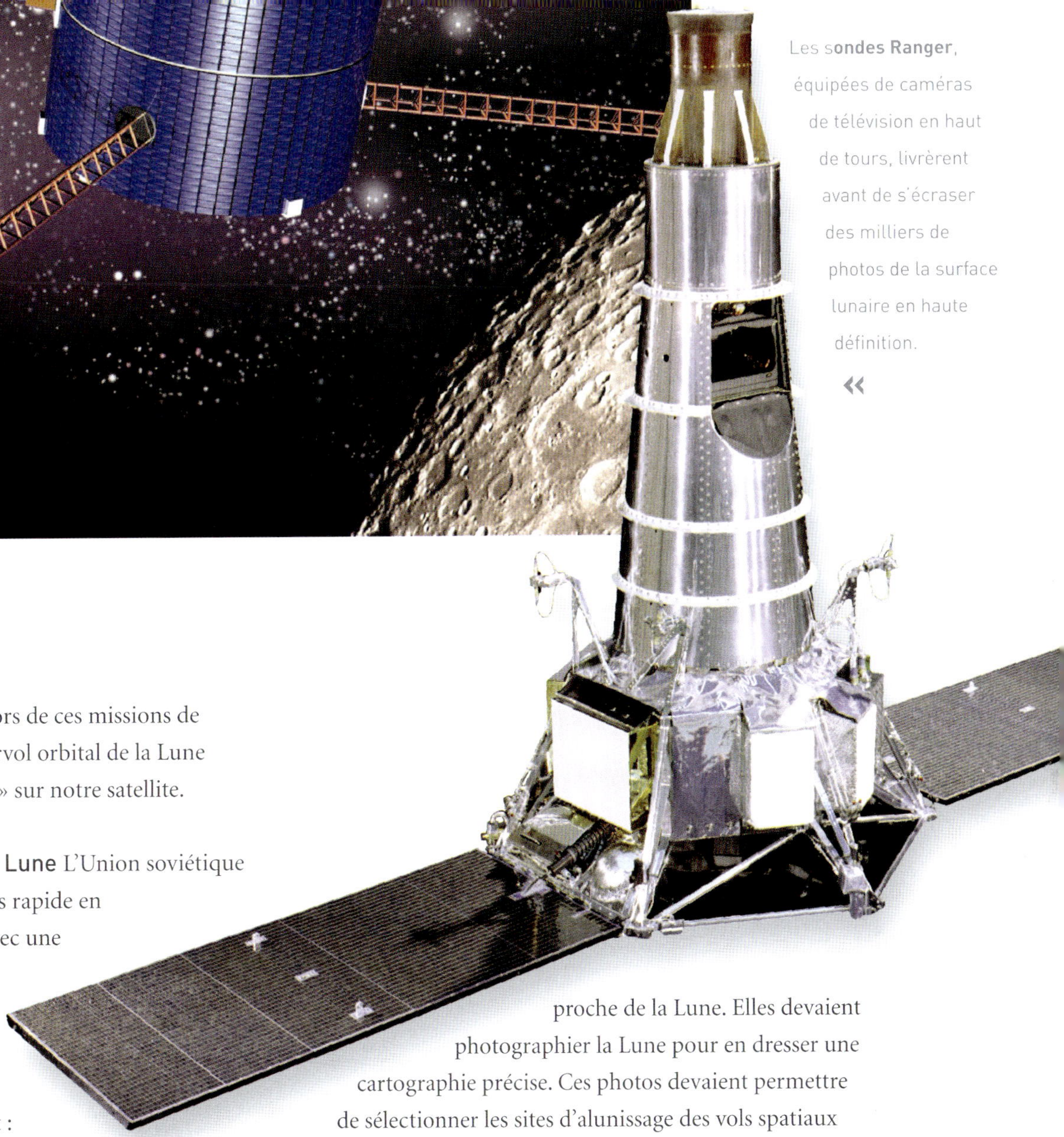

Les **sondes Ranger**, équipées de caméras de télévision en haut de tours, livrèrent avant de s'écraser des milliers de photos de la surface lunaire en haute définition.

«

Les sondes lunaires

Deux stratégies furent utilisées lors de ces missions de reconnaissance inhabitées : le survol orbital de la Lune et l'alunissage « doux » ou « dur » sur notre satellite.

Luna 3 et la face arrière de la Lune L'Union soviétique se montra une fois de plus la plus rapide en matière d'exploration lunaire, avec une grande victoire à la clé : lancée le 4 octobre 1959, la sonde Luna 3 atteignait la Lune le 7 octobre. Elle allait y accomplir ce à quoi personne ne s'attendait : photographier la face cachée de la Lune, jusque-là inconnue, à l'aide d'une caméra embarquée.

Ranger, Lunar Orbiter, Surveyor Les États-Unis débutèrent avec des sondes du type Ranger qui s'écrasèrent à la surface de la Lune, non sans avoir toutefois livré de nombreuses images de la phase d'approche. Entre 1961 et 1965, la NASA envoya au total neuf de ces patrouilleurs vers la Lune ; trois missions furent couronnées de succès.

Leurs successeurs furent les sondes Lunar Orbiter, qui de 1966 à 1968, gravitèrent tels des satellites sur une orbite proche de la Lune. Elles devaient photographier la Lune pour en dresser une cartographie précise. Ces photos devaient permettre de sélectionner les sites d'alunissage des vols spatiaux Apollo, et couvraient également la face arrière de la Lune.

Les sondes Surveyor représentèrent la troisième étape dans la poursuite du programme américain. Elles permirent de s'exercer aux alunissages « doux » et de creuser la surface de la Lune à l'aide de godets dans le but de l'examiner et de déterminer l'épaisseur de la couche de poussière supposée.

Mais l'URSS prit de vitesse les Américains ; avant même Surveyor 1, , réussissait, le 3 février 1966, un alunissage doux dans Oceanus Procellarum, et transmettait les premières photos prises depuis la surface de la Lune – dont des photos panoramiques.

Les alunissages

Les alunissages représentent sans conteste l'apogée de l'exploration du satellite de la Terre ; pour la première fois, des hommes, après des années de préparation, réussissaient à fouler le sol d'un corps céleste étranger, et à mener des analyses sur place. Après la mission Apollo 8 en 1968, au cours de laquelle trois astronautes avaient orbité autour de la Lune, ce sont au total 12 hommes d'équipage qui alunirent entre le 20 juillet 1969 et le 11 décembre 1972, dans le cadre du programme Apollo. D'Apollo 11 à Apollo 17, nom des différentes missions qui se succédèrent, ils effectuèrent une reconnaissance des différents types de paysage, tels que maria (Apollo 11 : Mare Tranquillitatis, Apollo 12 : Oceanus Procellarum), cratères (Apollo 14 : Fra Mauro), rainures (Apollo 15 : rainure de Hadley), hauts plateaux (Apollo 16 : Descartes) et monts (Apollo 17 : Taurus-Littrow). Depuis Apollo 17, il n'y a plus eu de vol lunaire habité, et aucun n'est prévu dans un proche avenir. Mais la course vers la Lune a fait progresser comme jamais l'exploration de notre satellite.

Collecte robotisée d'échantillons

En 1970 et 1971, l'Union soviétique prouva avec les sondes spatiales Luna 16 et Luna 20 et les véhicules Lunokhod 1 et 2 que l'on pouvait collecter puis rapatrier sur Terre des roches lunaires de façon automatisée, et explorer de vastes étendues de la surface lunaire grâce à des engins téléguidés et inhabités. Les deux sondes Luna se composaient d'un étage de descente et d'un étage de remontée. Elles étaient équipées d'un dispositif de forage qui s'enfonçait dans le sol après l'alunissage pour prélever des échantillons. Le 24 septembre 1970, Luna 16 préleva 100 grammes de roche, contre 55 grammes pour Luna 20, échantillons ramenés sur Terre dans une capsule de retour. L'exploration de la surface de la Lune par les deux astromobiles téléguidées Lunokhod 1 et 2 se fit au cours des années 1970-1971 et 1972. Ces véhicules peuvent être considérés comme les précurseurs des Mars Rovers utilisés plus tard.

Emblème	Mission	Date	Astronautes
	Apollo 8	21-12-1968 27-12-1968	Frank Borman James Lovell William Anders
	Apollo 11	16-07-1969 24-07-1969	Neil Armstrong Michael Collins Edwin Aldrin
	Apollo 12	14-11-1969 24-11-1969	Charles Conrad Richard Gordon Alan Bean
	Apollo 13	11-04-1970 17-04-1970	James Lovell John Swigert Fred Haise
	Apollo 14	31-01-1971 09-02-1971	Alan Shepard Stuart Roosa Edgar Mitchell
	Apollo 15	26-07-1971 07-08-1971	David Scott Alfred Worden James Irwin
	Apollo 16	16-04-1972 27-04-1972	John Young Thomas Mattingly Charles Duke
	Apollo 17	07-12-1972 19-12-1972	Eugene Cernan Ronald Evans Harrison Schmitt

Récupération d'une **capsule Apollo**. Les stigmates du retour dans l'atmosphère terrestre sont nettement visibles.

Apollo 13

Une catastrophe qui finit bien « Houston, nous avons un problème » : voilà bien l'annonce la plus inhabituelle reçue par un centre spatial. En réalité, les astronautes d'Apollo 13 savaient déjà que le problème était vital : le module de service avait été si fortement endommagé par un court-circuit qu'il n'était plus à même de fournir assez d'oxygène et de courant au module de commande. Il était exclu d'alunir, mais également, en raison des réserves de carburant limitées, de faire demi-tour. L'équipage dut accomplir le tour de la Lune et se réfugier dans le module lunaire accouplé, qui n'avait été conçu que pour deux hommes. Tous les systèmes de la capsule de commandement furent déconnectés. En dépit de ces conditions extrêmes, l'équipage atterrit sain et sauf dans le Pacifique, le 17 avril 1970.

Les **trois astronautes d'Apollo 11**, Armstrong, Collins et Aldrin, écrivirent une page de l'Histoire. Le 20 juillet 1969, Armstrong et Aldrin marchèrent sur la Lune ; Collins resta dans le vaisseau en orbite.

UNITED STATES
USA
USA

Haut de 110 m, le **lanceur Saturn V** fut construit dans un hangar spécial et transporté jusqu'à la rampe de lancement sur un tracteur à chenilles spécial.

Ce Rover lunaire au châssis pliant, dit Lunar Roving Vehicle (LRV) a élargi le rayon d'action des astronautes des dernières missions Apollo.

L'avenir des missions lunaires Depuis que l'euphorie suscitée par les premiers alunissages est retombée, les projets de nouveaux alunissages ou de base lunaire ont été repoussés. Il manque actuellement pour les réaliser une volonté politique et surtout les moyens financiers nécessaires, qui ne pourraient être réunis que grâce à la coopération de toutes les nations dotées d'un programme spatial ; c'est le cas pour l'ISS, la Station spatiale internationale. Mais en raison de la crise économique, de nombreuses nations – dont les États-Unis – ont opéré des coupes drastiques dans leur budget spatial, rendant caduc tout projet à long terme de vols spatiaux à longue distance. La situation pourrait cependant s'inverser pour des impératifs économiques, exigeant par exemple de faire face à la pénurie croissante de matières premières.

L'hélium 3 Les recherches ont montré que notre Lune abrite fer, titane, or, platine, iridium – la liste des métaux dont on soupçonne la présence dans ce monde quasi inviolé est longue. En tête vient l'hélium 3 ; cet isotope léger de l'hélium, un gaz noble, passe pour une source d'énergie potentiellement inépuisable. Au cours de ces dernières années, presque toutes les grandes nations ont inclus des missions lunaires dans leurs futurs programmes spatiaux – avec pour objectif l'exploitation de ces matières premières dans un lointain avenir.

Ce projet serait réalisable sur le plan technique, si son coût ne dépassait son utilité. Selon des estimations actuelles, il faudrait 80 000 euros pour transporter 1 kilogramme de la matière convoitée sur les 400 000 kilomètres séparant la Lune de la Terre. Sans oublier les investissements financiers astronomiques indispensables à la mise en place d'une infrastructure minière appropriée – essentiellement des bases habitées – et bien sûr, à la prospection d'autres riches gisements de matières premières. Si l'humanité était prête à tout cela, alors pourraient apparaître sur la Lune des bases habitées permanentes permettant de poursuivre le travail des astronautes d'Apollo.

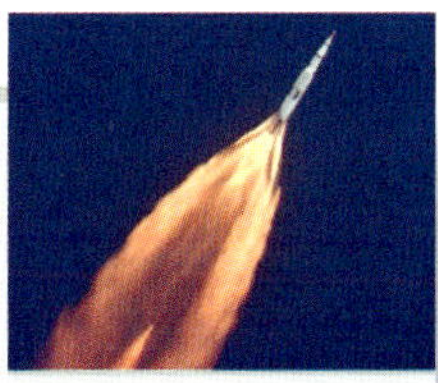

Saturn V

La fusée des superlatifs Avec une hauteur de 110,6 m et une masse de 3 038,5 t au décollage, Saturn V, le plus imposant et puissant lanceur de son temps, est resté inégalé. Cette fusée pouvait emporter jusqu'à 133 tonnes de charge utile en orbite terrestre basse, et 50 tonnes en orbite de transfert lunaire. Contrairement aux lanceurs assignés aux vols Mercury et Gemini, Saturn V et ses sœurs plus petites n'étaient pas issues de l'arsenal militaire de fusées ; elles furent mises au point par l'ingénieur allemand Wernher von Braun (1912–1977) et son équipe, dans une optique purement civile : envoyer trois astronautes sur la Lune. Sur les 15 fusées Saturn V construites au total, 13 volèrent dans l'espace. Le premier vol non habité eut lieu le 9 novembre 1967, et le dernier le 14 mai 1973, avec la station spatiale Skylab. Tous ces vols se sont déroulés sans incidents majeurs.

Le système solaire

Notre patrie dans l'Univers

Petits et grands mondes

La Terre, notre petite patrie, fait partie d'un groupe de petits et grands mondes appelé système planétaire, ou système solaire. Les planètes y gravitent, en compagnie d'autres petits corps célestes, à différentes vitesses et selon différentes orbites, autour d'une étoile que nous nommons Soleil. C'est du Soleil qu'elles reçoivent également leur lumière et qu'elles réfléchissent plus ou moins fortement.

Notre **système solaire**, tel que nous le connaissons à ce jour : quatre planètes terrestres et – séparées par la ceinture d'astéroïdes – quatre géantes gazeuses. Pluton n'est plus classée parmi les planètes.

Dans l'état actuel de nos connaissances, la **Terre** apparaît comme la seule planète du système solaire où la vie ait pu se développer.

Données statistiques

Les données statistiques actuelles relatives à notre système solaire s'établissent comme suit : une étoile naine de type spectral G2V au centre, huit planètes et leurs satellites naturels, au moins neuf planètes naines ainsi que d'autres petits corps célestes tels que comètes, astéroïdes et météorites, plus l'ensemble des particules de gaz et de poussière. La puissante force d'attraction du Soleil, qui représente à lui seul 99,86 % de la masse totale du système solaire, maintient tous ces corps au sein d'un espace d'environ 15 milliards de kilomètres de diamètre, dans un ordre régi par la mécanique céleste.

Image montrant les **corps du système solaire** les plus importants pour l'Homme : la Terre, la Lune et le Soleil qui les éclaire. «

Les planètes terrestres

Les huit planètes du système solaire diffèrent par la taille, l'aspect extérieur mais aussi par leur structure interne. On peut globalement les subdiviser en deux

Dans l'ordre exact

Phrases mnémotechniques De nombreuses personnes éprouvent des difficultés à retenir les noms des planètes du système solaire – et plus encore à se souvenir de leur ordre exact. Pour rendre la chose plus facile, les astronomes ont mis au point une phrase mnémotechnique toute simple, où l'énumération des planètes commence par la planète la plus intérieure et se termine par la plus extérieure. Pluton s'étant vu dénier son statut de planète en 2006, il ne reste que huit planètes dans le système solaire : la phrase compte donc aussi huit mots, le premier caractère de chaque mot correspondant à l'initiale d'un nom de planète (« me » pour « Mercure », etc.) : « Me voici tout mouillé, j'ai suivi un nuage ». Ce qui donne, dans l'ordre des planètes : Mercure, Vénus, Terre, Mars, Jupiter, Saturne, Uranus et Neptune.

groupes : les planètes intérieures, dites aussi terrestres ou telluriques, et les planètes extérieures ou joviennes, également appelées planètes géantes, ou gazeuses. Outre la Terre elle-même, les planètes terrestres comprennent Mercure, Vénus et Mars. Ces mondes les plus proches du Soleil gravitent à l'intérieur de la ceinture d'astéroïdes, et présentent des caractéristiques physiques proches de celles de la Terre : d'où le nom de « terrestres » donné à ce groupe de planètes – ce qui ne signifie pas pour autant qu'elles soient propices à la vie.

Des mondes rocheux Comparées à la Terre, les autres planètes terrestres apparaissent comme de petits mondes rocheux dotés d'une mince atmosphère, se réduisant dans le cas de Mercure à quelques traces. Elles sont composées de plusieurs couches : croûte, manteau et noyau ; leur croûte est marquée par le volcanisme et l'érosion. Ces mondes ne sont entourés que de quelques lunes, ou ne possèdent même aucun satellite naturel.

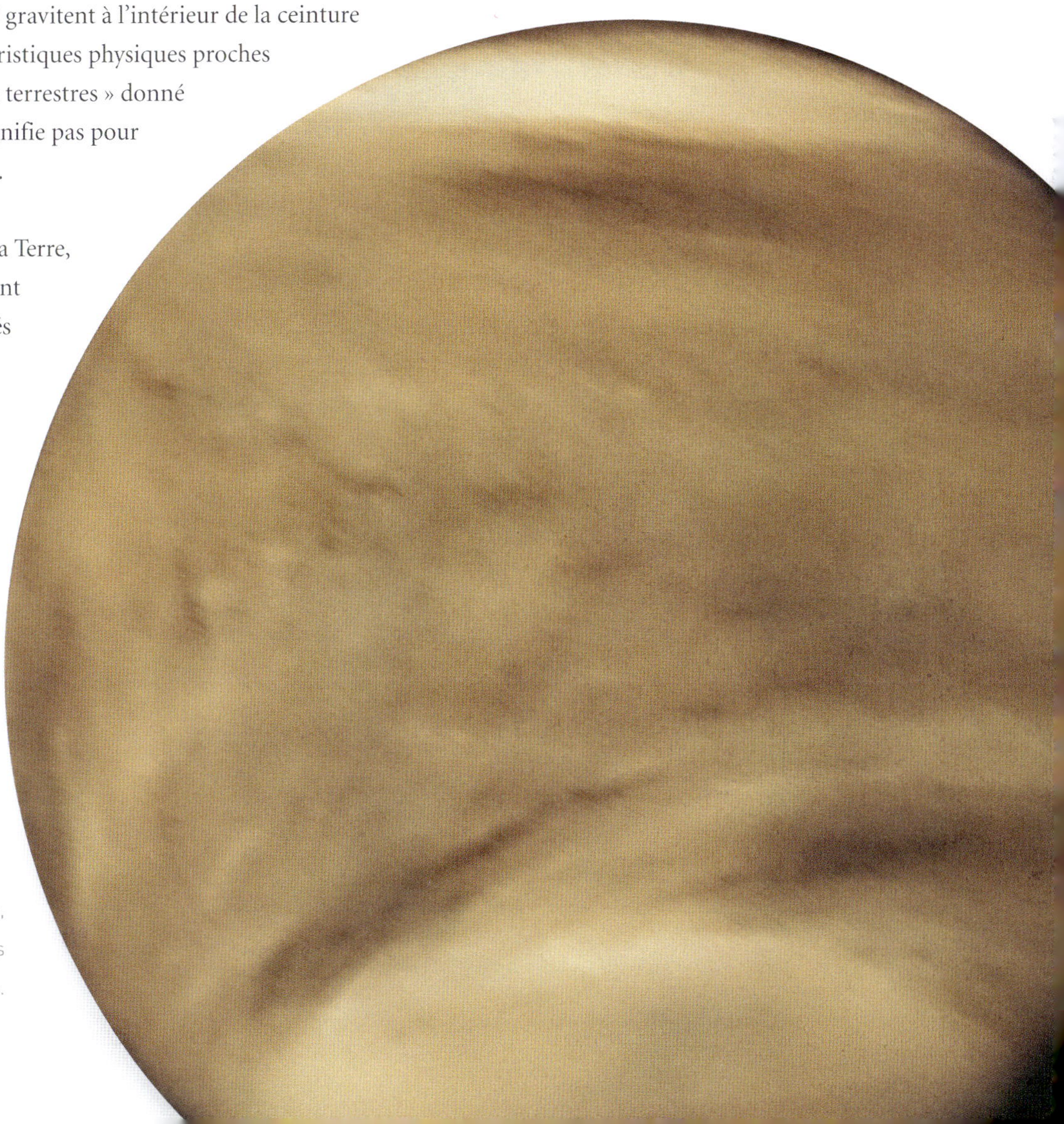

Vénus, enveloppée de nuages, est souvent considérée comme la petite jumelle de la Terre – mais uniquement en raison de son diamètre, identique, à quelques centaines de kilomètres près, à celui de notre planète.

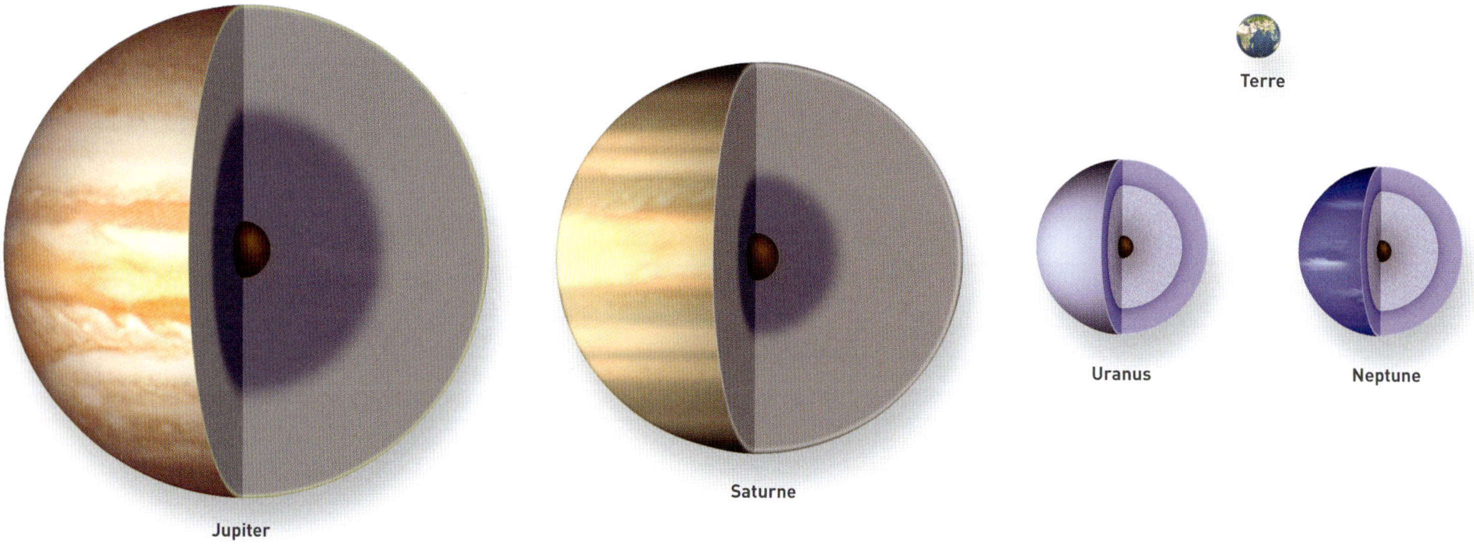

Vue en coupe des quatre **planètes géantes**, faisant nettement apparaître la proportion élevée d'éléments volatils. En revanche, les noyaux solides semblent minuscules.

Les planètes joviennes

Les lointaines planètes joviennes, Saturne, Uranus, Neptune et Jupiter elle-même diffèrent nettement des terrestres, ne serait-ce que par leurs dimensions titanesques et leur énorme masse. Leur volume représente ainsi 56 fois (Neptune) à 1 246 fois (Jupiter) celui de la Terre.

Planètes gazeuses À cela s'ajoutent des atmosphères épaisses très étendues, essentiellement constituées d'hydrogène et d'hélium ; les enveloppes gazeuses d'Uranus et de Neptune renferment aussi du méthane. Au-dessous se trouve un manteau de ces mêmes gaz en phase semi-liquide ou semi-solide, entourant un noyau solide de roches ou de glace. Chez Jupiter et Saturne, ces couches sont composées d'hydrogène et d'hélium ; chez Uranus et Neptune elles sont surtout constituées d'eau, méthane et ammoniac gelés. Les géantes gazeuses sont entourées de nombreuses lunes, ainsi que de systèmes annulaires de taille variable.

Les lois de Kepler

Calcul des orbites planétaires Le mouvement des planètes obéit à des lois établies au XVIIe siècle par l'astronome allemand Johannes Kepler (1571–1630), et permettant de calculer la forme des orbites et les vitesses de révolution. La première loi veut que les planètes tournent autour du Soleil suivant des orbites elliptiques dont le Soleil occupe l'un des foyers. Selon la seconde loi, la vitesse d'une planète atteint son maximum au plus près du Soleil. La troisième loi de Kepler explique qu'une planète se déplace d'autant plus lentement qu'elle est éloignée du Soleil. Le rapport entre la distance au Soleil et la période de révolution demeurant stable, on ne peut donc déduire la distance d'une planète au Soleil que de la vitesse orbitale de cette planète.

Une **conjonction de planètes** (ici Mars et Vénus avec la Lune) dans le ciel vespéral ; ces configurations astrales fascinent toujours l'astronome amateur. »

Les orbites planétaires

Bien que l'on parle souvent d'« orbites », les planètes décrivent en fait des ellipses autour du Soleil. Par conséquent, le Soleil ne se trouve pas exactement au centre des orbites et les planètes ne sont pas toujours à la même distance de lui.

Périhélie et aphélie À titre d'exemple, la distance de la Terre au Soleil oscille, en l'espace de six mois, entre 147 millions de kilomètres quand elle en est au plus près (périhélie) et 152 millions de kilomètres quand elle en est au point le plus éloigné (aphélie). À cela s'ajoute le fait que la période de révolution d'une planète augmente en fonction de la distance. C'est Mercure, la planète la plus proche du Soleil, qui détient la période de révolution la plus brève (88 jours), tandis qu'il faut 163 ans à Neptune, la planète la plus extérieure, pour accomplir le tour du Soleil.

La position des planètes

Ce n'est pas seulement leur taille ou leur distance qui rendent les planètes plus ou moins visibles de la Terre, mais aussi leur position sur leur orbite par rapport à la Terre et au Soleil, ainsi que la situation de cette orbite à l'intérieur ou à l'extérieur de l'orbite terrestre. On peut ainsi distinguer quatre configurations, ou « aspects », planétaires :

Opposition et conjonction Les planètes circulant au-delà de l'orbite terrestre, à savoir Mars, Jupiter et Saturne, peuvent se trouver en opposition ou en conjonction. Dans le premier cas, elles sont alignées – vues de l'espace – dans l'ordre : Soleil – Terre – planète extérieure. La planète extérieure se trouve alors à l'opposé du Soleil sur la voûte céleste, ce qui signifie que son lever correspondra au coucher du Soleil et son coucher au lever du Soleil, et qu'elle sera visible dans le ciel vespéral et nocturne. Quand sa révolution amène la planète extérieure – toujours vue depuis l'espace – derrière le Soleil, on a alors l'alignement : Terre – Soleil – planète extérieure ; cette position est appelée conjonction avec le Soleil. Située avec le Soleil dans le ciel diurne, la planète est alors inobservable.

Conjonction supérieure et inférieure Les planètes Vénus et Mars, qui gravitent autour du Soleil à l'intérieur de l'orbite terrestre, adoptent des positions similaires. Elles n'ont que deux positions possibles par rapport à la Terre

En raison de ses vastes étendues d'eaux libres, la Terre est aussi qualifiée de **planète bleue**. »

et au Soleil : la conjonction supérieure et la conjonction inférieure. En conjonction supérieure, leur alignement – vu de l'espace – est le suivant : Terre – Soleil – planète intérieure. La planète intérieure se trouve donc derrière le Soleil dans le ciel diurne, ce qui la rend inobservable. En conjonction inférieure, la planète se trouvera entre la Terre et le Soleil – ce qui la rend également invisible depuis la Terre, à laquelle elle offre son côté nuit.

La formation du système solaire

La question de la formation du système solaire se pose depuis qu'il peut être observé à l'aide de télescopes. Les nombreuses nébuleuses découvertes dans les profondeurs de l'Univers laissèrent supposer l'existence, à l'origine, d'un nuage de matière interstellaire ayant donné naissance, voici 4,6 milliards d'années, à l'ensemble du système solaire, de l'énorme Soleil aux plus petits astéroïdes.

Cette théorie selon laquelle une vaste nébuleuse de gaz et de poussières serait à l'origine de notre système solaire est actuellement admise de la plupart des astronomes. Les ondes de choc générées par une supernova, l'explosion d'une étoile massive, provoquèrent ensuite la contraction de la nébuleuse, qui entama une lente rotation. Au cœur de la nébuleuse, où la contraction était la plus forte, la matière finit par atteindre une densité et une température telles qu'à 10 000 millions de degrés, une réaction de fusion nucléaire intervint : le Soleil venait de s'allumer.

Né d'un disque d'accrétion Ce jeune Soleil (protosoleil) était encore entouré d'un disque de débris de matière, essentiellement composé de gaz hydrogène, d'hélium, ainsi que de poussières et de métaux. Dans les anneaux du disque,

Voici à quoi ressemblait sans doute notre **système solaire** peu après sa naissance : le jeune Soleil est entouré d'anneaux de gaz et de poussières qui formeront les futures planètes.

les particules de poussière s'agrégèrent en grains, des cailloux métallifères ou rocheux pouvant atteindre un kilomètre de diamètre : les planétésimaux.

Les planétésimaux donnèrent naissance, au fil d'autres collisions, aux protoplanètes, qui possédaient une gravité interne suffisante pour leur conférer la forme de boules. Au voisinage du Soleil naquirent ainsi de petites planètes rocheuses chaudes : Mercure, Vénus, la Terre et Mars. Les métaux lourds comme le fer et le nickel descendirent vers le cœur de ces planètes, d'où la formation d'un noyau métallique entouré d'un manteau et d'une croûte de roches.

La **ceinture d'astéroïdes**, ou de **planétoïdes**, – représentés ici beaucoup plus serrés qu'en réalité – est sans doute formée de « décombres » datant de la formation du système solaire.

Au-delà de la « ligne de glace » À quelque 778 millions de kilomètres du Soleil (environ la distance Jupiter-Soleil), régnaient cependant des températures si basses que la vapeur d'eau et le dioxyde de carbone y étaient gelés : certains astronomes parlent de la « ligne de glace ». Les planétésimaux nés par-delà cette limite n'étaient donc pas uniquement formés de fragments rocheux ou métalliques ; ils étaient également constitués de glace et de gaz gelés, dont ils capturaient d'énormes quantités. Ainsi se formèrent graduellement des planètes massives, dotées parallèlement d'une forte gravité. Ces planètes purent par conséquent capturer autour de leur noyau rocheux, aux dimensions comparables à celles de la Terre, des enveloppes de gaz volatils à l'état soli-liquide, tels l'hydrogène et l'hélium, qui formèrent une atmosphère épaisse ; elles réussirent également à retenir ces enveloppes quand le vent solaire souffla tous les gaz légers vers les tréfonds de l'Univers, privant les planètes terrestres de leur atmosphère initiale.

Les astéroïdes comme **(433) Eros** sont généralement des corps célestes informes, à la surface marquée de nombreux cratères d'impacts de météorites.

Astéroïdes, planètes naines et comètes : des décombres Mais d'où viennent les astéroïdes, les planètes naines comme Pluton et les comètes concentrés en ceintures ou en nuage dans notre système solaire ? Il s'agit en fait de « corps résiduels ». Entre Mars et Jupiter, la matière errante s'aggloméra ainsi en blocs de taille respectable, mais sans pour autant former de planète, l'attraction de Jupiter étant trop puissante. À la place naquit la ceinture d'astéroïdes, composée de milliers de débris rocheux.

Les débris de matière restant de la formation de Neptune donnèrent naissance, au-delà de cette planète, à des planètes naines comme Pluton ou Sedna. Ce qui restait encore de poussières, de roches et de glaces fut éjecté du système solaire, formant très loin au-delà la concentration de comètes du nuage d'Oort. C'est de ce nuage que proviennent les comètes faisant des apparitions répétées dans notre système solaire, et dont la queue se prolonge à des millions de kilomètres dans l'Univers.

Au cours de ces dernières décennies ont été découverts au-delà de Pluton de nombreuses **planètes naines ou OTN** (objets transneptuniens), dont Pluton, considérée jusqu'en 2006 comme la neuvième planète du système solaire, est la figure la plus connue.

Après leur atterrissage réussi sur Mars en 1976, les sondes **Viking 1** et **2** ont livré les premières images de la surface de la « planète rouge ». Jusqu'en avril 1980, elles ont transmis sur Terre des analyses d'échantillons du sol réalisées grâce à leur bras de collecte, ainsi que plus de 4 500 photos et 3 millions de bulletins météorologiques.

Après un atterrissage doux le 22 octobre 1975, la sonde spatiale russe **Venera 9** livra un an avant Viking 1 des images de Vénus, dont la première photo panoramique de sa surface.

Les sondes spatiales, nouveaux engins de découverte du système solaire

Depuis l'invention du télescope, aucun instrument n'a aussi profondément modifié notre conception du système solaire que les sondes spatiales. Elles ont permis aux scientifiques d'explorer de près toutes ses plus grandes planètes et lunes ainsi que plusieurs des astéroïdes et comètes qu'il abrite, et même d'analyser la surface de certains de ces objets.

En octobre 1957, peu après le lancement de Spoutnik, le premier satellite artificiel terrestre, des sondes spatiales étaient envoyées non seulement vers la Lune mais aussi vers les planètes voisines, Vénus et Mars. Mais c'est en 1970 que débuta l'âge d'or de l'exploration du système solaire grâce aux sondes spatiales, qui dès lors ne se contentèrent plus de faire le tour des deux planètes, mais s'y posèrent. Venera 9 (URSS) se posa ainsi sur Vénus en 1975, et Viking 1 et 2 (É.-U) sur Mars en 1976.

Dès 1972 et 1973, les sondes US Pioneer 10 et 11 s'envolèrent vers Jupiter pour explorer le système solaire au-delà de la ceinture d'astéroïdes, comme devaient aussi le faire les sondes spatiales Voyager 1 et 2, lancées en 1977. Ces missions furent le grand triomphe de la NASA, puisque la sonde Voyager 2 réussit à approcher Neptune. Plus tard, les sondes spatiales permirent aussi d'examiner de près quelques comètes et d'étudier quelques planétoïdes.

Les différents types de sondes planétaires

À l'apogée des missions de sondes planétaires, on mit au point et construisit trois types de sondes robotisées capables d'explorer différemment les petits et grands mondes du système solaire.

Sondes de survol planétaire Ces sondes planétaires survolent leur objectif à une vitesse élevée et aussi près que possible de l'objet à étudier. La période de proximité

Vue panoramique de la surface de Mars depuis la sonde Viking 1, montrant un désert glacé de roches et de sable de couleur rouille.

maximale (encounter), qui peut s'étendre de quelques heures à quelques jours, est utilisée pour des prises de vue et mesures automatiques de la surface de la planète, mais aussi pour examiner les lunes proches du trajet de la sonde. Les sondes US Voyager 1 et 2 et leurs missions vers les planètes géantes en sont des exemples célèbres.

Sondes orbitales, ou orbiteurs Une sonde orbitale est une sonde placée en orbite autour d'une planète ou d'une lune. Elle devient ainsi son satellite artificiel et permet de mener des observations rapprochées sur de longues périodes, ou même de larguer un atterrisseur sur l'astre. L'orbiteur fonctionne jusqu'à ce qu'il soit freiné par les couches atmosphériques supérieures de la planète, où il se consumera, ou bien encore jusqu'à ce que ses appareillages rendent l'âme ; il arrive aussi que la sonde soit mise hors circuit parce que sa mission est achevée. La tâche principale des sondes orbitales réside dans la cartographie précise de la surface planétaire, qui livrera des informations détaillées sur sa nature ou sur les sites potentiels d'atterrissage.

Économies grâce au swing-by

Économies d'énergie Bien que dans les films, les fusées et les sondes spatiales apparaissent généralement avec des réacteurs constamment allumés, dans la réalité, le stock de carburant est si limité que les réacteurs ne sont utilisés que lors de manœuvres indispensables, telles que l'accélération et le freinage. La plupart du temps, les sondes spatiales volent sans propulsion. Mais il existe un moyen de les accélérer sans consommer de carburant. Il suffit de leur faire frôler une planète, dont le champ gravitationnel leur insufflera un élan supplémentaire, mais en modifiant aussi leur direction de vol. Cette manœuvre baptisée « swing-by » (appui gravitationnel) n'est en fait rien d'autre qu'un jeu de billard céleste. C'est grâce à cette méthode que le vol de Voyager 2 vers la planète Neptune a, par exemple, été nettement accéléré.

Les sondes **Pioneer 10** et **11**, premiers engins spatiaux humains à quitter le système solaire, sont parvenues à approcher les planètes extérieures. «

La sonde spatiale US Magellan, qui orbita autour de Vénus de 1990 à 1992 et en « tâta » la surface avec un radar, réussit à dresser la carte complète de cette planète entourée de nuages.

Sondes atterrisseuses Ce type de sondes représente le nec plus ultra de l'exploration planétaire ou lunaire. Ces sondes ont déjà atterri en douceur sur la Lune, Vénus, Mars et Titan, la lune de Saturne – des missions qui exigent une très haute précision technique et de navigation. En raison de l'éloignement extrême, et par conséquent du décalage important dans la transmission des signaux radio (sauf la Lune), le processus d'atterrissage ne peut être piloté en temps réel. Il doit s'exécuter en mode automatique et autonome grâce à des programmes informatiques commandant parachutes, fusées de freinage ou airbags. L'exemple le plus spectaculaire est la mission de la sonde Cassini-Huygens vers Saturne ; en 2005, l'atterrisseur Huygens se posa en douceur sur Titan, et livra 72 minutes d'images et de mesures automatiques effectuées à la surface de cette lune de Saturne, restée jusqu'alors inconnue en raison de son épaisse atmosphère.

Les sondes d'immersion sont une variante du type précédent. Ces sondes ne sont pas d'abord destinées à atterrir sur les planètes – car leur surface est trop éloignée, comme c'est le cas des planètes géantes, ou parce qu'une pression trop élevée la rend inaccessible. Leur mission est de transmettre durant leur descente à travers l'atmosphère planétaire des données relatives à la structure de celle-ci et aux conditions physiques qui y règnent – avant d'être détruites en raison de ces conditions extrêmes. L'orbiteur ayant transporté la sonde d'immersion sert de station-relais ; cet orbiteur peut être transformé en sonde d'immersion. Les quatre capsules de la mission Pioneer Venus 2, menée en 1978, sont des sondes célèbres. L'une de ces sondes survécut au choc de l'impact final, à 35 kilomètres par heure, elle continua de transmettre pendant 67 minutes.

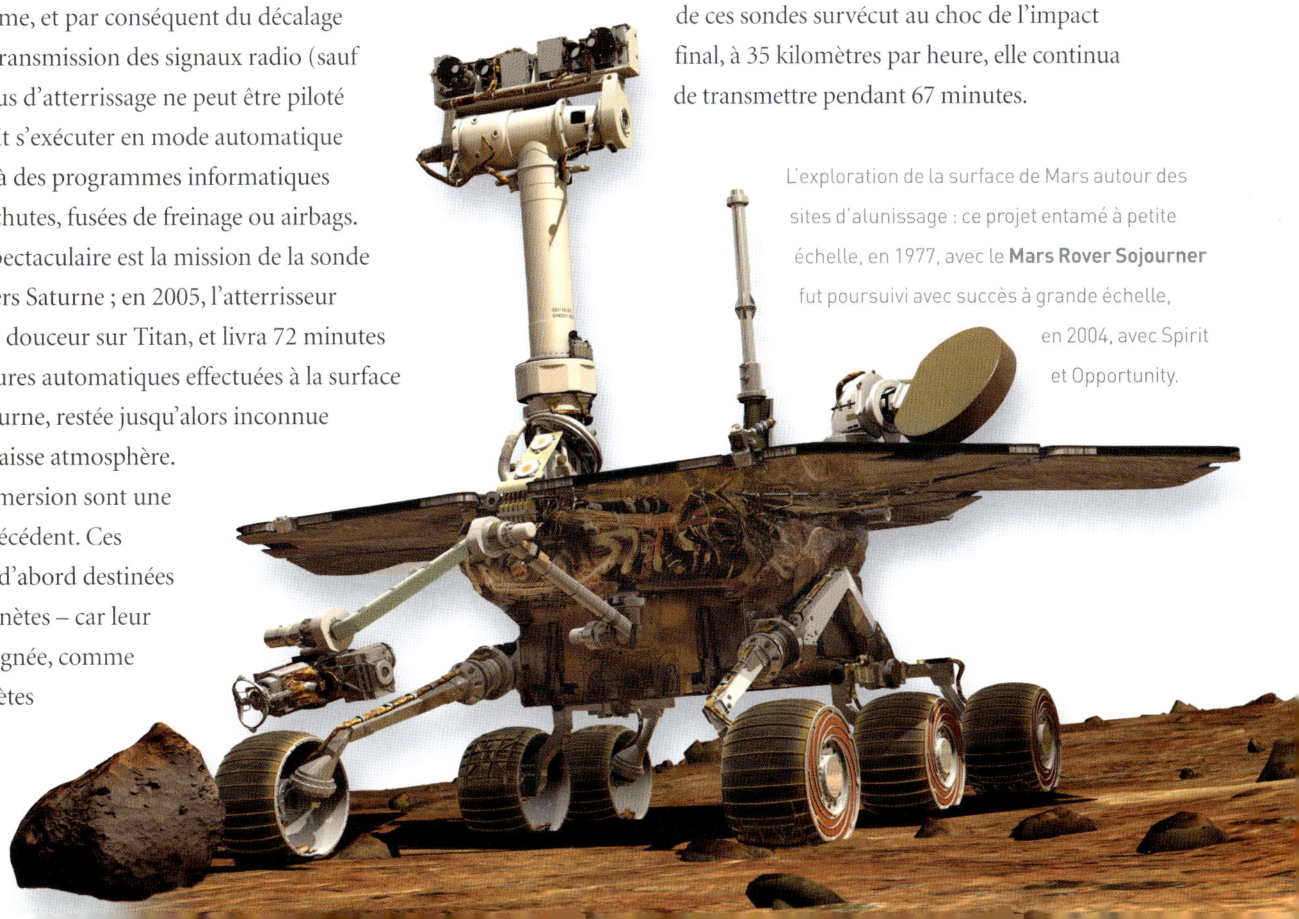

L'exploration de la surface de Mars autour des sites d'alunissage : ce projet entamé à petite échelle, en 1977, avec le **Mars Rover Sojourner** fut poursuivi avec succès à grande échelle, en 2004, avec Spirit et Opportunity.

La planète bleue

Notre Terre – la troisième planète vue du Soleil – occupe une place à part parmi les planètes du système solaire : elle possède une atmosphère riche en oxygène, et nulle part ailleurs on ne trouve de telles quantités d'eau libre à l'état liquide, solide et gazeux. Ce n'est pas sans raison que la Terre a été aussi baptisée « planète bleue », et qu'elle est le berceau de la vie.

La Terre en chiffres

Distance moyenne au Soleil : 149,6 millions de km
Diamètre : 12 756 km
Masse (Terre = 1) : 1,00
Densité moyenne : 5,52 g/cm^3
Température moyenne au sol : 15 °C
Pesanteur à la surface : 1,00
Période de rotation : 23 heures 56 minutes
Période de révolution : 365,26 jours
Atmosphère : 78,1 % azote, 20,94 % oxygène, 1 % gaz à l'état de traces
Lunes : 1

Aucune autre planète ne possède de telles quantités d'**eau libre** que notre Terre – que ce soit sous forme d'océans, de mers, de lacs et de fleuves, mais aussi de nuages, de glaces polaires ou de glaciers de haute montagne.

Comme les autres corps du système solaire, la Terre est née, voici 4,5 milliards d'années, d'un nuage de gaz et de poussières en rotation, qui détermina sa composition, faite de roches et de métal, ainsi que sa structure : une croûte solide, un manteau visqueux et un noyau. La température du noyau s'élève à 5 500 °C, ce qui correspond à la température de surface du Soleil. En raison de processus internes, mais aussi de phénomènes se déroulant dans les océans et l'atmosphère, la surface de la Terre est soumise à d'incessantes transformations.

Zone habitable

Il existe certes trois autres planètes à la structure semblable à celle de la Terre (et donc classées avec elle dans le groupe des « planètes terrestres ») ; mais elles sont privées de vie. La Terre ne se trouve en effet ni trop près du Soleil – contrairement à Mercure et Vénus –, ni trop loin – ce qui est le cas de Mars. Elle décrit à quelque 150 millions de kilomètres (1 unité astronomique) du Soleil une orbite dont l'intérieur est appelé « zone habitable ».

Région propice à la vie Le nom de « zone habitable », qui a remplacé celui d'écosphère, désigne une région limitée autour d'une étoile centrale, où la présence permanente d'eau liquide pourrait – et non pas devrait – permettre l'apparition de la vie sur la planète y orbitant. Cette région dépend en premier lieu de la température et de la luminosité de l'étoile autour de laquelle gravite la planète, qui peuvent varier avec le temps. Mais la planète peut elle aussi se modifier du tout au tout – par exemple avec l'apparition à sa surface d'un effet de serre s'auto-aggravant, lequel laisserait s'évaporer l'eau dans l'espace. Pour que la vie se développe, il est donc indispensable que la planète demeure un laps de temps suffisant dans la zone habitable, à savoir 4 à 6 milliards d'années au minimum. Dans le système solaire, la limite intérieure de la zone d'habitabilité se situe à 0,95 unité astronomique, et la limite extérieure entre 1,37 et 2,4 unités astronomiques.

Propriétés indispensables à la vie La Terre possède par ailleurs une foule d'autres propriétés indispensables à la vie, dont une masse appropriée de laquelle dépendent la gravité de surface, la composition de son atmosphère et sa pression atmosphérique. Sa rotation n'est ni trop rapide, ni trop lente, d'où une amplitude thermique raisonnable. L'axe de la Terre n'étant que modérément incliné et n'oscillant que peu, et l'orbite de

Les forêts, comme la **forêt tropicale humide**, stockent l'eau, produisent de l'oxygène et réduisent aussi le taux de dioxyde de carbone dans l'atmosphère. Mais cet écosystème est de plus en plus menacé.

Les vastes étendues d'**eaux libres** – ici une vague géante sur la côte d'Hawaï – n'offrent pas seulement un espace de loisirs aux surfeurs ; elles sont aussi le berceau et les garantes de la vie sur Terre, ainsi qu'une importante source de nourriture.

la planète autour du Soleil ne variant guère non plus – ce qu'elle doit à sa Lune exceptionnellement massive –, notre monde est assuré de conditions climatiques supportables. Le volcanisme né du mouvement des plaques tectoniques produit suffisamment de vapeur d'eau, élément essentiel à la vie. Le champ magnétique terrestre dévie les particules nocives du vent solaire, tandis que la couche d'ozone protège la vie sur Terre des radiations dangereuses.

Quelle est l'origine de l'eau ? Essentielle à la vie, l'eau provient aussi bien de l'Univers que des entrailles de la Terre. Dans l'Univers, elle est produite au sein des nébuleuses de gaz et de poussières en rotation présidant à la naissance des étoiles, elles-mêmes avant tout composées d'hydrogène. Les planètes en formation abritaient pour leur part de l'eau « liée » aux minéraux ; ramenée en surface par le volcanisme, elle s'accumula dans les dépressions. Aux premiers temps de la Terre, l'eau s'évaporait aussitôt ; mais au fil du refroidissement progressif de la planète, le cycle aquifère allait s'installer, continuellement alimenté par les apports en eau du volcanisme. Il se peut aussi que de l'eau ait été apportée sur Terre grâce à l'impact de comètes ; de tels impacts étaient plus fréquents que de nos jours, car les comètes, au début du système solaire, peuplaient en bien plus grand nombre ses régions intérieures. Mais il faudra de nombreuses recherches pour prouver cette théorie.

Les éruptions volcaniques – ici à **Hawaï** – montrent que les entrailles de la Terre ne sont toujours pas refroidies.

Structure de la terre et tectonique des plaques

Plus grand corps solide du système solaire, la Terre, sous l'effet de la « différenciation gravitationnelle », s'est divisée lors de sa formation en un noyau et un manteau.

Les éléments les plus lourds (essentiellement le fer) descendirent vers le centre de gravité de la planète, ce qui s'accompagna d'un dégagement de chaleur. À l'inverse, les éléments légers, principalement représentés par l'oxygène, le silicium et l'aluminium, migrèrent vers la surface, où ils formèrent pour l'essentiel les silicates dont se composent les roches de la croûte terrestre. La Terre étant surtout constituée de fer et de silicates, sa densité, comme celle de toutes les planètes telluriques, est élevée : 5,52 grammes par centimètre cube.

La Terre a conservé une chaleur interne assez élevée pour qu'une partie de son cœur de fer et de nickel soit encore en fusion. Ce noyau d'environ 7 000 kilomètres de diamètre est composé d'un noyau interne solide entouré d'un noyau externe liquide. Le noyau est enveloppé d'un manteau de roches liquides d'environ 2 800 kilomètres d'épaisseur, riche en magnésium et en fer. La roche fondue circule dans de gigantesques cellules de convection,

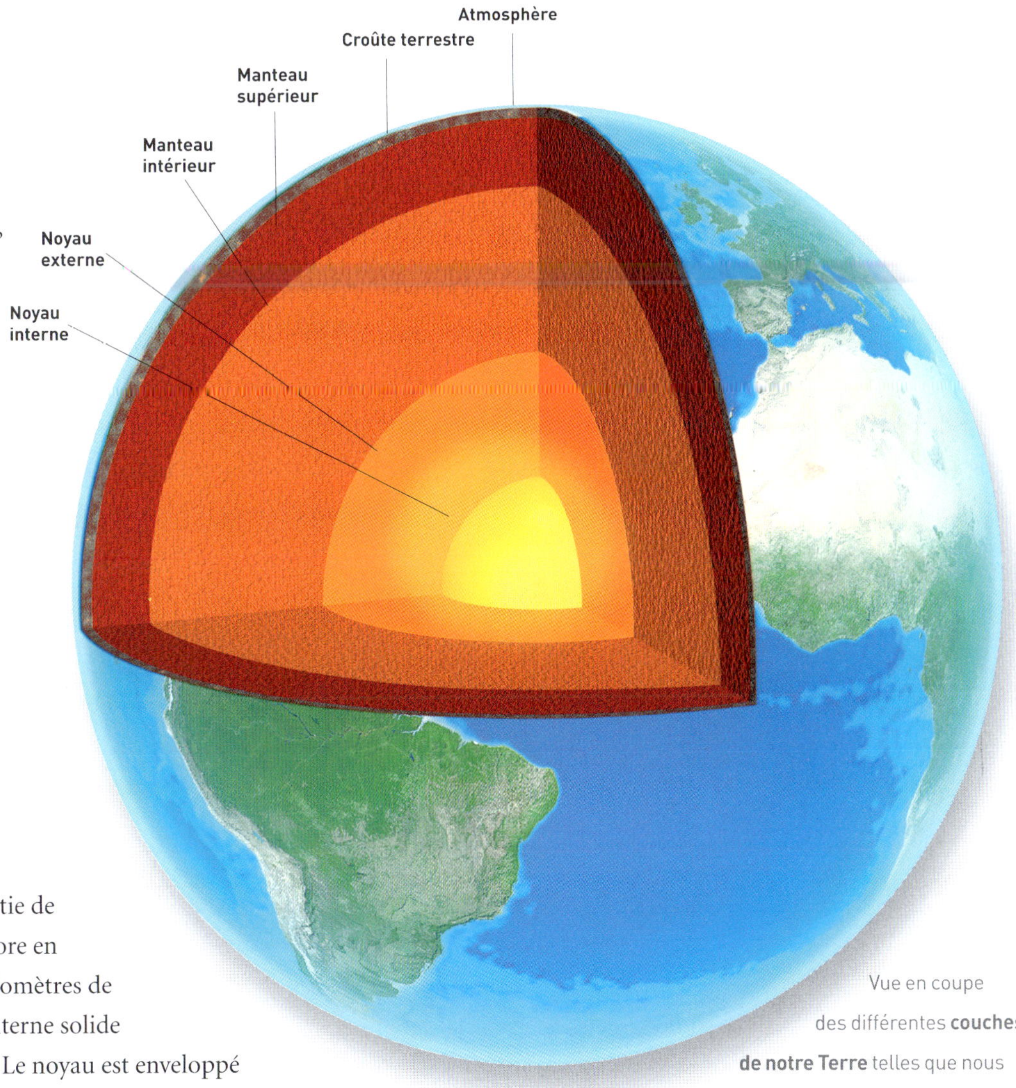

Vue en coupe des différentes **couches de notre Terre** telles que nous les connaissons grâce aux ondes sismiques. La croûte ne représente qu'une mince pellicule, comparable en proportion à la peau d'une pomme.

maintenant ainsi en perpétuel mouvement la croûte terrestre – fragmentée (jusqu'à 100 à 300 kilomètres de profondeur) en sept grandes plaques tectoniques et de nombreuses autres plus petites – et le manteau externe. Des collisions et des failles qui s'ensuivent naissent des monts, des volcans et de nouvelles croûtes océaniques.

La dérive des continents En 1912, le météorologue allemand Alfred Wegener (1880–1930) rendit publique sa théorie voulant que les continents actuels n'aient formé autrefois qu'un seul continent primitif. Ce continent se serait disloqué, et ses différents morceaux auraient dérivé jusqu'à leur position actuelle. Mais sa théorie fut rejetée faute d'explication logique à la dérive des continents.

La réhabilitation de Wegener attendit les années 1960. Des études géomagnétiques confirmèrent son hypothèse de la dérive des continents et conduisirent aussi à la théorie géoscientifique de la tectonique des plaques ; aujourd'hui fondamentale, elle permet aussi d'expliquer le volcanisme, les tremblements de terre et la formation des montagnes.

Selon cette théorie, du magma bouillant issu du manteau terrestre remonte à la surface par les fossés d'effondrement (rifts) marquant la limite entre les plaques tectoniques, et situés sur l'axe central des dorsales médio-océaniques (chaînes sous-marines) entourant le globe. Ce magma s'accumule de part et d'autre des rifts, et sa poussée fait s'écarter les plaques. Ce phénomène se produisant aussi dans l'Atlantique, il est par exemple possible de l'observer *in situ* sur le sol islandais, dans le parc national de Þingvellir, où les plaques continentales eurasienne et nord-américaine s'éloignent chaque année de quelque sept millimètres dans la zone de la faille Almannagjá ou de la faille de Silfra.

De l'autre côté de la Terre à l'inverse, dans le Pacifique, la plaque océanique s'enfonce sous la plaque continentale plus

Phénomènes tectoniques

Spectacle impressionnant, dans le parc national islandais de Þingvellir, de l'éloignement des **plaques tectoniques** européenne et américaine, qui a donné naissance à la faille Almanngjá.

Des plaques dangereuses La tectonique des plaques donne lieu à des phénomènes singuliers que l'on peut, par exemple, observer dans l'Himalaya, dans la région de la faille de San Andreas en Californie, et sur les îles hawaïennes. L'Himalaya est le lieu de collision de deux plaques continentales : indienne et eurasienne. La roche se trouvant compressée et poussée, ce gigantesque massif montagneux continue de croître.
Dans la région de la faille de San Andreas en Californie, qui traverse le pays comme un gigantesque sillon, deux plaques coulissent l'une devant l'autre ; leurs roches s'accrochent mutuellement au passage, créant de gigantesques tensions. En se libérant d'un coup, elles provoquent de violents séismes, comme celui de San Francisco en 1906.
À Hawaï, une plaque tectonique dérive au-dessus d'un point de remontée du magma brûlant (point chaud ou hot spot), qui la perce telle l'aiguille d'une machine à coudre.

Cette photo prise depuis l'orbite de la Terre illustre à la perfection la minceur de l'**atmosphère terrestre** ; cette fine pellicule contenant l'air qui nous est indispensable pour respirer nous protège aussi du rayonnement cosmique mortel.

légère, puis est entraînée – l'eau jouant le rôle de lubrifiant – dans le manteau terrestre, où elle se transforme en magma. Ce phénomène, dit de subduction, provoque des tremblements de terre, éruptions volcaniques ou plissements montagneux sur la marge continentale, dont les Andes sont un exemple. Notre Terre, avec son système de tectonique des plaques, peut être comparée à une balle de tennis marquée de coutures, sur laquelle se déroule un gigantesque tapis roulant. Il n'existe pas de tectonique des plaques sur les autres planètes.

L'atmosphère terrestre

La Terre est enveloppée d'une mince couche de gaz qui, comparée à la taille de la planète, n'est pas plus épaisse que la peau d'une pomme. Mais cette atmosphère protège la surface de la planète des dangers cosmiques : surtout les différents

C'est dans la plus basse couche de l'atmosphère qu'ont lieu les phénomènes météorologiques, comme les **ouragans**.

rayons cosmiques durs, mais aussi les petits météoroïdes et les fortes chutes de température. C'est grâce à elle que règne une température moyenne de 15 °C et que l'eau existe sous sa forme liquide, indispensable à la vie.

L'atmosphère terrestre est avant tout composée d'azote et d'oxygène. Mais cette composition s'est modifiée dans le passé – le changement décisif étant intervenu avec l'apparition des végétaux. Du fait des différences d'ensoleillement et de la rotation de la Terre, il se crée sans cesse des turbulences dans l'air. C'est ainsi que naît le système des vents planétaires, avec ses différentes ceintures ; à côté de ces grands courants aériens existent des zones anticycloniques, ou dépressionnaires en rotation.

Différents étages L'atmosphère terrestre mesure 600 kilomètres d'épaisseur ; il n'existe pas de frontière définie entre son bord et l'Univers. Cette atmosphère se compose de différentes couches : l'étage inférieur, ou troposphère, atteint 8 kilomètres d'épaisseur aux pôles, et 18 à l'équateur ; c'est là qu'ont lieu les phénomènes météorologiques et que naissent la plupart des nuages et tempêtes. La stratosphère, qui s'étend de la tropopause (la limite entre la troposphère et la stratosphère) jusqu'à 50 kilomètres d'altitude, abrite la couche d'ozone. Ensuite vient la couche la plus froide : la mésosphère, comprise entre 50 et 90 kilomètres d'altitude, où les températures chutent à -100 °C. À l'étage suivant, la température de la thermosphère, entre 90 et 500 kilomètres d'altitude, grimpe à 1 000 °C en raison du rayonnement X. Avec l'exosphère enfin, qui s'étend au-delà de 500 kilomètres d'altitude, nous voici déjà dans l'Univers, où elle laisse échapper de petites particules de gaz.

Le sommet du **mont Everest** (8 848 m) n'effleure qu'à peine la stratosphère, la seconde couche de l'atmosphère.

Le champ magnétique terrestre

Protégée par l'atmosphère, notre planète l'est également par un puissant champ magnétique, la magnétosphère. On suppose que le champ magnétique terrestre est engendré par les mouvements du noyau terrestre liquide, lesquels provoquent un effet dynamo. Ce champ magnétique peut être comparé à celui que générerait un gigantesque aimant droit planté dans la Terre, mais basculé par rapport à l'axe de rotation de celle-ci.

Pôles magnétiques Les lignes de champ magnétique se rejoignent en deux points du globe, appelés pôle magnétique Nord et pôle magnétique Sud. La place de ces pôles n'est pas immuable : ils dérivent lentement. Ainsi, le pôle magnétique Nord se trouve actuellement au nord du Canada, dans l'océan Arctique, et le pôle magnétique Sud au nord de l'Antarctique de l'Est, au niveau du plateau continental antarctique. L'étude des minéraux ferreux de la croûte terrestre a montré que le champ magnétique terrestre s'inverse à des intervalles allant de moins de 100 000 à plusieurs millions d'années. Ce renversement de polarité est précédé d'une période d'affaiblissement de l'intensité du champ magnétique, dont il existe actuellement des signes.

Magnétosphère Le bouclier du champ magnétique terrestre s'étend de 100 kilomètres à 600 000 kilomètres d'altitude. Vue de l'extérieur, la magnétosphère a la forme d'une goutte allongée dont la partie bombée regarde vers le Soleil, et la partie concave vers la Terre ; du côté nuit (opposé au Soleil), elle forme une magnétoqueue s'étendant sur des centaines de milliers de kilomètres dans l'Univers. Ce bouclier est en permanence exposé au bombardement des particules électrisées rapides du vent solaire, mais aussi des rayons cosmiques. Bien qu'il en dévie la plupart, une petite partie lui échappe et tourbillonne à l'intérieur de deux ceintures entourant la Terre baptisées ceintures de Van Allen depuis leur découverte en 1958.

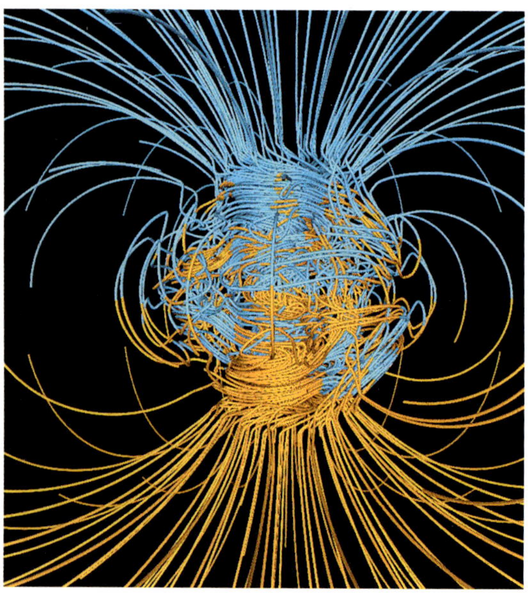

Saisissante reconstitution par ordinateur du champ magnétique de la Terre, dont les lignes de force relient les deux pôles.

Problèmes climatiques

Trou dans la couche d'ozone et réchauffement global Les conséquences de l'industrialisation placent l'humanité et la Terre face à deux problèmes : le trou dans la couche d'ozone et l'effet de serre anthropogène (causé par l'Homme). Située dans la stratosphère, la couche d'ozone est une enveloppe de gaz protégeant la Terre des mauvais rayons solaires UV. Depuis 1980, on a observé une déperdition d'ozone au-dessus du pôle Sud, et depuis 1990, au-dessus du pôle Nord. Le premier trou d'ozone est apparu en 1985 au-dessus de l'Antarctique, le second en 2011 au-dessus de l'Arctique. En cause : l'ajout additionnel dans l'atmosphère de chlorofluorocarbures (CFC) d'origine anthropique, utilisés comme carburant et agents réfrigérants. Grâce à l'interdiction de ces substances, le trou d'ozone antarctique devrait s'être refermé en 2068, et celui du pôle Nord en 2050. À cela s'ajoute le réchauffement grandissant de l'atmosphère par les émissions additionnelles de dioxyde de carbone issu de la combustion d'énergies fossiles, de la destruction des forêts pluviales et du méthane provenant de l'élevage du bétail. Selon différentes modélisations, cette situation provoquerait, pour un réchauffement de 1,5 à 4,5 °C, des changements climatiques incontrôlables. Des accords intergouvernementaux prévoient de limiter à 2 °C l'augmentation de la température moyenne globale.

Le champ magnétique terrestre forme dans l'Univers la magnétosphère, où la **ceinture de Van Allen** capture les particules solaires et cosmiques de haute énergie.

Ceinture de Van Allen De forme annulaire, la ceinture de Van Allen se compose pour l'essentiel de deux ceintures de radiations : une ceinture intérieure, qui est située entre 700 et 6 000 kilomètres d'altitude au-dessus de la surface de la Terre, et contenant principalement des protons à haute énergie, et une ceinture extérieure s'étendant entre 15 000 et 25 000 kilomètres d'altitude et recélant surtout des électrons. Quand cette ceinture est surchargée, comme il arrive lors des tempêtes solaires, des particules se faufilent dans la haute atmosphère – essentiellement dans la région des pôles, où les lignes de champ magnétique « s'enfoncent » dans la planète – et la rendent luminescente : d'où l'apparition d'aurores polaires.

L'orbite de la Terre

La Terre fait le tour du Soleil à la vitesse moyenne de 108 000 kilomètres par heure selon une ellipse presque circulaire, ce qui explique que le Soleil n'occupe pas exactement le centre de cette orbite. De ce fait, la distance de la Terre au Soleil varie également au cours d'une même année : 147,1 millions de kilomètres au point le plus proche du Soleil (périhélie), 152,1 millions de kilomètres au point le plus éloigné (aphélie). L'axe propre de la Terre, autour duquel elle accomplit une rotation en l'espace de 23,93 heures, est en outre incliné de 23,5° sur le plan de l'orbite terrestre (écliptique). Cette inclinaison étant conservée lors de la révolution autour du Soleil, il en résulte un ensoleillement différent sur les deux hémisphères et de ce fait, l'existence de saisons.

Variations Les caractéristiques de l'orbite et de l'axe de la Terre ne sont cependant pas immuables. Elles se modifient sous l'effet d'influences extérieures, comme la gravitation d'autres corps célestes. Ainsi, l'excentricité de l'orbite terrestre – c'est-à-dire sa déviation par rapport au cercle – varie-t-elle selon un cycle de 100 000 ans, tandis que l'axe de rotation modifie son inclinaison tous les 42 000 ans environ. Ajoutées à la précession – changement de direction dû à l'attraction du Soleil et de la Lune, de l'axe de rotation terrestre, qui décrit un cône sur une période de 25 800 années –, ces variations sont tenues pour responsables des changements climatiques à long terme sur la planète.

Les saisons

Toutes les planètes possédant une atmosphère et un axe incliné connaissent des saisons du fait d'une intensité d'ensoleillement différente de leurs hémisphères – et non pas du fait de leur différence d'éloignement à leur étoile centrale. Les saisons se manifestent par une variation des températures, elle-même dépendante de la durée du jour et de la hauteur maximale du Soleil à midi. Les saisons revêtent une importance particulière sur la Terre, où la vie, notamment à la campagne, est rythmée par leur succession. Sous les latitudes tempérées, elles sont rendues perceptibles par le cycle de la végétation, caractérisé par une période de floraison et de repos. Pour assurer sa nourriture, l'Homme a dû s'adapter à ce cycle.

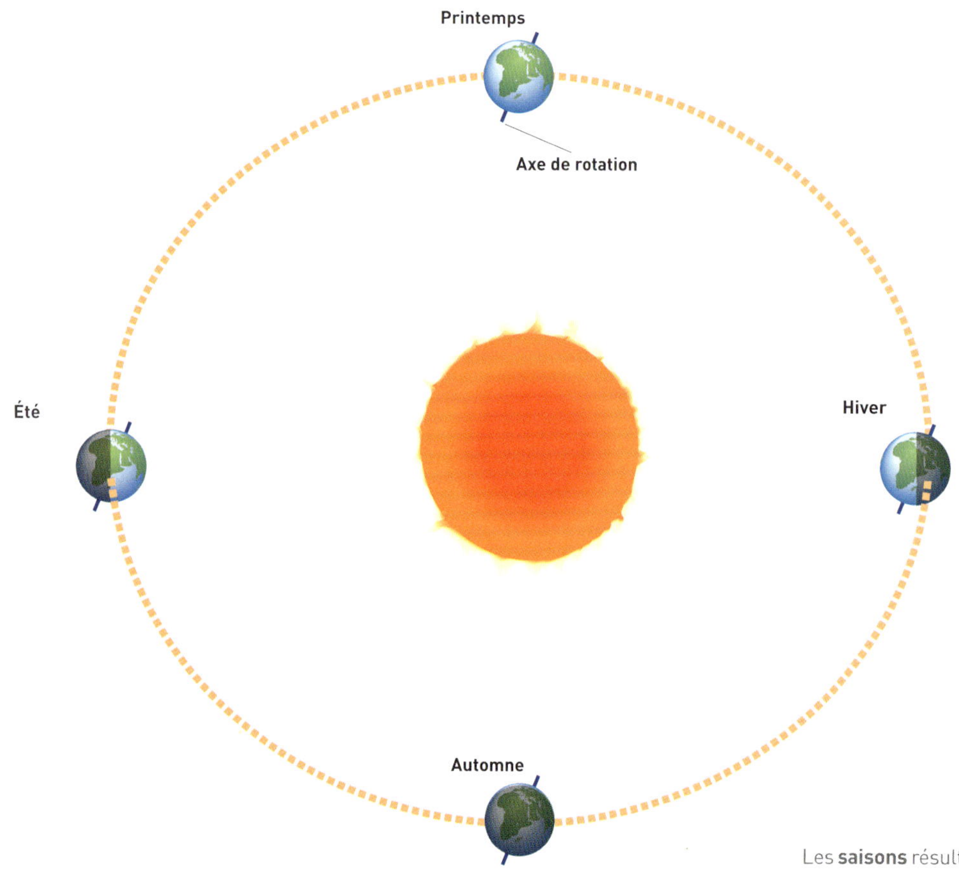

Les **saisons** résultent de la différence d'ensoleillement sur les deux hémisphères.

Un monde proche du Soleil

La proximité de Mercure, la planète la plus intérieure du système solaire, avec le Soleil rend son observation difficile. Mercure gravite autour du Soleil selon une orbite très allongée, tout en tournant lentement autour de son propre axe. La différence entre les températures diurne (430 °C) et nocturne (-180 °C) qui en résulte peut se comparer à l'alternance du feu et de la glace.

Vue d'artiste de la sonde spatiale **MESSENGER** qui étudie dans le détail, depuis 2008, la planète la plus proche du Soleil, et complète les images prises par la sonde Mariner 10 en 1974/75.

La rapidité relative de son mouvement autour du Soleil rend l'apparition de la planète Mercure dans le ciel aussi fugace que celle du messager ailé des dieux, Hermès, dont elle porte le nom romain. L'éclat du Soleil empêche également toute observation probante de la surface de Mercure depuis la Terre, et l'interdit même au télescope spatial Hubble, dont il endommagerait les appareillages sensibles.

Les sondes d'exploration de Mercure

Il fallut attendre les sondes spatiales Mariner 10 et MESSENGER, équipées de boucliers protecteurs, pour obtenir des photographies détaillées de la planète. En 1974/75, Mariner 10 survola ainsi trois fois Mercure à une distance respective

de 705, 50 000
et 327 kilomètres,
réalisant 9 000 images
de sa surface ainsi que des
observations en lumière UV.
En raison de la particularité de l'orbite
de Mercure, elle ne put cependant cartographier
que 45 % de la surface de la planète. Il devait en aller autrement à partir de 2004, avec la sonde spatiale MESSENGER. Sur trois survols de la planète (janvier et octobre 2008, septembre 2009), deux lui permirent de saisir, à 200 kilomètres de distance, jusqu'à 95 % de sa surface – chiffre qui s'améliora encore grâce à l'insertion, en 2011, de la sonde MESSENGER sur l'orbite de Mercure.

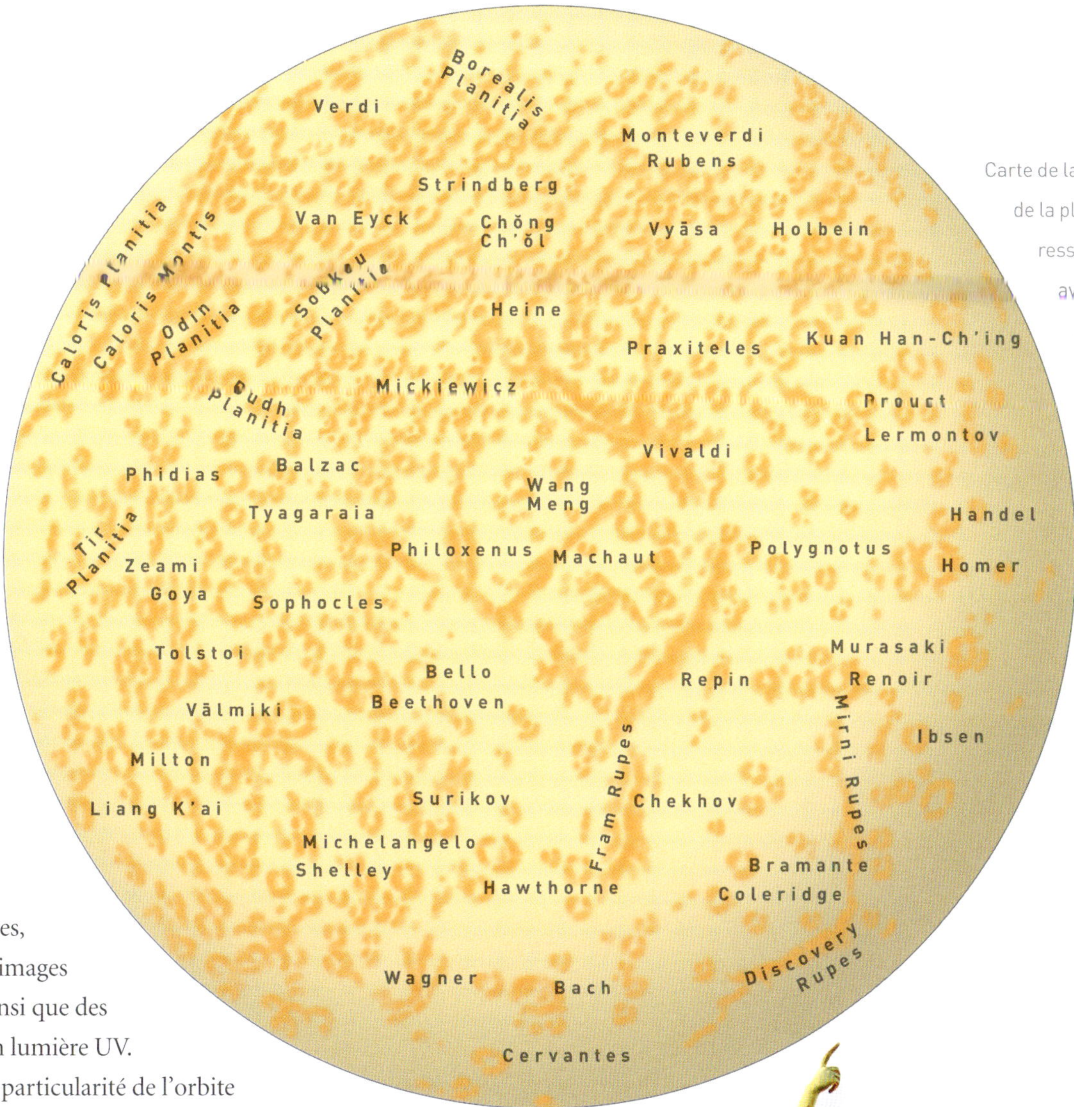

Carte de la partie connue de la planète **Mercure**, ressemblant à la Lune, avec son plus grand cratère d'impact, le bassin Carolis.

Une planète criblée de cratères

Les savants avaient depuis longtemps soupçonné que la surface de Mercure était semée de cratères et ressemblait à celle de la Lune par d'autres aspects encore. En raison de sa proximité avec le Soleil, Mercure dut en effet se trouver très fortement exposée à l'intense bombardement de planétoïdes et météorites des premiers temps du système solaire. Les cratères ainsi créés vont de la simple petite cuvette à l'énorme bassin Caloris.

Le bassin Caloris Avec un diamètre de 1 550 kilomètres, le bassin Caloris occupe près d'un tiers de la largeur de Mercure. Les anneaux montagneux concentriques qui l'entourent lui donnent l'aspect d'une gigantesque cible. Le bassin Caloris est apparu à la fin du grand bombardement d'astéroïdes, voici 3,85 milliards d'années ; une météorite de quelque 150 kilomètres de diamètre s'écrasa sur Mercure, donnant naissance à un cratère géant. La planète porte encore l'empreinte de cet impact, qui se répercuta sur toute sa surface. Lancée à la

Statue du **dieu romain Mercure** ; appelé Hermès chez les Grecs, ce messager des dieux était aussi le dieu du Commerce et des Voleurs.

Mercure en chiffres

Distance moyenne au Soleil : 58,6 millions de km
Diamètre : 4 878 km
Masse (Terre = 1) : 0,06
Densité moyenne : 5,427 g/cm^3
Températures à la surface : +467 °C (jour) -183 °C (nuit)
Pesanteur à la surface (Terre = 1) : 0,37
Période de rotation : 58 jours 15 heures 36 minutes
Période de révolution : 87,968 jours
Atmosphère : très ténue : oxygène 42 %, sodium 29 %, hydrogène 22 %, hélium 6 %, gaz à l'état de traces 1 %

vitesse de 50 kilomètres à la seconde, la météorite dut s'enfoncer profondément dans l'écorce de Mercure. À l'endroit de l'impact, les matériaux éjectés formèrent plusieurs remparts annulaires concentriques, tandis que la lave surgie de l'intérieur de la planète se répandait en surface.

Le nom Caloris, du latin *calor* signifiant « chaleur », vient du fait que ce bassin est l'une des régions les plus torrides de la planète quand Mercure se trouve au plus près du Soleil, qui brille alors à la verticale du cratère.

Le « Terrain chaotique » Cet impact eut également de lointaines répercussions sur Mercure. L'énergie dégagée déclencha des ondes de choc qui traversèrent la planète avant de fracturer, à l'antipode du bassin Caloris, une vaste zone d'environ 500 000 kilomètres carrés, provoquant d'énormes soulèvements qui donnèrent naissance à des dorsales de 1,8 kilomètre d'altitude et 5 à 10 kilomètres de largeur, assorties de cuvettes et de vallées. Toute cette zone « fracassée » laisse encore une impression de gigantesque chaos.

Les cratères Les innombrables cratères couvrant de grandes régions de Mercure lui donnent un aspect vérolé rappelant celui de la Lune. Malgré leur similitude d'apparence, les cratères de Mercure se différencient cependant des cratères lunaires sur plusieurs points concernant leur morphologie et leur répartition. Ces différences sont certainement en relation avec la gravité environ deux fois plus élevée de la planète. Les cratères de Mercure se trouvent parfois extrêmement rapprochés, ce qui n'advient, sur la Lune, que sur le plateau Fra Mauro. Les dimensions des cratères de Mercure vont de 100 mètres de diamètre pour les petites fosses à 1 000 kilomètres environ pour les cratères annulaires géants.

Les plaines intercratères Entre ces zones criblées de cratères s'étendent des régions où les cratères apparaissent plus dispersés, mais dont beaucoup mesurent en revanche entre 5 et 10 kilomètres de diamètre. Ces régions appelées plaines intercratères représentent sans doute la formation géologique la plus répandue sur Mercure.

Rupes

La surface de Mercure est en outre parcourue d'une multitude d'escarpements baptisés « rupes », des structures tectoniques spécifiques à Mercure qui traversent parfois des cratères entiers. Il s'agit vraisemblablement d'escarpements de faille – c'est-à-dire de régions où une compression

Les vallonnements du **Terrain chaotique** ne sont que l'un des types de reliefs variés que l'on rencontre sur Mercure.

bilatérale a fracturé la surface, provoquant le chevauchement de blocs de croûte le long des failles.

Contraction de la planète Il se peut aussi que cette compression soit le résultat de la contraction de la planète après refroidissement : le cœur aurait ainsi rétréci de 4 kilomètres. Le manteau s'étant lui aussi refroidi, il se forma à la surface de Mercure des failles et des saillies comparables aux rides d'un fruit desséché.

Structure de l'atmosphère

Sous cette croûte « fripée » et semée de cratères se trouve, comme sur les autres planètes terrestres, un manteau qui entoure ici un cœur de fer et de nickel très volumineux. Ce cœur engendre par sa masse le champ magnétique de Mercure, à l'intensité 100 fois plus faible que celle du champ magnétique terrestre. L'épaisseur de l'atmosphère de Mercure, composée d'hélium et de sodium, n'atteint elle-même qu'un billiardième de celle de la Terre. Car bien qu'elle soit sans cesse emplie de gaz du vent solaire, la faible attraction de Mercure ne lui permet pas de les retenir longtemps – ce qui la rend très instable.

Double lever de Soleil S'il faut près de 59 jours à Mercure pour faire le tour de son propre axe, il ne lui en faut en revanche que 88 jours pour faire le tour du Soleil. Pour un observateur situé sur cette planète, la durée d'un jour mercurien équivaut donc à 176 jours terrestres. Cet observateur pourrait par conséquent assister au spectacle suivant : le matin, le Soleil se lève à l'horizon, mais en raison de la très lente rotation de Mercure par rapport à sa révolution autour du Soleil, il se recouche peu de temps après, avant de se lever de nouveau. Ce lever de Soleil « par étapes » n'occupe qu'un court laps de temps d'un jour mercurien, mais plusieurs jours terrestres.

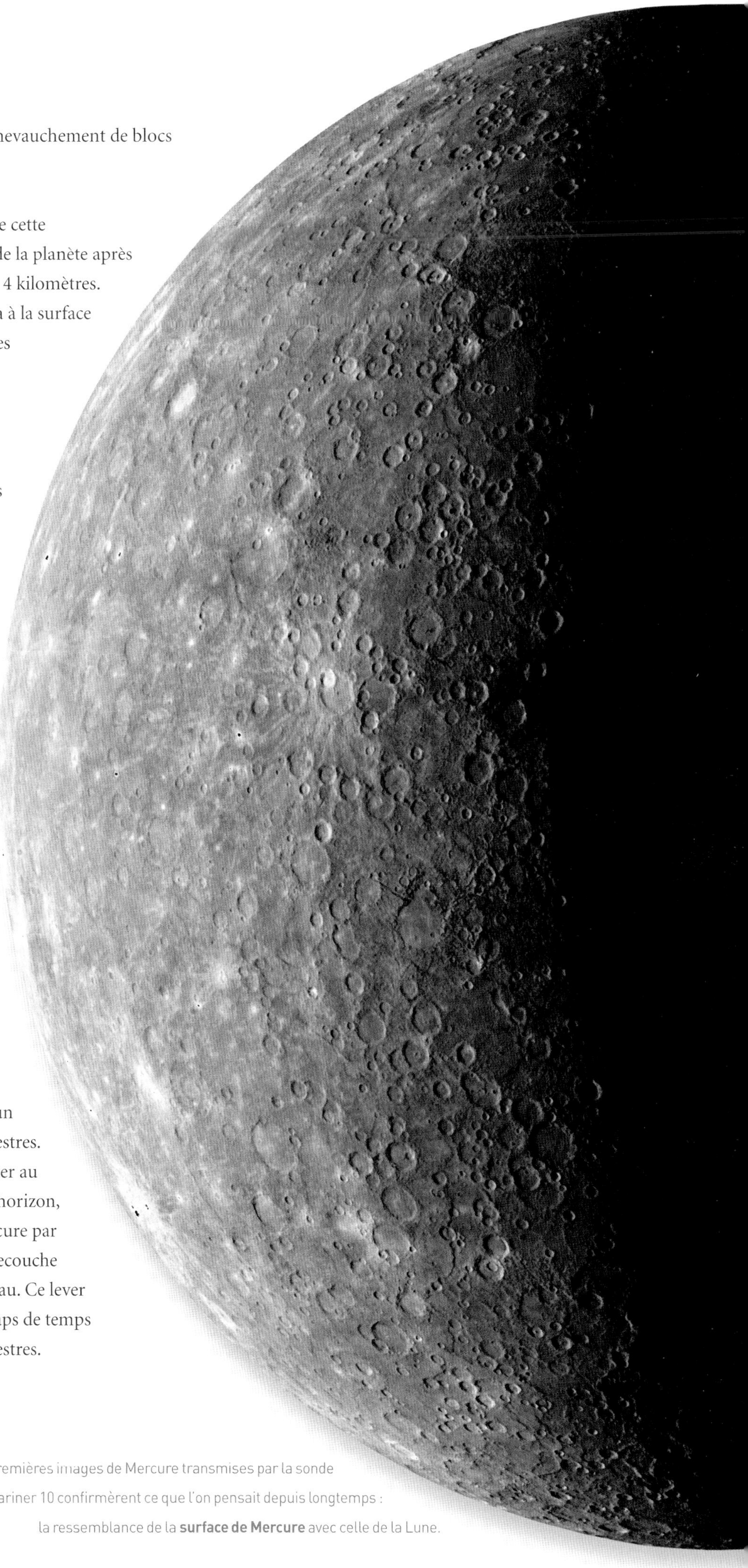

Les premières images de Mercure transmises par la sonde Mariner 10 confirmèrent ce que l'on pensait depuis longtemps : la ressemblance de la **surface de Mercure** avec celle de la Lune.

La planète sœur de la Terre

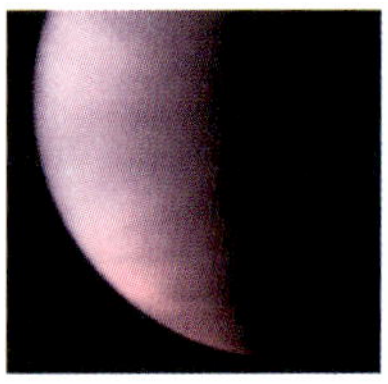

Vue du Soleil, Vénus est la seconde planète du système solaire. Ses dimensions comparables à celles de la Terre et sa structure interne identique la font désigner comme sa sœur jumelle. Pourtant, son épaisse couverture nuageuse fait de Vénus un monde sombre et étouffant, très différent de notre planète.

La **surface de Vénus** telle que la montrent les observations radar. Les conditions extrêmes qui y règnent lui donnent en permanence un éclat rouge sombre.

Sur le sol de Vénus règne une température moyenne de 464 °C, ce qui en fait la plus torride des planètes de tout le système solaire. À cela s'ajoute une pression identique à celle que l'on rencontre à 900 mètres de profondeur sous les mers de notre globe. Responsable de ces conditions extrêmes : l'épaisse couverture nuageuse enveloppant la planète d'un voile sans contours définis mais impénétrable. Ces nuages rendent impossible l'observation télescopique de la surface de Vénus, mais ils engendrent aussi un puissant effet de serre, l'énergie solaire irradiée restant emprisonnée au lieu d'être renvoyée vers l'espace.

Superposition de couches nuageuses

L'atmosphère de Vénus est essentiellement composée de dioxyde de carbone, auquel s'ajoutent 3,5 % d'azote ainsi que du dioxyde de soufre, de l'argon et de l'eau à l'état de traces. Sur les photographies prises par les sondes, Vénus frappe par son aspect brillant, dû à l'albedo (la capacité à réfléchir l'énergie solaire) très élevé de son manteau nuageux permanent, qui réfléchit 75 % de la lumière incidente – contre 30,6 % dans le cas de la Terre. D'une épaisseur de 20 kilomètres, ce cocon de nuages composé de trois couches différentes prend corps à 50 kilomètres environ au-dessus de la surface.

Mouvements nuageux C'est la chaleur du Soleil qui engendre les mouvements nuageux au-dessus de Vénus ; dans presque toute l'enveloppe gazeuse se développent de gigantesques cellules de convection. À l'équateur, les gaz échauffés s'élèvent, migrent jusqu'aux zones polaires plus froides, où ils chutent dans des couches plus basses de l'atmosphère, puis rejoignent l'équateur, où le cycle reprend. Ceci explique que les formations nuageuses

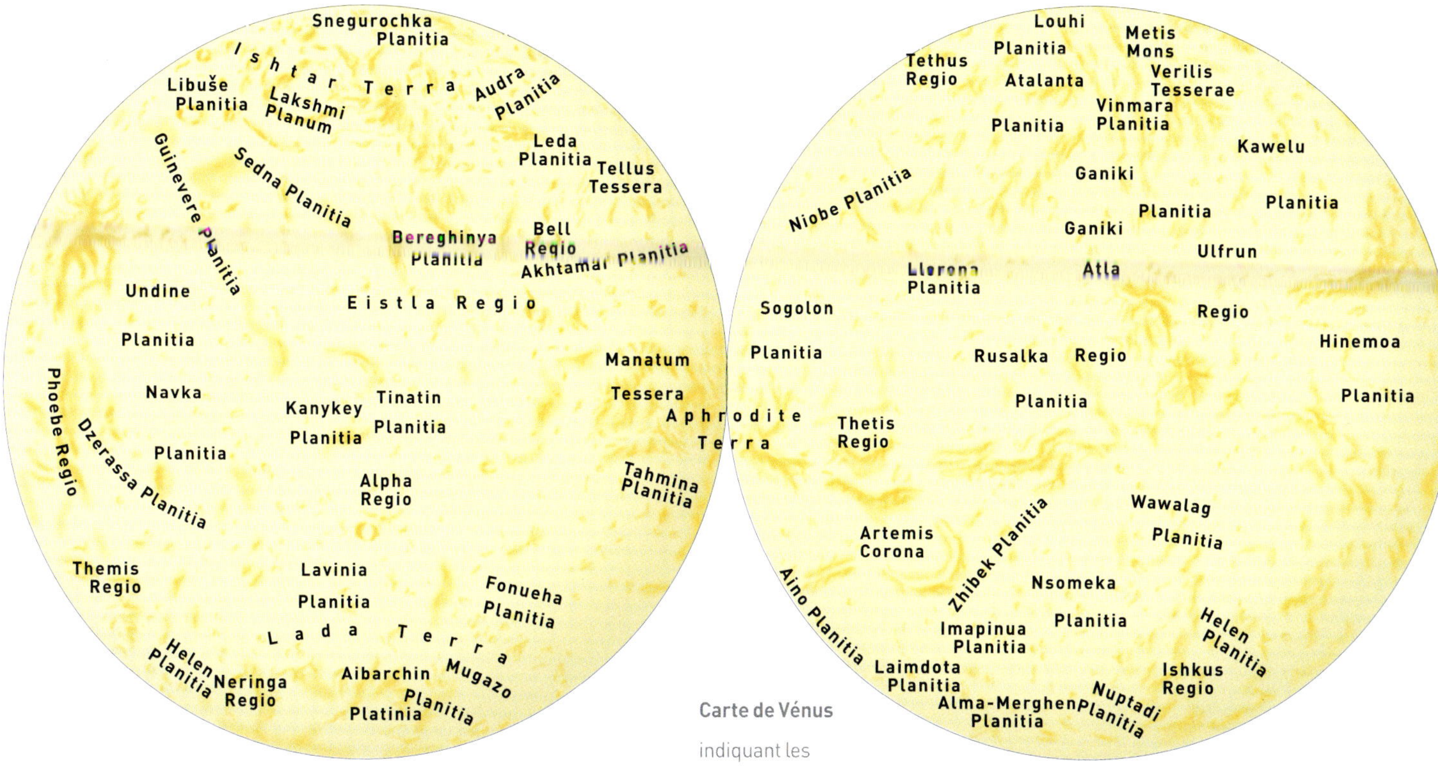

Carte de Vénus indiquant les principales formations superficielles ; conformément à une convention de l'UAI, elles sont en majorité dotées de noms féminins.

photographiées dans l'ultraviolet arborent la forme d'un Y orienté dans le sens de leur rotation autour de la planète.

Super-rotation Cette circulation de l'atmosphère autour de la planète rocheuse s'effectue d'est en ouest en seulement quatre jours. Les photographies sous UV montrent que les couches supérieures équatoriales se déplacent à environ 360 kilomètres par seconde, soit 60 fois plus vite que la vitesse de rotation de la planète elle-même. Ce phénomène est appelé « super-rotation ». En revanche, dans les couches inférieures de l'atmosphère, les mouvements atmosphériques sont beaucoup plus lents. Et à la surface de Vénus, la vitesse du vent tombe à 10 kilomètres par heure.

Pluies d'acide sulfurique Les nuages de l'atmosphère vénusienne sont composés de gouttelettes d'acide sulfurique concentré ainsi que de chlore et de phosphore sous forme d'aérosols (mélange gazeux contenant des particules solides ou liquides), dont les plus grosses gouttes retombent en pluie. Ces gouttes n'atteignent au mieux que la base de la couverture nuageuse : en raison des températures élevées, elles s'évaporent très vite, et se décomposent en dioxyde de soufre, vapeur d'eau et oxygène. Ces gaz remontent dans les couches nuageuses supérieures, où ils se condensent à nouveau en acide sulfurique. Au-dessus et au-dessous de l'enveloppe nuageuse de Vénus s'étend une couche de brume, elle-même recouverte d'une mince couche transparente de 20 kilomètres d'épaisseur : l'intensité de la lumière filtrant sur Vénus est ainsi comparable à celle d'un jour pluvieux sur Terre.

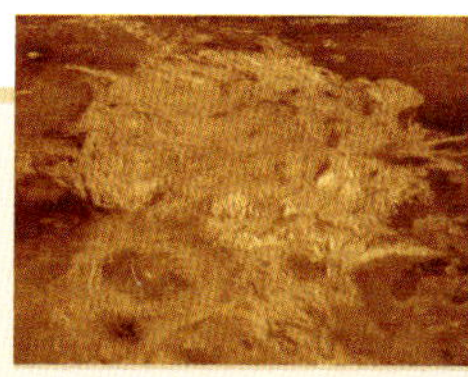

Vénus en chiffres

Distance moyenne au Soleil : 108,2 millions de km
Diamètre : 12 104 km (environ 95 % du diamètre terrestre)
Masse (Terre = 1) : 0,82
Densité moyenne : 5,243 g/cm^3
Température de surface (nuages) : 464 °C
Pesanteur à la surface (Terre = 1) : 0,91
Période de rotation : 243 jours 27 minutes
Période de révolution : 224,701 jours
Atmosphère : dioxyde de carbone 96,5 %, azote 3,5 %, gaz à l'état de traces 0,1 %
Lunes : 0

La surface de Vénus

Seules les explorations radar depuis la Terre et surtout les sondes spatiales ont permis de découvrir et cartographier la surface de Vénus. Ces études ont révélé une planète marquée par le volcanisme, mais en majeure partie plane : 90 % des éminences font moins de 3 kilomètres d'altitude ; les plaines volcaniques, désignées sur les cartes sous le nom de « Planitia », occupent 85 % de la surface, le reste étant constitué de hauts plateaux – les « Terrae » ou « Regio » –, nés des mouvements de la croûte.

Les hautes terres Les régions montagneuses sont essentiellement représentées par deux vastes formations : Aphrodite Terra et Ishtar Terra. Aphrodite Terra a la forme d'un gigantesque scorpion et une superficie à peu près équivalente à celle de l'Amérique du Sud ; elle s'étend sur 6 000 kilomètres le long de l'équateur vénusien, soit sur un bon tiers de celui-ci. Sa partie occidentale ne présente que peu de traces de volcanisme ; à l'est au contraire s'étend la vaste région montagneuse volcanique Alta Regio avec ses failles et ses cônes volcaniques, comme Maat Mons.

Ishtar Terra est située au nord-ouest d'Aphrodite, dont elle est assez éloignée. Ce haut plateau de la taille de l'Australie ressemble plutôt à un continent terrestre. Les monts Maxwell y culminent entre autres à 10 800 mètres d'altitude. On y rencontre également le plus grand cratère d'impact vénusien : Cleopatra, dont le diamètre atteint 104 kilomètres.

Les cratères d'impact 963 cratères d'impact ont été recensés à ce jour sur Vénus – soit plus du double de ceux découverts sur la Terre. Le diamètre des cratères de Vénus varie de 1 à 300 kilomètres. En dépit de leur petit nombre, ils sont répartis de façon étonnamment régulière. Aucun d'entre eux ne fait moins de 1,5 kilomètre de diamètre, ce qui n'est guère surprenant – seules d'assez grosses météorites pouvant traverser l'épaisse atmosphère de Vénus. Le plus grand cratère d'impact est de loin le cratère Mead, de 270 kilomètres.

Reconstitution tridimensionnelle du volcan vénusien **Maat Mons** (8 km d'altitude), à partir des données radar.

Comme celle de toutes les planètes terrestres, la surface de Vénus est marquée de **cratères d'impact** ; seules de grosses météorites peuvent cependant traverser l'épaisse atmosphère entourant la planète.

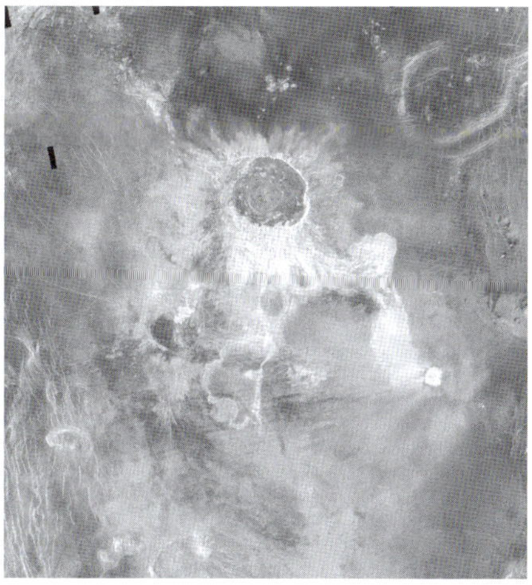

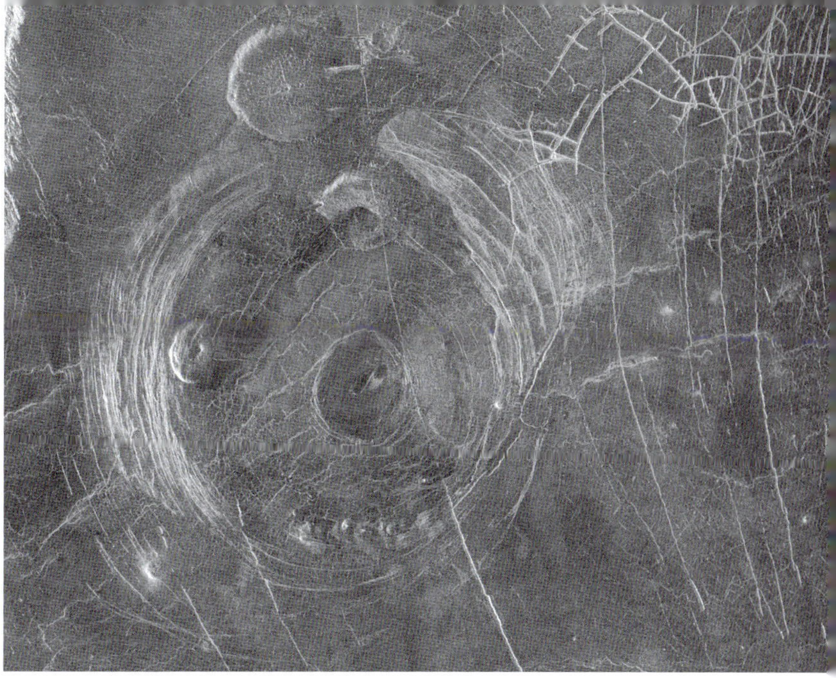

Relief spécifique de la surface de Vénus, les **coronae**, ou couronnes, ont été vraisemblablement engendrées par des panaches de magma issus du manteau (« plumes mantelliques »).

Les coronae Les « coronae » (mot latin signifiant « couronnes ») sont des reliefs caractéristiques de Vénus. De forme circulaire ou ovale, ces formations singulières parsèment les plaines par centaines et pullulent dans la région équatoriale, où elles marquent de leur empreinte de grandes zones d'Aphrodite Terra. En raison de leur ressemblance avec des volcans effondrés et déformés, elles sont parfois baptisées « calderas » (cratères d'effondrement). Les coronae abritent un bassin plat et ondulé, situé au-dessous du niveau des plaines environnantes et délimité par un bourrelet bas et large, qui est entouré d'une large dépression où alternent des anneaux concentriques de fractures et de crêtes montagneuses.

Types de volcans Les volcans sont au moins aussi nombreux sur Vénus que sur la Terre. On rencontre ainsi sur Vénus des champs entiers de volcans boucliers accompagnés de

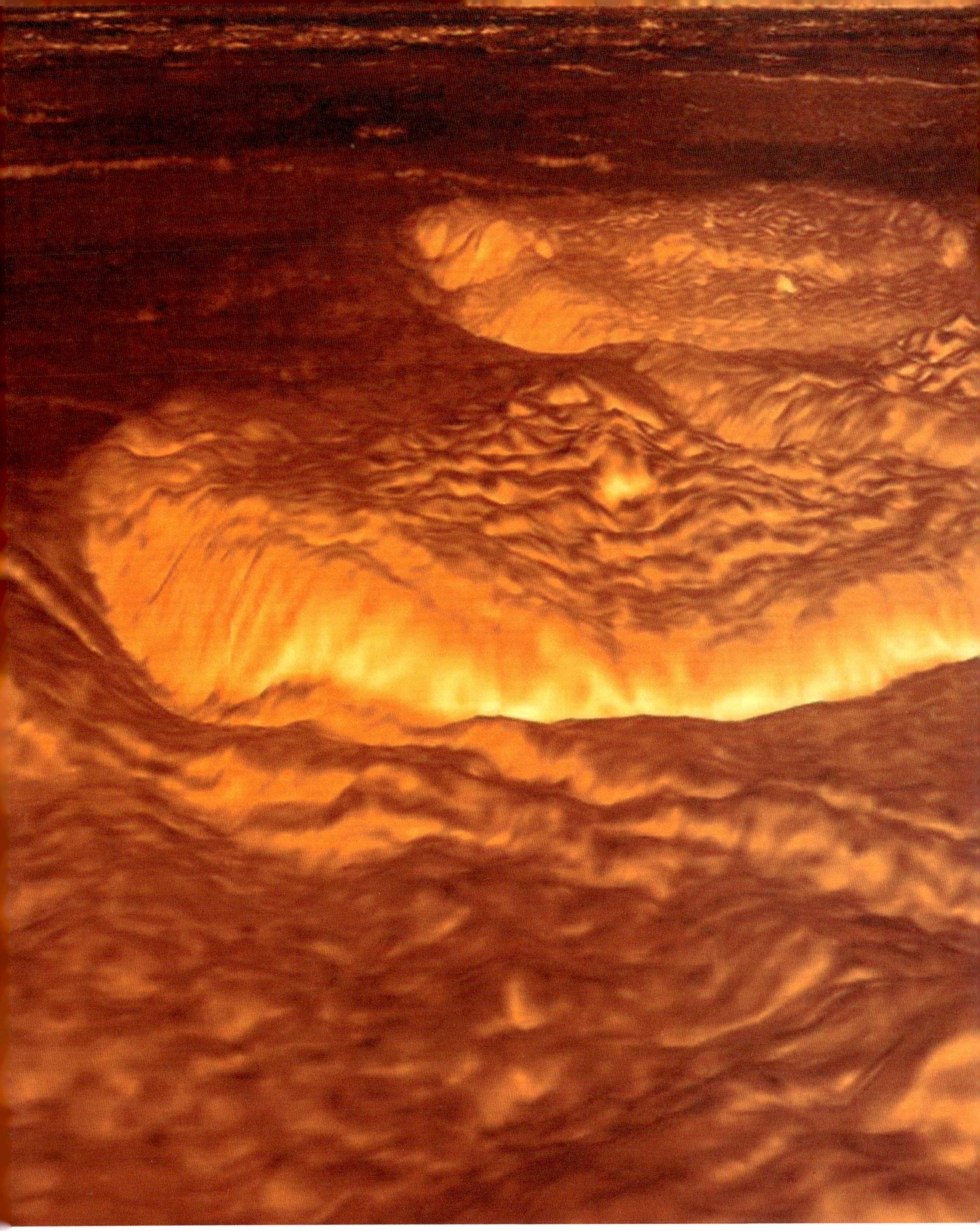

Tout comme celle de la Terre, la surface de Vénus a été modelée par le **volcanisme** ; on y rencontre ainsi des coulées de lave, comme le montre cette image radar.

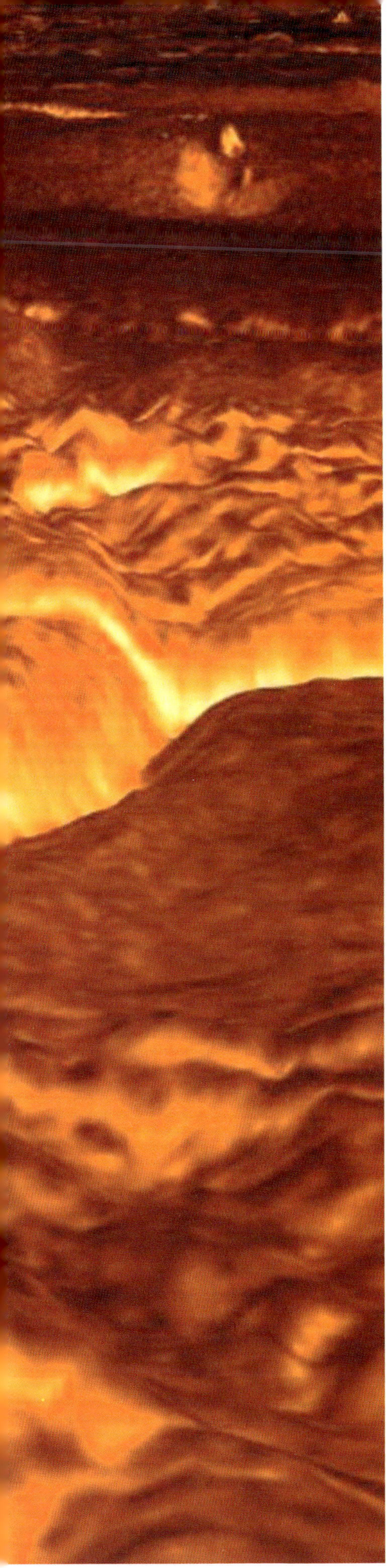

Absence de tectonique

L'absence de lubrifiant De même que sur Mars, il n'existe pas sur Vénus de plaques tectoniques mobiles. La raison en est l'absence d'eau. L'eau a certainement été présente en grande quantité aux premiers temps de Vénus – peut-être même Vénus était-elle recouverte à l'origine d'un océan de 10 mètres de profondeur. Mais du fait de la grande proximité du Soleil, cette eau s'évaporait et se décomposait en hydrogène et oxygène sous l'effet du rayonnement UV. Les atomes d'hydrogène s'échappaient alors dans l'espace, tandis que les atomes d'oxygène étaient liés dans la roche de surface. Le manque d'eau pour « lubrifier » les plaques et leur permettre de circuler empêcha – et empêche encore – tout déplacement horizontal de l'écorce planétaire. La lithosphère de Vénus et de Mars s'est ainsi « grippée » comme un moteur sans huile.

centaines de cônes et de dômes volcaniques plus petits : bien plus de 50 000 au total. Il existe 167 volcans d'au moins 100 kilomètres de diamètre à la base. Avec leurs 2 et 3 kilomètres d'altitude pour un diamètre de 300 et 250 kilomètres à leur base, les volcans boucliers Sif Mons et Gula Mons figurent parmi les plus grands. Tous sont cependant surpassés par Maat Mons : ce volcan situé exactement sur l'équateur vénusien culmine en effet à 8 kilomètres d'altitude – mais ne mesure à sa base que 200 kilomètres de diamètre. Compte tenu de l'absence de tectonique des plaques, les volcans vénusiens, comme ceux de Mars, n'ont pu naître que de hot spots (points chauds) – ce qui est aussi le cas de certains volcans sur la Terre.

Coulées de lave Le volcanisme peut être à l'origine d'inondations de lave. Dans les plaines de Vénus, on observe des coulées de lave solidifiée de plusieurs centaines de kilomètres de largeur sur plus de 1 000 kilomètres de longueur, ainsi que de longs canaux sinueux de 1,5 km de largeur. Avec ses 6 800 kilomètres, Hildr Fossa, le plus grand, dépasse de 100 kilomètres le Nil, le plus long fleuve de la Terre.

Canyons D'autres fossés ou vallées ressemblant à des canyons ont été baptisés « chasmae ». Le plus impressionnant de ces canyons est Diana Chasma, sur Aphrodite Terra. Diana Chasma fait environ 280 kilomètres de largeur ; ses parois s'enfoncent à 4 kilomètres de profondeur au pied des vertigineuses crêtes montagneuses qui l'enserrent – soit à plus de 1 kilomètre au-dessous du niveau zéro vénusien. Aucune structure similaire n'existant sur Terre, on la compare généralement au réseau de vallées plus gigantesque encore abrité par Mars : Valles Marineris. Comme ce super-canyon, Diana Chasma pourrait en fait résulter d'une activité tectonique. Ces deux fossés courent presque parallèlement à l'équateur.

Un désert rouillé

De toutes les planètes du système solaire, Mars est celle qui ressemble le plus à la Terre. La durée d'un jour martien est à peine inférieure à la durée d'un jour terrestre, et les changements d'aspect des blanches calottes polaires de Mars indiquent que cette planète connaît aussi des saisons. Ces calottes sont la preuve la plus éclatante d'une présence d'eau sur ce monde désertique, brillant d'un éclat rouge.

Image de la sonde spatiale **Mars Global Surveyor** au-dessus d'Olympus Mons, le mont Olympe. Entre 1999 et 2006, cette sonde réalisa des photographies haute résolution de la surface de Mars.

»

Photographie du **cratère Victoria** et de Duck Bay, prise par le Mars Rover Opportunity. Comme sur beaucoup d'autres photos, on y distingue de nombreuses traces d'érosion par le vent.

Mars est la seule planète où, dès la fin du XIXᵉ siècle et jusque dans les premières décennies du XXᵉ, la possibilité d'une vie extraterrestre a été sérieusement envisagée par les scientifiques. Il fallut attendre les images des sondes spatiales pour démontrer que règnent sur cette planète désertique des conditions atmosphériques bien trop extrêmes, et que sa surface, avec ses plaines arides, ses montagnes, ses volcans, ses gorges profondes et surtout ses nombreux cratères ressemble plutôt à celle de la Lune – en dépit de certains indices suggérant que notre voisine rouge dut être autrefois propice à la vie.

Un désert froid

Mars est entourée d'une atmosphère très mince, où règne une pression d'environ 6 millibars – soit moins de 1 % de celle de la Terre. L'atmosphère martienne est composée à 95 % de dioxyde de carbone, auquel s'ajoutent 2,7 % d'azote et 1,6 % d'argon, ainsi que de l'oxygène, de la vapeur d'eau et du monoxyde de carbone à l'état de traces. Sa teinte rose-orangé est due aux vapeurs d'oxyde de fer (rouille).

Les **tempêtes de poussière** sont un phénomène courant sur Mars. Elles peuvent envelopper toute la planète, où ne demeurent alors visibles que quelques reliefs marquants. Ci-dessus, la planète dégagée, le 10 juin 2001 (à gauche), puis voilée, le 31 juillet (à droite).

Mars en chiffres

Distance moyenne au Soleil : 227,9 millions de km
Diamètre : 6 792 km
Masse (Terre = 1) : 0,11
Densité moyenne : 3,933 g/cm^3
Température moyenne à la surface : -63 °C
Pesanteur à la surface (Terre = 1) : 0,83
Période de rotation : 24 heures 37 minutes
Période de révolution : 686,980 jours
Atmosphère : dioxyde de carbone 95, 3 %, azote 2,7 %, argon 1,6 %, gaz à l'état de traces 0,4 %
Lunes : 2

On peut parfois observer dans la haute atmosphère des nuages blancs constitués de dioxyde de carbone gelé et de glace d'eau.

Tempêtes de poussière globales De petits télescopes suffisent à observer dans l'atmosphère de Mars un système climatique dynamique, comme en témoignent les fréquentes tempêtes de poussière. Il arrive qu'elles s'échelonnent sur toute l'année, ou alors qu'elles n'apparaissent qu'à certains moments – durant un jour par exemple, quand survient l'été au pôle Nord et que la hausse des températures à la périphérie de la calotte polaire engendre des tempêtes. Tantôt, elles font rage dans des régions précises, tantôt sur l'ensemble de la planète.

Ces tempêtes sont déclenchées par les courants d'air chaud qui soufflent, au printemps et en été, de l'hémisphère Sud vers l'hémisphère Nord – quand la glace de dioxyde de carbone s'évapore sous l'effet des rayons solaires, générant des vents violents. Les tourbillons de poussière qu'elles soulèvent se répandent sur la planète, et peuvent s'amonceler sur 1 000 mètres d'altitude.

Pendant des semaines, une tempête de poussière globale empêcha la sonde spatiale Mariner 9, qui avait atteint Mars en 1971, de voir quoi que ce soit en dehors du sommet des volcans les plus hauts ; lors de sa circonvolution de la planète en juin 2004, la sonde Mars Global Surveyor découvrit une tempête localisée qui, en l'espace de quelques semaines, s'étendit à Mars tout entière. Il existe aussi des tourbillons de poussière dix fois plus puissants que sur Terre, ainsi que d'autres violents vents de surface dont l'action, comparable à celle d'une sableuse, modèle les paysages.

Le complexe système de **canyons Valles Marineris** (Vallées des sondes Mariner) est l'une des formations superficielles les plus impressionnantes de Mars.

Un monde bipartite

Ces tempêtes de poussière martiennes se déchaînent sur une planète où s'opposent deux parties distinctes : un hémisphère Nord aux plaines volcaniques parfois assez profondes, et un hémisphère Sud, considéré comme la partie la plus ancienne de Mars, caractérisé par de hautes terres et de nombreux cratères.

Les reliefs les plus impressionnants et fascinants se rencontrent dans une région située à 30° au nord et au sud de l'équateur ; elle abrite à la fois la plus importante zone volcanique martienne – le dôme de Tharsis, avec Olympus Mons –, et un système de canyons entaillant la planète par le milieu : Valles Marineris.

Olympus Mons, le mont Olympe de Mars Avec une altitude de 24 kilomètres, un diamètre à la base de 648 kilomètres et un volume 50 fois supérieur à celui du plus grand volcan bouclier terrestre, le volcan bouclier martien Olympus Mons fait figure de champion dans le système solaire. Ce mont, qui s'élève dans la région de Tharsis avec trois autres volcans de 18, 14 et 12 kilomètres d'altitude, fait presque trois fois la hauteur du mont Everest ; il surpasse de loin la chaîne de volcans des îles

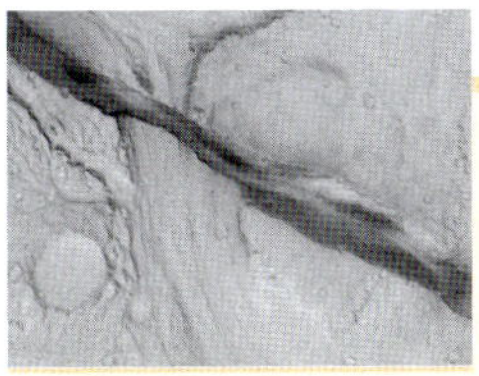

À la recherche de l'eau

Un passé humide Il est aujourd'hui certain que Mars dut abriter autrefois des cours d'eau, voire un océan. L'eau subsiste actuellement sur Mars à l'état gelé dans le sol (permafrost) et dans les calottes de glace des pôles. De plus, il existe des indices suggérant l'existence d'eau libre dans des régions très éloignées. La cause de la disparition de ces eaux libres réside dans l'amincissement de l'atmosphère, jadis épaisse et chaude, mais que, en raison de sa faible gravitation, Mars ne parvint pas à retenir. Le volcanisme, qui libérait, outre de l'eau, des gaz à effet de serre ayant pour effet d'augmenter la température, vint lui aussi à se tarir. La chaleur radioactive de la planète ne cessa également de diminuer – et enfin, les impacts de comètes et de météorites recélant de l'eau ou de la glace fondant ensuite se raréfièrent.

Avec ses 24 km d'altitude, le volcan martien **Olympus Mons** fait figure de champion dans le système solaire. On distingue nettement la caldera, l'escarpement et la forme de bouclier du volcan.

Hawaï, où le Mauna Kea culmine à 10 205 mètres au-dessus du fond marin.

Vu de l'espace, le mont Olympe martien se présente sous la forme d'un dôme presque rond, évoquant un gigantesque bouclier. Sur les 1 500 volcans actifs de notre globe – c'est-à-dire entrés en éruption au cours des 10 000 dernières années –, 176 sont des volcans boucliers. Ces volcans naissent au-dessus d'un point chaud et vomissent une lave basique relativement fluide. Ce type de lave peut parcourir d'assez grandes distances, comme c'est le cas sur la vaste étendue et les flancs aplatis des volcans boucliers.

L'apparition d'Olympus Mons est rendue encore plus saisissante par le talus, ou plutôt l'escarpement de 4 à 6 kilomètres d'altitude le mettant en évidence au-dessus de la plaine environnante, ainsi que par la caldera sommitale de 52 kilomètres de diamètre. Selon les données collectées par la sonde spatiale Mars Global Surveyor, la dernière éruption de ce géant remonterait entre 10 et 25 millions d'années en arrière. Les dimensions colossales d'Olympus Mons ne peuvent s'expliquer que par la faible gravité de Mars : s'il en était autrement, la montagne s'effondrerait sous son propre poids.

Pas de chaînes volcaniques sur Mars Tandis que les volcans actifs de notre globe sont concentrés pour la plupart le long des limites de plaques tectoniques ou au-dessus de points chauds, les volcans de Mars sont disséminés dans

Cette **vue de Mars** suggère immédiatement une surface cratérisée et un monde ressemblant à la Lune.

À la recherche de la vie

De petits hommes verts ? Le fait qu'il faille exclure la possibilité d'une forme de vie évoluée sur Mars en raison des conditions inhospitalières qui y règnent, ne signifie pas pour autant que la planète rouge soit privée de vie. Elle offre en effet une condition essentielle au développement de l'eau. L'existence de bactéries serait ainsi théoriquement possible. Les deux sondes Viking de la NASA qui se posèrent sur Mars en 1976 eurent pour mission de rechercher la présence de bactéries en essayant de détecter les gaz qu'elles produisent. Les échantillons de sol collectés furent versés dans deux compartiments du laboratoire, puis additionnés de substances nutritives dans l'un, et exposés à un éclairage artificiel dans l'autre. Les gaz produits ne révélèrent aucune trace de vie. Les structures tubulaires observées sur la météorite découverte sur Mars, ALH 84001, pourraient être des fossiles de micro-organismes proches des bactéries – mais elles sont aussi un indice fortement contesté.

les régions occidentales de l'hémisphère Nord. Ce fait s'explique par l'absence de tectonique des plaques ; sur la Terre, cette dernière a pour effet de détruire la vieille croûte océanique dans la zone des rifts sous-marins, et de la renouveler au niveau des dorsales médio-océaniques. Mars et Vénus sont en revanche des planètes « one-plate » : leur écorce n'est pas divisée en plaques. De ce fait, il n'y eut pas sur Mars de plaques lithosphériques pour circuler au-dessus de points chauds et former ainsi des chaînes de volcans comme à Hawaï. Mais aux endroits où la lave eut la force de percer la croûte de la planète s'élevèrent en revanche de gigantesques volcans boucliers.

Un super-canyon Sur les photographies de Mars apparaît, non moins saisissante que le mont Olympe, une longue vallée se ramifiant en de multiples bras latéraux et baptisée en l'honneur des sondes Mariner « Valles Marineris », Vallées des Mariner.

Les dimensions de ce réseau de canyons situé au sud de l'équateur martien sont colossales : 4 500 kilomètres de longueur, 700 kilomètres de largeur et 8 kilomètres de profondeur. À titre de comparaison, le Grand Canyon de l'Arizona ne fait que 450 kilomètres de longueur, 3 kilomètres dans sa plus grande largeur et au plus 2 kilomètres de profondeur. Alors que le Grand Canyon a été creusé par une rivière – le Colorado, qui s'est frayé un chemin dans les couches de sédiments entassées –, Valles Marineris correspond à une gigantesque fracture d'origine tectonique ; cette fracture est liée à l'apparition des volcans de

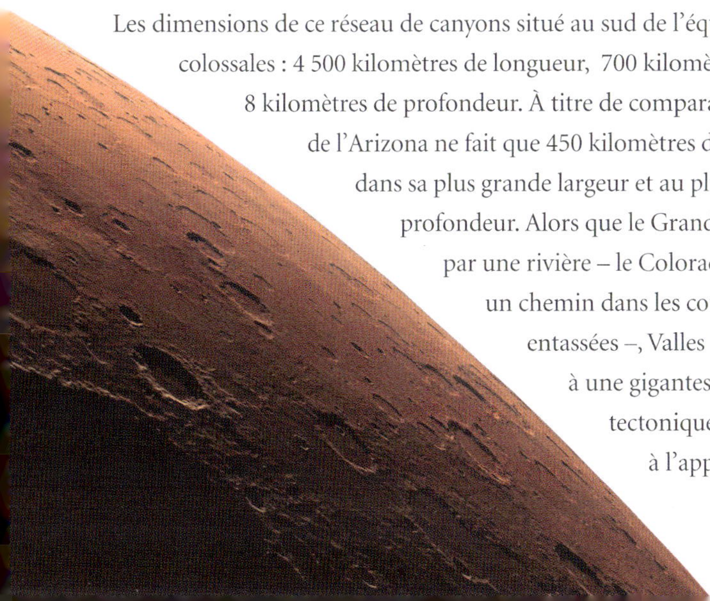

La découverte à la surface de Mars, lors de récentes explorations par les sondes, de nombreuses **traces d'érosion** par de l'eau courante, depuis longtemps disparue, a stupéfié et fasciné les scientifiques.

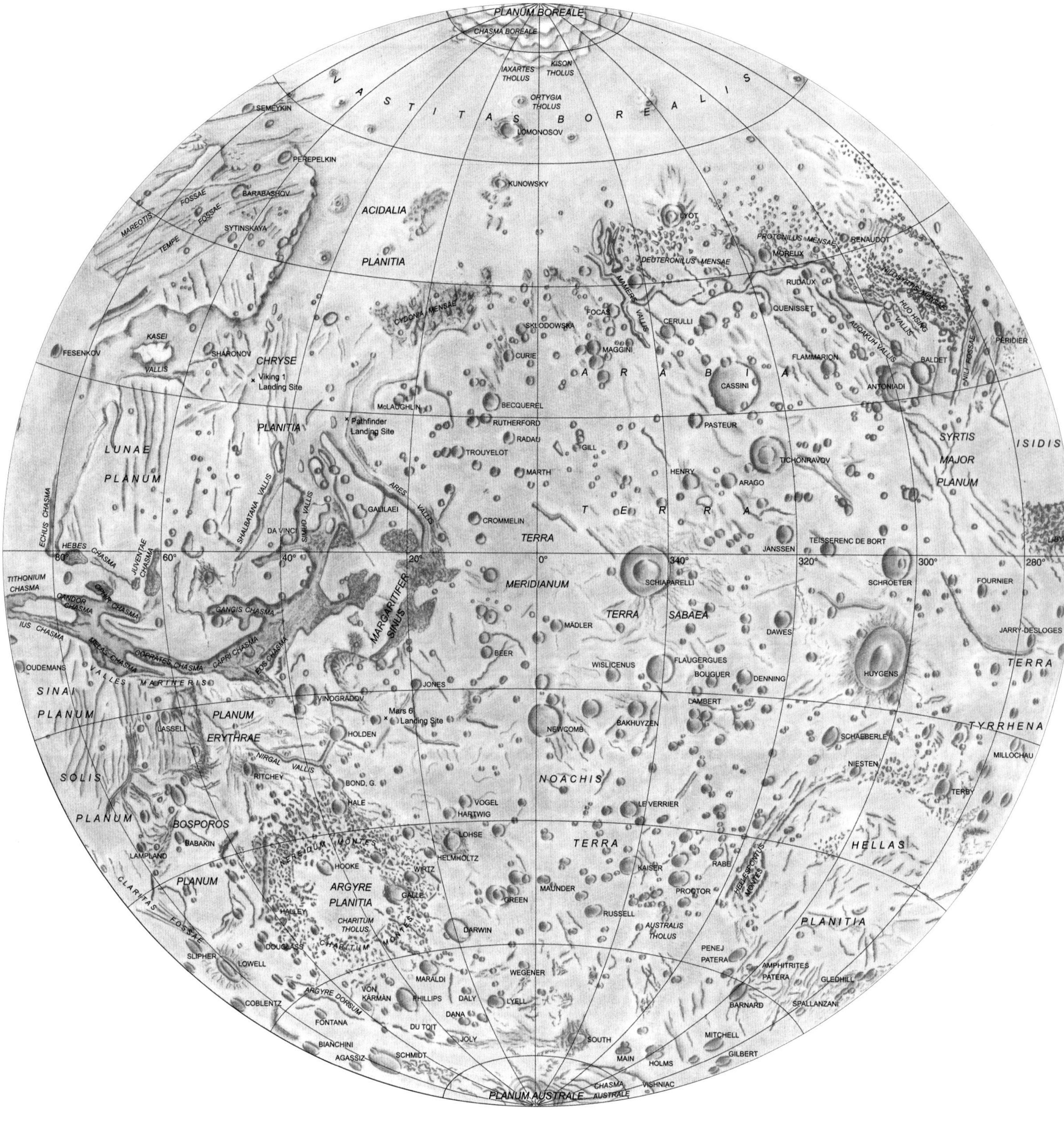
PLANUM BOREALE
CHASMA BOREALE
IAXARTES THOLUS
KISON THOLUS
ORTYGIA THOLUS
V A S T I T A S B O R E A L I S
SEMEYKIN
LOMONOSOV
PEREPELKIN
KUNOWSKY
FOSSAE
BARABASHOV
MAREOTIS
TEMPE
SYTINSKAYA
ACIDALIA
PLANITIA
LYOT
PROTONILUS MENSAE
RENAUDOT
MOREUX
DEUTERONILUS MENSAE
RUDAUX
CYDONIA MENSAE
FOCAS
MAMERS VALLIS
CERULLI
QUENISSET
HUO HSING VALLIS
AUQAKUH VALLIS
NILI FOSSAE
PERIDIER
KASEI
SHARONOV
CHRYSE
FESENKOV
VALLIS
Viking 1 Landing Site
SKLODOWSKA
MAGGINI
CURIE
A R A B I A
FLAMMARION
BALDET
CASSINI
ANTONIADI
McLAUGHLIN
BECQUEREL
Pathfinder Landing Site
RUTHERFORD
PLANITIA
PASTEUR
RADAU
GILL
LUNAE
PLANUM
TROUYELOT
MARTH
SHALBATANA VALLIS
SIMUD VALLIS
ARES VALLIS
HENRY
TICHONRAVOV
ARAGO
SYRTIS MAJOR PLANUM
ISIDIS
GALILAEI
ECHUS CHASMA
DA VINCI
CROMMELIN
T E R R A
TERRA
JANSSEN
TEISSERENC DE BORT
LIBYA
HEBES CHASMA
JUVENTAE CHASMA
60°
60°
40°
20°
0°
340°
320°
300°
280°
TITHONIUM CHASMA
OPHIR CHASMA
CANDOR CHASMA
MERIDIANUM
SCHIAPARELLI
SCHROETER
FOURNIER
GANGIS CHASMA
MARGARITIFER SINUS
TERRA
SABAEA
IUS CHASMA
MÄDLER
DAWES
JARRY-DESLOGES
MELAS CHASMA
COPRATES CHASMA
CAPRI CHASMA
EOS CHASMA
BEER
OUDEMANS
VALLES MARINERIS
FLAUGERGUES
WISLICENUS
BOUGUER
DENNING
HUYGENS
TERRA
JONES
VINOGRADOV
SINAI PLANUM
PLANUM
LAMBERT
Mars 6 Landing Site
LASSELL
ERYTHRAE
HOLDEN
NEWCOMB
BAKHUYZEN
SCHAEBERLE
TYRRHENA
MILLOCHAU
NIESTEN
NIRGAL VALLIS
SOLIS
RITCHEY
BOND, G.
N O A C H I S
TERBY
HALE
VOGEL
HARTWIG
LE VERRIER
PLANUM
BOSPOROS
BABAKIN
LOHSE
NEREIDUM MONTES
TERRA
HELLAS
LAMPLAND
HELMHOLTZ
HOOKE
WIRTZ
KAISER
RABE
HELLESPONTUS MONTES
PLANUM
ARGYRE
MAUNDER
PROCTOR
PLANITIA
GALLE
GREEN
CLARITAS FOSSAE
HALLEY
RUSSELL
CHARITUM THOLUS
AUSTRALIS THOLUS
P L A N I T I A
CHARITUM MONTES
DARWIN
DOUGLASS
PENEJ PATERA
SLIPHER
LOWELL
AMPHITRITES PATERA
WEGENER
MARALDI
GLEDHILL
VON KÁRMÁN
PHILLIPS
DALY
LYELL
COBLENTZ
ARGYRE DORSUM
BARNARD
SPALLANZANI
FONTANA
DANA
DU TOIT
JOLY
SOUTH
MITCHELL
BIANCHINI
AGASSIZ
SCHMIDT
MAIN
GILBERT
HOLMS
CHASMA AUSTRALE
VISHNIAC
PLANUM AUSTRALE

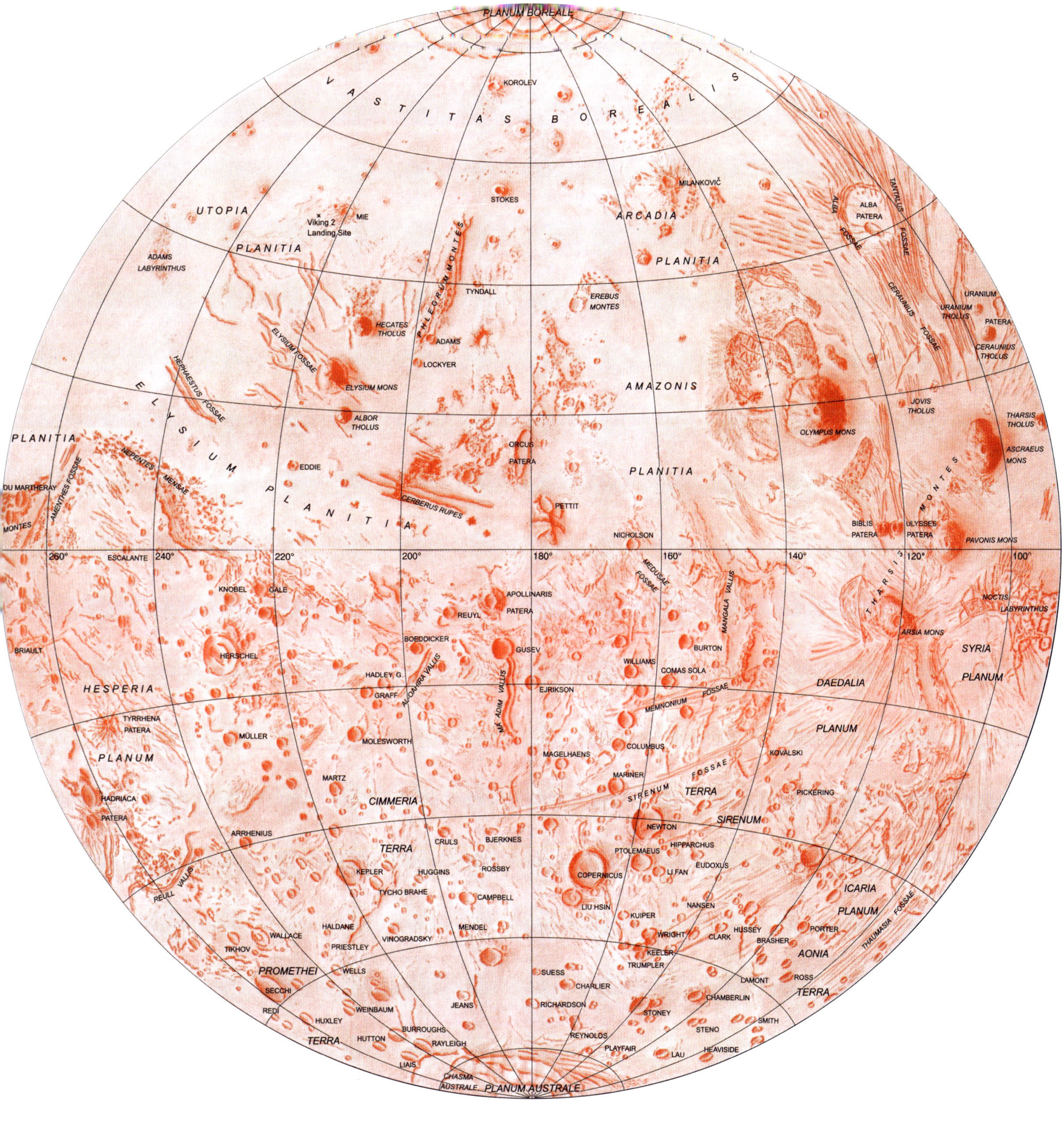

La variété des **reliefs de Mars** apparaît nettement sur ces cartes : nombreux cratères volcaniques, volcans boucliers géants, vastes réseaux de vallées où coulait jadis de l'eau, régions polaires recouvertes de glaces. On y distingue aussi clairement la division de la planète en deux parties : l'hémisphère Nord, caractérisé par de profondes plaines volcaniques, et l'hémisphère Sud, où prédominent les hautes terres.

Les **cratères gelés de Mars** sont la preuve qu'en dépit de la disparition de l'eau liquide, la planète possède encore de l'eau en suffisance – mais à l'état de glace.

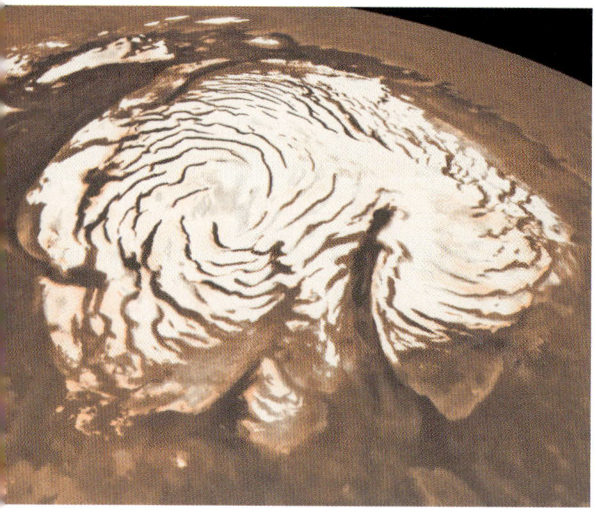

Le **pôle Nord** de Mars est en permanence recouvert d'une blanche calotte de glace d'eau qui, pendant l'hiver boréal, s'accumule au-dessus de vastes couches de sable et de roches.

Tharsis, une région toute proche dont l'écorce s'est soulevée voici plusieurs milliards d'années. Au cours d'une première phase, l'apparition du volcanisme fut compensée par un soulèvement isostatique. Mais quand celui-ci devint trop fort, l'écorce, incapable de soutenir une telle charge, craqua par plaques, donnant naissance à un vaste réseau de fractures. La phase suivante fut marquée par une augmentation du volcanisme et un déplacement de la zone volcanique qui aggrava le déséquilibre de l'écorce : au bord des failles, la croûte s'effondra complètement, donnant naissance à Valles Marineris.

Les calottes polaires Tout comme la Terre, Mars est coiffée de deux calottes polaires, qui renferment la plus grande partie de l'eau résiduelle et changent également de taille au cours des saisons. La calotte polaire boréale, constituée d'eau gelée, atteint environ 2 kilomètres d'épaisseur ; vue de l'espace, elle ressemble à un tourbillon très visible. L'ensemble de cette calotte mesure environ 900 kilomètres de diamètre.

Pendant l'hiver boréal, quand l'obscurité règne en permanence sous les latitudes polaires, une couche de glace de dioxyde de carbone se dépose sur le bouclier de glace d'eau ; les températures chutant jusqu'à -125 °C, le dioxyde de carbone de l'atmosphère tombe sous forme d'une neige qui recouvre la région polaire jusqu'à 65° de latitude nord. Six mois plus tard, cette région étant réchauffée par le Soleil, le dioxyde de carbone s'évapore et la calotte polaire rétrécit. La calotte boréale est constituée à 90 % de glace, et pour le reste, de sable et de poussière.

La calotte polaire australe, qui mesure 420 kilomètres dans son plus petit diamètre, forme une éminence recouverte d'un épais bouclier de glace d'eau permanente, lui-même surmonté d'une carapace de 8 mètres de glace de monoxyde de carbone ; en hiver, celle-ci est également couverte d'un manteau de neige de dioxyde de carbone.

Les cratères de Mars La surface de Mars est semée de dizaines de milliers de cratères. La plupart sont situés dans la vaste région de hautes terres qui recouvre l'hémisphère Sud, et mord sur une partie de l'hémisphère Nord ; c'est là que l'on rencontre aussi les cratères les plus anciens. L'éventail des cratères d'impact va de simples cuvettes de moins de 5 kilomètres de diamètre à d'immenses bassins de plusieurs centaines de kilomètres, dont Hellas est le plus colossal représentant. Quelques-uns, dont le grand cratère

Gusev, de 166 kilomètres de diamètre, ont pu être étudiés par les Mars Rovers Spirit et Opportunity, qui se posèrent sur la planète les 4 et 25 janvier 2004.

Les lunes de Mars : Phobos et Deimos

Mars est escortée de deux petites lunes : Phobos et Deimos. Découvertes en 1877, elles orbitent respectivement à 9 240 et 23 400 kilomètres de leur planète. Phobos se lève à l'ouest de celle-ci, pour se coucher à l'est. D'un diamètre de 22 kilomètres, il accomplit sa révolution en 7,66 h – contre 30,3 h pour Deimos, dont le diamètre ne fait que 6 kilomètres. La forme irrégulière de l'un et l'autre de ces corps célestes fait soupçonner qu'il s'agit d'astéroïdes captifs. Ces deux satellites naturels ne réfléchissent que très peu de lumière, et font partie des objets les plus sombres du système solaire. Ils possèdent une densité plus faible que celle de Mars et aussi de nombreux cratères.

Les lunes de Mars, **Phobos** (à droite) et **Deimos** (à gauche), ont été photographiées pour la première fois en 2009, par la sonde spatiale Mars Express. Il s'agit vraisemblablement de planétoïdes captifs.

La reine des planètes

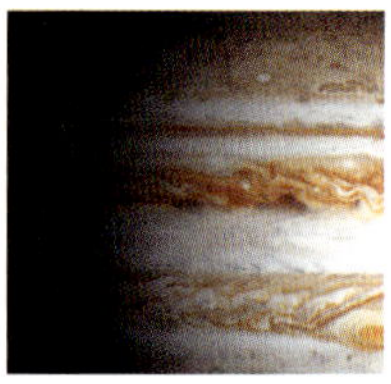

Cinquième planète vue du Soleil, Jupiter porte à juste titre le nom du roi des dieux romains, puisqu'elle est elle-même la plus grande planète du système solaire : elle pourrait contenir 1 300 Terres, et sa masse est 2,5 fois celle de toutes les planètes réunies. Jupiter est une boule de gaz géante, accompagnée de nombreuses lunes et entourée d'un mince système annulaire.

Ce cliché datant de 1979 montre **Jupiter** entourée de ses bandes de nuages colorés, de son célèbre tourbillon baptisé la « Grande tache rouge », et de deux de ses lunes galiléennes : Europe à gauche, et Io à droite.

Jupiter en chiffres

Distance moyenne au Soleil : 778,6 millions de kilomètres
Diamètre : 142 984 km (env. 11,2 diamètres terrestres)
Masse (Terre = 1) : 317,83
Densité moyenne : 1,326 g/cm^3
Température à la surface (nuages) : -108 °C
Pesanteur à la surface (Terre = 1) : 2,36
Période de rotation : 9 heures 55 minutes
Période de révolution : 11,869 jours
Atmosphère : 89,6%, hélium 10,1 %,
méthane et autres gaz à l'état de traces 0,3 %
Lunes : 63 (état en 2012)

Très différente des planètes intérieures, Jupiter ressemble aux autres planètes extérieures, qui portent donc le nom de planètes joviennes, planètes géantes, ou encore géantes gazeuses. Ce que l'on prend, lors de l'observation télescopique, pour la surface de Jupiter striée de clair et de sombre et marquée d'une grande tache rouge très visible, est en réalité son épaisse et vaste atmosphère. Essentiellement composée d'hydrogène et d'hélium, sa couleur rouge brun et jaune lui vient de liaisons du méthane et de l'hydrogène.

De violents ouragans

Rares sont les régions du système solaire aussi turbulentes que l'atmosphère de Jupiter ; c'est sa couche externe, agitée de tempêtes, que voit l'observateur. Du fait de la rotation rapide de Jupiter sur elle-même (moins de 10 heures), le flux sud-nord des masses atmosphériques ne génère pas de tourbillons comme dans l'atmosphère terrestre ; mais sous l'effet de la force de Coriolis, les nuages sont étirés d'est en ouest en ceintures colorées caractéristiques.

Zones, bandes, tempêtes ovales Les zones claires correspondent à des courants de gaz ascendants formant des nuages d'ammoniac de couleur blanche. Les bandes sombres correspondent à des nuages rouge brun composés de cristaux d'hydrosulfite d'ammonium ; ces ceintures sombres se situent environ 20 kilomètres plus bas que les zones claires. À la frontière de ces deux couches – sous lesquelles s'étire une troisième couche nuageuse composée d'eau –, se déchaînent des tempêtes pouvant atteindre 650 kilomètres par heure. Il existe aussi des structures nuageuses ovales comparables à nos ouragans terrestres. Selon les plus récentes découvertes, ces ouragans (cyclones ou tempêtes anticycloniques) obéissent à un cycle climatique de 70 ans. La Grande tache rouge est elle aussi un ouragan.

La Grande tache rouge

La Grande tache rouge (GTR), la plus célèbre structure nuageuse tourbillonnaire de Jupiter, est observée depuis plus de 300 ans. Il s'agit d'une zone anticyclonique deux fois plus grande que la Terre, et du plus grand ouragan connu dans le système solaire. La couleur rouge du milieu est due à des remontées de matière depuis les profondeurs de l'atmosphère, matière dont la composition est modifiée par les rayons ultraviolets.

Vue polaire des structures nuageuses de la planète Jupiter. On reconnaît distinctement les zones claires et les bandes sombres, ainsi que divers ovales blancs correspondant à de petites régions de tempêtes.

La Tache rouge junior À l'automne 2005, une seconde grande tempête rouge apparut sur l'hémisphère Sud de Jupiter ; elle fut baptisée Tache rouge junior. Moitié moins grande que sa voisine, elle est née de trois « ovales blancs » de tempête ayant fusionné entre 1998 et 2000. Le plus ancien d'entre eux était connu depuis quatre-vingt-dix ans. En mai 2008, le nombre de taches rouges passa à trois, une autre tache rouge étant née d'une tempête ovale de couleur blanche. On supposa dans un premier temps qu'elle fusionnerait avec la GTR en août, mais dès la mi-juillet, ce super-ouragan de Jupiter l'avait déjà engloutie.

Sur cette image, les couleurs du tourbillon spirale de la **Grande tache rouge**, des nuages environnants et d'autres ouragans plus petits ont été rehaussées de façon à mettre en valeur les turbulences. »

Sonde spatiale Galileo

Lancée le 18 octobre 1989, cette sonde qui porte le nom de l'inventeur et homme de science italien Galilée avait pour mission d'orbiter durablement autour de Jupiter pour l'étudier longuement ainsi que ses lunes. Longue de 15,5 m, haute de 5,3 m et pesant quelque 2 715 kilogrammes, la sonde Galileo se composait d'un orbiteur et d'une sonde atmosphérique. Désarrimée aux abords de Jupiter, la sonde atmosphérique plongea dans l'atmosphère de la planète et transmit à la Terre diverses données relatives à la température, la pression, la vitesse du vent et la composition chimique des couches atmosphériques par l'intermédiaire de la sonde principale, servant de relais radio. Entre 1995 et 2003, la sonde mère accomplit 35 fois le tour de Jupiter et étudia aussi ses lunes galiléennes. Sa mission achevée, elle fut placée sur une trajectoire de collision avec Jupiter.

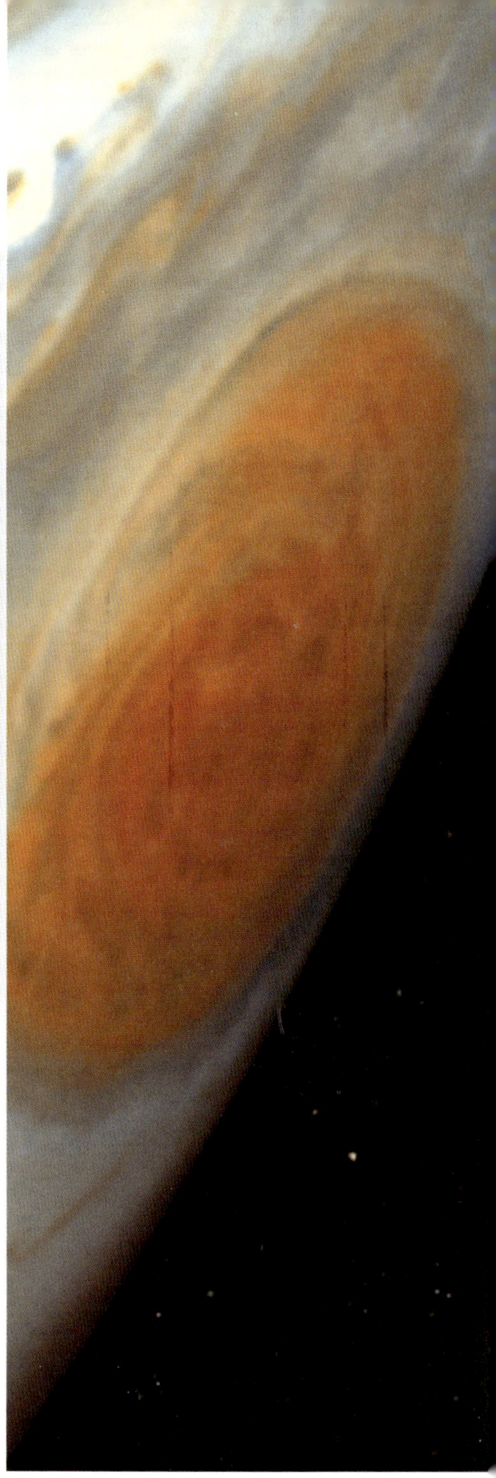

Le système annulaire sombre

L'observation de systèmes annulaires autour de Saturne mais aussi d'Uranus laissa aussi supposer l'existence d'anneaux autour de Jupiter. Cette hypothèse se trouva en définitive confirmée par la sonde spatiale Voyager 1 qui, le 5 mars 1979, plongea dans l'ombre de Jupiter et photographia les anneaux à contre-jour – ce qui permit en même temps d'expliquer pourquoi ils sont indétectables depuis la Terre. Formés de minuscules grains de sable pas plus gros que les particules de fumée d'une cigarette, ces anneaux sont en outre presque noirs, et donc quasi invisibles, leur albedo n'étant que de 5 % – ce qui signifie qu'ils absorbent 95 % de la lumière solaire incidente, déjà faible dans ces régions.

Photomontage montrant la Grande tache rouge de Jupiter et ses quatre **lunes galiléennes** : de haut en bas, Io, Europe, Ganymède et Callisto.

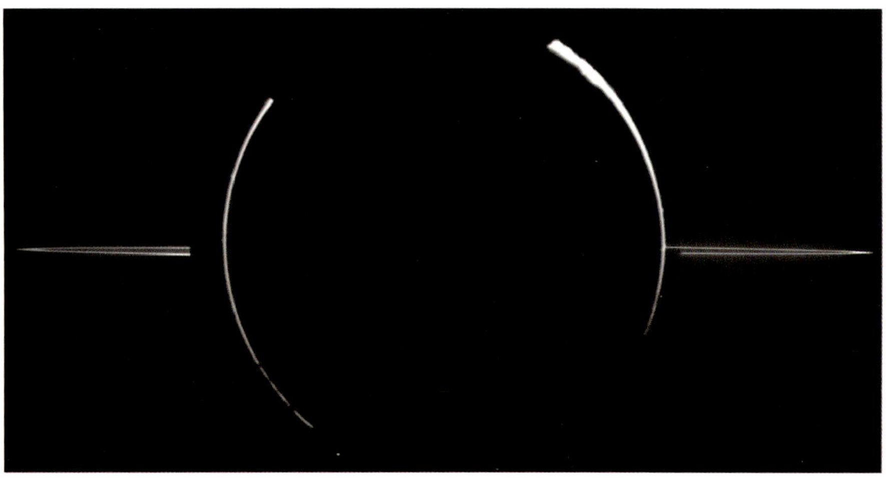

L'**anneau principal** de Jupiter pris par la sonde Galileo au moment où le Soleil se trouvait derrière la planète – seul moment où les petites particules de l'anneau et des couches supérieures de l'atmosphère sont visibles.

Les lunes de Jupiter

Un petit télescope suffit pour observer les quatre lunes de Jupiter. Modifiant quotidiennement leur position par rapport à la planète, elles font l'effet d'un système solaire miniature. Elles apportèrent à Galileo Galilei, qui les découvrit en 1610, la preuve de la justesse de la cosmologie copernicienne, qui voulait que le centre du système solaire fût le Soleil, et non la Terre. En l'honneur de leur inventeur, les lunes Io, Europe, Ganymède et Callisto sont aussi appelées « lunes galiléennes ». Elles se sont formées à la même époque que Jupiter, qu'elles encerclent étroitement, et constituent des mondes de grande taille et à part entière. Il est probable que les autres lunes sont plutôt des planétoïdes capturés.

La lune volcanique Io Troisième lune de Jupiter par la taille (3 643 kilomètres de diamètre), Io est le monde où règne l'activité volcanique la plus intense de tout le système solaire. Sa période de révolution autour de Jupiter est de 42 heures 30 minutes. Sur les photographies prises par les sondes, ce satellite le plus proche de Jupiter apparaît comme un monde coloré composé de cratères, de cheminées volcaniques, de fleuves de lave et de hautes colonnes de fumée et de cendres. Plus de 400 cheminées volcaniques y ont été découvertes à ce jour. À cela s'ajoutent plus de 100 massifs montagneux, pics, arêtes et plateaux. Les émissions de lave sont composées de roches silicates fondues, mêlées de soufre et de dioxyde de soufre. Le dioxyde de soufre emprisonné sous l'écorce se fraie un chemin à travers la croûte, entraînant au passage la lave

Troisième plus gros satellite de Jupiter, **Io** possède aussi le volcanisme le plus actif de toutes les lunes du système solaire. Cette photo montre un monde coloré composé de cratères et de cheminées volcaniques, de fleuves de lave et de panaches de fumée et de cendres.

avec lui, et fuse dans le ciel jupitérien à des vitesses pouvant atteindre 1 kilomètre/seconde ; puis le panache se refroidit et se transforme en gaz froid et en glace. Du fait de la faible gravité de cette lune, le nuage éruptif peut monter jusqu'à 300 kilomètres d'altitude, et s'élargir en champignon par suite de la faible pression de l'atmosphère. La matière froide qui retombe forme des dépôts de glace circulaires ou ovales. L'activité volcanique de Io est due à la forte attraction de Jupiter et aux forces de marée qu'elle engendre. Ces forces sont à l'origine de deux déformations de 100 mètres d'amplitude de la surface de Io, qui se gonfle et retombe au cours de chaque période de révolution. Sous l'effet de cette friction, l'intérieur de Io s'échauffe, donnant naissance à un réservoir de magma dont naîtront des éruptions.

Une lune glacée avec un océan Quatrième lune de Jupiter par la taille, Europe, avec 3 122 kilomètres de diamètre, est un peu plus petite que la Lune. Elle accomplit simultanément le tour de Jupiter et de son propre axe en 3,5 jours. Sa surface ressemble à une boule de billard rayée. Europe est en effet recouverte d'un enchevêtrement de fossés et de sillons sombres ressemblant fortement aux fractures et failles des banquises terrestres. Le petit nombre de cratères permet de supposer que l'écorce ne compte guère que 50 millions d'années, et se renouvelle constamment : de vastes régions de la croûte glacée se fracturent, de grands blocs de croûte se déplacent et les failles se remplissent de glace, tandis que l'irruption d'eau ou de glace souterraines plus chaudes donne naissance à des crêtes. Ces processus sont la conséquence du « cryovolcanisme », tel qu'on le rencontre aussi sur la lune de Neptune, Triton.

Si la température à la surface d'Europe atteint -170 °C, les marées engendrées par l'attraction de Jupiter provoquent au-dessous un tel échauffement que l'eau y est liquide. Elle forme un gigantesque océan souterrain au volume équivalent à celui de toutes les mers de la Terre réunies.

Une lune géante Avec ses 5 262 kilomètres de diamètre, Ganymède est la plus grande lune du système solaire. Sa croûte glacée laisse apparaître des régions claires ou sombres très visibles. Les régions sombres abritent de nombreux cratères et sillons ; ces formations linéaires sont certainement nées de tensions géologiques au moment de la solidification de la croûte.

Sous la croûte s'étend une couche d'eau liquide et de glace chaude et molle, puis une couche de roches et enfin, un noyau de fer liquide.

Callisto et Walhalla Bien qu'elle ne soit pas marquée par des tensions tectoniques ou par le volcanisme, la surface de Callisto, la plus extérieure des planètes et la seconde lune de Jupiter par la taille (4 821 kilomètres de diamètre), est criblée de tant de cratères d'impacts de planétoïdes qu'elle ressemble à une peau vérolée. Sa formation la plus frappante est un cratère de 3 000 kilomètres baptisé Walhalla.

La surface d'**Europe**, quatrième lune de Jupiter par la taille, est recouverte d'une carapace de glace zébrée de multiples failles.

La **sonde spatiale Galileo** survolant la surface de la lune de Jupiter, Io, et un volcan en éruption ; la grande antenne parabolique refusait de s'ouvrir.

Les ondes de compression créées par l'impact qui a engendré ce gigantesque cratère auraient dû, comme ce fut le cas avec le Bassin Caloris de Mercure, donner naissance à l'antipode de la lune à un paysage vallonné et creusé de sillons. Or, ce n'est pas le cas. On suppose donc que l'énergie des ondes de compression a été amortie par la présence d'eau liquide sous la croûte de Callisto.

Le Seigneur des anneaux

Par sa taille, Saturne est la seconde planète du système solaire. C'est aussi la dernière des planètes visibles à l'œil nu ; jusqu'à la découverte d'Uranus, elle fut considérée comme la limite du système solaire. Elle se distingue de toutes les autres planètes par le splendide système annulaire qui l'entoure dans son plan équatorial.

Image montrant l'arrivée de la sonde **Cassini** aux abords de Saturne. En mission d'étude de la planète depuis le 1er juin 2004, Cassini a aussi largué un atterrisseur sur sa lune, Titan.

Comme Jupiter, Saturne fait partie des planètes dites gazeuses ou géantes. Mais elle est deux fois plus éloignée du Soleil que sa voisine intérieure, qui est en revanche plus grosse. La période de révolution de Saturne autour du Soleil est de 29,5 ans. La densité de Saturne est la plus faible de toutes les planètes : environ 70 % de celle de l'eau – ce qui fait que Saturne flotterait sur l'océan.

La planète dorée

Saturne apparaît dans le ciel comme une étoile brillante, d'une couleur jaune pâle. Mais vu au télescope, son disque se révèle voilé d'or et peu structuré : comme pour toutes les planètes gazeuses, ce que nous prenons pour la surface est l'atmosphère externe. Essentiellement composée d'hydrogène et d'un peu d'hélium, celle-ci forme parallèlement à l'équateur des bandes blanchâtres homogènes. Plus l'on descend vers le noyau de roches et de glace, et plus la température, la densité et la pression augmentent. Dans le manteau extérieur, l'hydrogène et l'hélium gazeux de l'atmosphère se liquéfient, pour se comporter dans le manteau intérieur comme du métal fondu.

Une planète agitée Bien que les voiles de brume entourant à très haute altitude Saturne donnent l'impression d'une atmosphère calme, de violents orages et tempêtes y font rage. La rotation rapide de Saturne, ajoutée à la chaleur provenant de l'intérieur de la planète, génère des vents très rapides (1 800 kilomètres par heure) au voisinage de l'équateur. Les tempêtes sont visibles sous la forme de nuages colorés.

En 2004, les astronomes observèrent neuf grandes tempêtes dont la tempête du Dragon, qui fut pendant des semaines une puissante source d'émissions radio. Sans doute cet orage produisait-il des décharges électriques comme nos propres orages – mais avec une violence beaucoup plus forte ; l'un de ces orages produisit des éclairs d'une intensité 10 000 fois supérieure à ceux que l'on observe sur Terre.

Saturne en chiffres

Distance moyenne au Soleil : 1 433,5 millions de kilomètres
Diamètre : 120 536 km (env. 9,4 diamètres terrestres)
Masse (Terre = 1) : 95,16
Densité moyenne : 0,687 g/cm^3
Température à la surface : -139 °C
Pesanteur à la surface (Terre = 1) : 0,92
Période de rotation : 10 heures 39 minutes
Période de révolution : 29,46 jours
Atmosphère : hydrogène 96,3 %, hélium 3,2 %, méthane et autres gaz à l'état de traces 0,5 %
Lunes : 60

Dans l'**atmosphère de Saturne** se développent des tempêtes englobant tout un hémisphère.

Les régions polaires

Au-dessus des pôles, où les bandes de nuages de l'atmosphère de Saturne viennent s'enrouler en spirale, stationnent de puissants ouragans (vortex polaires). On observe ainsi au-dessus du pôle Nord un vortex dessinant un hexagone de près de 25 000 kilomètres de largeur ; formé d'une couche éparse de nuages en bandes hexagonales, il s'élève au moins jusqu'à 75 kilomètres d'altitude.

Pareille à un œil gigantesque, une autre tempête de type ouragan de 8 000 kilomètres de diamètre stationne en permanence au-dessus du pôle Sud. Son centre entièrement

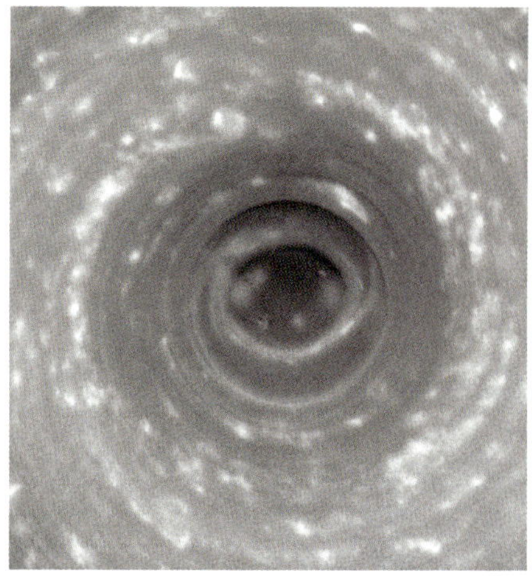

Au-dessus du **pôle Sud** de Saturne stationne une tempête de type ouragan, dont l'œil entièrement dégagé atteint quelque 1 500 km de diamètre.

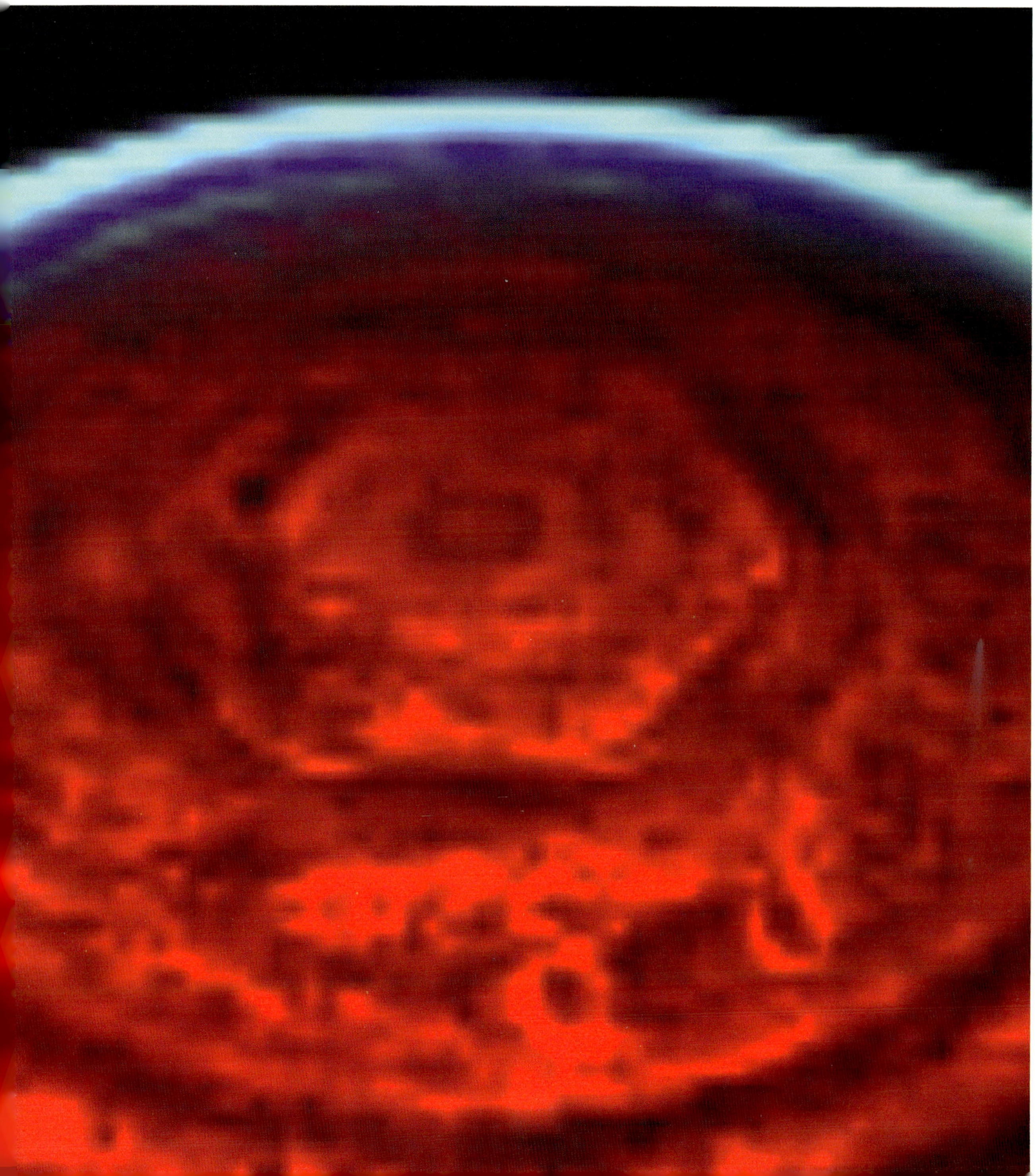

Le **pôle Sud de Saturne**, avec l'anneau bleu de son aurore australe au-dessus des couches nuageuses de l'atmosphère (en rouge).

Les **aurores polaires** de l'atmosphère de Saturne sont parmi les plus beaux phénomènes qu'il soit donné d'observer ; elles brillent dans l'ultraviolet ou l'infrarouge pendant des heures, voire des jours entiers.

dégagé, d'environ 1 500 kilomètres de diamètre, est cerné par des murs de nuages ; de cet anneau entouré de vents à 550 kilomètres par heure partent deux bras en spirale.

Hot spots Des observations effectuées grâce au télescope Keck, à Hawaï, permirent aux scientifiques de découvrir au pôle Sud de Saturne un hot spot (point chaud). Trois ans plus tard, les astronomes découvrirent, grâce à la sonde Cassini, le même phénomène au pôle Nord, pourtant plongé dans la nuit depuis des années. Ces deux hot spots sont une autre particularité différenciant Saturne des autres planètes, dont les pôles sont les régions les plus froides. Ces hot spots sont engendrés par des flux de gaz atmosphériques qui se compriment et s'échauffent en migrant vers les pôles, où ils redescendent dans les profondeurs de l'atmosphère sous forme de tourbillon. Les deux tourbillons des pôles de Saturne semblent constituer des structures stables.

Les aurores polaires Les observations de la sonde Cassini et du télescope spatial Hubble montrent qu'il existe dans la région des pôles de Saturne, comme sur notre globe, des aurores polaires. Ce phénomène provient de l'interaction de particules du vent solaire avec les gaz des couches supérieures de l'atmosphère, qui génère des éclairs lumineux et des ondes radio. Mais tandis que sur notre Terre, les aurores polaires résultent de la réaction des particules avec les atomes d'azote et d'oxygène, sur Saturne, c'est leur réaction avec l'hydrogène qui génère ce phénomène lumineux. Les émissions aurorales de Saturne se situent à 1 600 kilomètres au-dessus de la couverture nuageuse, dans la lumière ultraviolette ou infrarouge. Elles peuvent durer des heures ou des jours, contre quelques minutes seulement pour nos aurores polaires, qui se situent dans le visible.

En janvier 2004, les clichés du télescope spatial Hubble documentèrent l'**évolution des aurores polaires** ; clichés des 24 (en bas), 26 (au centre) et 28 janvier (en haut).

Les anneaux de Saturne

Les anneaux de Saturne sont le plus grand, le plus complexe et le plus impressionnant des systèmes annulaires entourant l'équateur d'une planète. Observables avec de simples jumelles, ils jettent des ombres sur Saturne, qui jette à son tour son ombre sur eux. On savait bien avant les missions Voyager que le système annulaire de Saturne se compose de plusieurs anneaux séparés par deux lacunes, dites divisions de Cassini et de Encke. Mais il fallut attendre les sondes spatiales pour découvrir qu'il s'agissait de 100 000 anneaux environ de composition et de couleurs différentes, séparés par des lacunes aux contours nettement définis.

Noms et dimensions Les sept anneaux les plus grands ont été désignés par les lettres de l'alphabet suivant l'ordre de leur découverte, ce qui donne, de l'intérieur vers l'extérieur : D, C, B, A, F, G et E. Les divisions portent le nom d'astronomes. Ces anneaux ont des largeurs et des épaisseurs différentes ; par exemple, l'anneau B ne fait qu'environ 10 mètres d'épaisseur – ce qui, rapporté à son diamètre, le rend plus mince qu'une feuille de papier.

L'anneau le plus proche de Saturne prend naissance à quelque 7 000 kilomètres de sa surface ; son diamètre mesure environ 134 000 kilomètres, contre 960 000 pour l'anneau le plus éloigné. En 2006, un nouvel et mince anneau de poussière a été découvert par l'orbiteur Cassini entre les anneaux F et G ; en 2009, ce fut au tour du télescope spatial Spitzer de découvrir un grand anneau très épais loin au-delà du système annulaire ; du fait de son peu de densité et de sa faible réflexion de la lumière solaire, cet anneau n'a été détecté que grâce à son rayonnement infrarouge. Situé à une altitude comprise entre 6 et

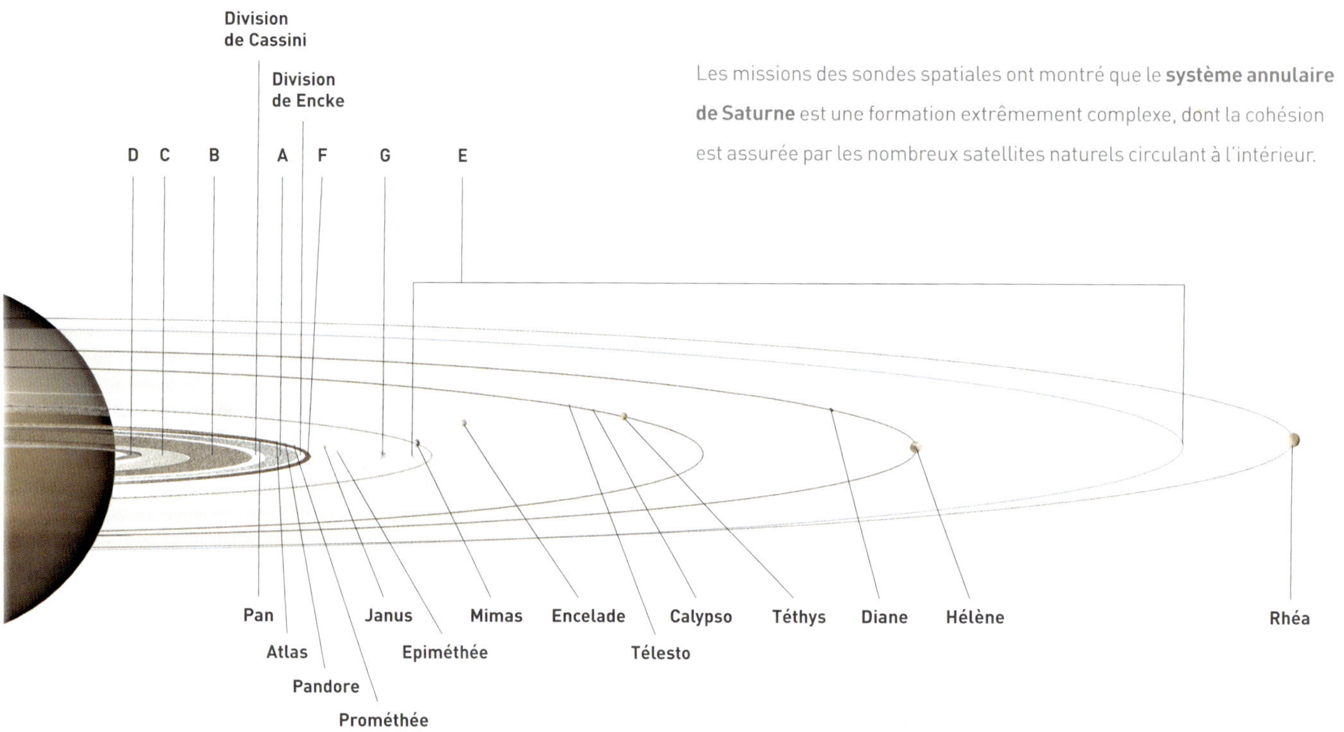

Les missions des sondes spatiales ont montré que le **système annulaire de Saturne** est une formation extrêmement complexe, dont la cohésion est assurée par les nombreux satellites naturels circulant à l'intérieur.

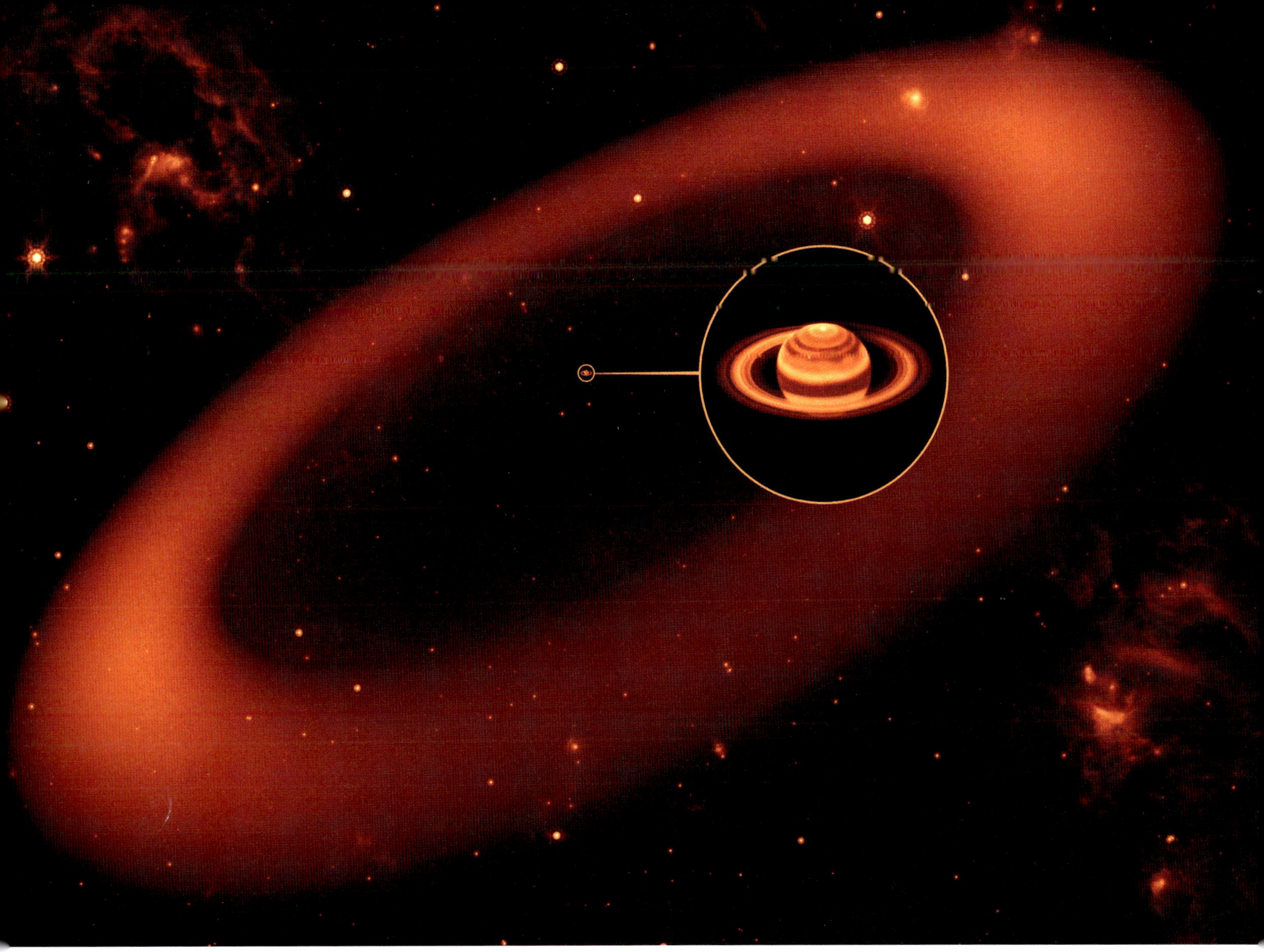

En 2009, on découvrit autour de **Saturne** un anneau de poussière géant (dont on voit ici l'image reconstituée par ordinateur) prenant naissance à 6 millions de kilomètres de la planète (représentée agrandie au centre).

1 millions de kilomètres de Saturne, sa taille est d'environ 20 fois celle de Saturne. Un milliard de Terres logeraient dans ce disque, qui apparaîtrait deux fois plus gros que la pleine lune s'il était visible depuis la Terre.

Un système dynamique Les anneaux de Saturne semblent être à première vue des structures immobiles – mais si tel était le cas, ils auraient tôt fait d'être déchiquetés par les forces de marée de la planète. Ces anneaux forment un système dynamique et variable composé de particules de glace et de poussière, dont la taille va du grain

le plus infime au bloc de plusieurs mètres. Baptisées « chiens de garde » ou « satellites bergers », les lunes en orbite à l'intérieur de ce système capturent sans cesse des particules, contribuant ainsi à la stabilité des anneaux et des lacunes. Le temps de rotation des anneaux internes autour de Saturne est de 6 à 8 heures, celui des anneaux externes de 12 à 14.

Les lunes de Saturne

Plus de 60 lunes gravitent autour de Saturne, dont elles se différencient par la taille et l'éloignement. Certaines se meuvent à l'intérieur des anneaux, d'autres à l'extérieur. La plupart des lunes de Saturne sont petites et de forme irrégulière. Les sept lunes principales, Titan, Rhéa, Japet, Dioné, Téthys, Encelade et Mimas sont sphériques et de taille supérieure aux autres. Tous ces satellites sont des mondes froids composés de glace et de roche, et criblés de cratères. Titan constitue une exception – non seulement à cause de ses dimensions (ses 5 150 kilomètres de diamètre le rendent un peu plus grand que Mercure), mais aussi parce qu'il est la seule lune du système solaire à posséder une atmosphère.

Les voiles de Titan L'atmosphère de Titan, composée à 98 % d'azote, atteint plusieurs centaines de kilomètres

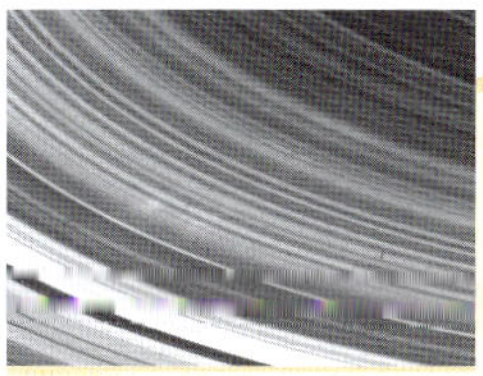

D'étranges rayons

Des apparitions fantomatiques Les anneaux de Saturne sont parcourus d'un phénomène rare : des structures radiales perpendiculaires, comparables aux rayons d'une roue, qui peuvent atteindre 20 000 kilomètres de longueur sur environ 100 kilomètres de largeur. Disparus depuis 1998, ces « spokes » réapparurent en septembre 2005. On supposa d'abord qu'ils provenaient d'une interaction passagère avec le champ magnétique de Saturne. Depuis 2006, on pense qu'il s'agit de l'agitation, liée au rayonnement solaire UV, de minuscules particules de poussière élevées et maintenues en suspension au-dessus des anneaux sous l'effet de forces électrostatiques – peut-être des éclairs dans les couches supérieures de l'atmosphère saturnienne. Selon l'incidence de la lumière solaire, elles sont visibles sous forme de bandes sombres, ou disparaissent aux regards pendant six ou sept ans.

Aucune sonde spatiale n'a étudié Saturne aussi longtemps et précisément que l'orbiteur **Cassini** et son atterrisseur **Huygens**. La mission de Cassini a été prolongée jusqu'en 2017.

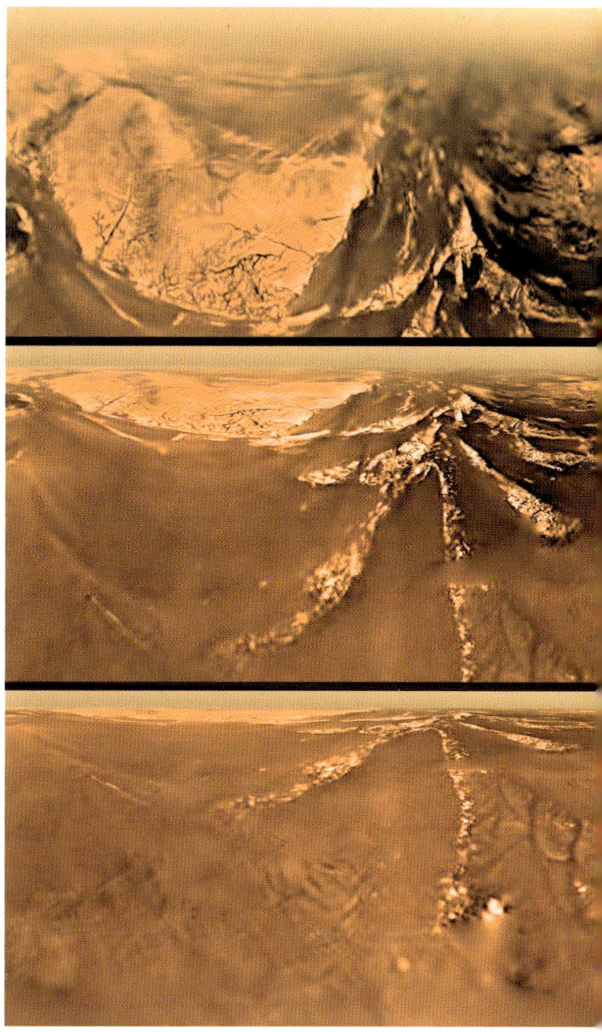

L'atterrisseur Huygens a permis de percer l'épaisse atmosphère de **Titan** et d'obtenir des photos de sa surface. »

d'épaisseur ; elle est quatre fois plus dense que celle de la Terre, ce qui s'explique par la température très basse (-178 °C) régnant sur Titan. La couleur miellée de cette atmosphère est due à une brume jaune, une sorte de smog emplissant ses couches supérieures, sous lesquelles s'étendent encore d'autres couches de brume. Il arrive aussi – mais très rarement – que des nuages de méthane et d'éthane se transforment en pluie.

Il fallut attendre les survols de Titan par la sonde Cassini et les données de son atterrisseur Huygens, largué sur le corps céleste en 2005, pour apprendre que cet épais manteau de brume et de nuages ne laissant filtrer que très peu de lumière solaire cache des montagnes, des mers et des dunes de sable. Les scientifiques ont par ailleurs découvert sur cette lune des indices de cryovolcanisme.

Une nouvelle planète

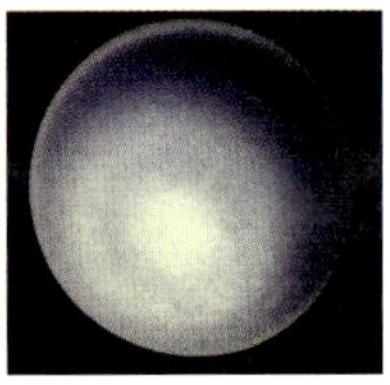

Uranus est la première nouvelle planète découverte après l'Antiquité. C'est l'astronome britannique d'origine allemande Wilhelm Herschel (1738-1822) qui, dans la nuit du 13 mars 1781, la détecta au télescope. Herschel proposa de la baptiser « étoile de George » en l'honneur du roi George III. Mais pour respecter les règles de nomenclature des planètes, la nouvelle venue reçut le nom de la divinité grecque du Ciel, Uranus.

Dotée d'une atmosphère sans contours définis, la planète **Uranus** est entourée d'un système d'anneaux sombres et très ténus.

La découverte d'Uranus, qu'un simple télescope de 10 centimètres de diamètre permet déjà de voir sous forme d'un petit disque vert, repoussa du double, par rapport à Saturne, les limites connues du système solaire. Les astronomes se rendirent compte très tôt qu'ils avaient affaire à une autre géante gazeuse, certes plus petite que Jupiter et Saturne, mais quatre fois plus grande que la Terre. Uranus présente de plus une particularité par rapport aux autres planètes : son axe de rotation est si fortement incliné sur son plan de révolution (98°) que la planète, au lieu de tourner sur son axe, roule comme une boule autour du Soleil.

Une boule de gaz sans surface

Les raisons pour lesquelles l'axe d'Uranus est aussi basculé restent mystérieuses. Il est possible qu'à l'époque de sa formation, la planète ait été heurtée par un objet céleste. Quoi qu'il en soit, la position de son axe a pour conséquence que durant la révolution d'Uranus autour du Soleil (84 ans), chacun des pôles de la planète est orienté la moitié du temps vers l'étoile centrale, et lui est opposé l'autre moitié du temps. Chaque pôle étant exposé 42 ans d'affilée à la lumière du Soleil – déjà très éloigné –, et plongé 42 ans dans l'obscurité, les saisons ont une très longue durée ; mais comme le Soleil ne laisse parvenir que peu d'énergie à chacun des pôles, l'écart entre les températures estivales et hivernales n'est que de 2 °C. Par ailleurs, l'orbite des anneaux découverts en 1977 dans le plan équatorial d'Uranus s'inscrivant, comme celle de ses lunes, dans un plan presque perpendiculaire à l'orbite de la planète autour du Soleil – cela signifie que tous les 42 ans, comme ce fut le cas en 2007, nous voyons les anneaux par leur tranche. Il est alors possible d'observer les plus sombres d'entre eux : car vus par la tranche, leur matière se réduit à une mince bande, et ils paraissent plus clairs.

La planète bleu-vert Quand le 24 janvier 1986, après un voyage de près de huit ans et demi, la sonde Voyager 2 rendit visite à Uranus en survolant son manteau nuageux à 81 600 kilomètres de distance, les photos qu'elle transmit stupéfièrent les scientifiques en leur révélant un monde uniformément bleu-vert. Cette couleur est due aux cristaux de méthane de l'atmosphère d'Uranus, riche en hydrogène et recélant une petite proportion d'hélium, qui absorbe les longueurs d'onde rouges du spectre. De plus, la brume de la haute atmosphère voile les bandes nuageuses et donc toute trace de leur dynamique. Voyager 2 ne parvint à détecter que quelques petits nuages, qui permirent d'estimer la vitesse du vent à 300 kilomètres par heure.

Structure interne
En allant vers le cœur, la densité et la température augmentent, et la matière change d'état. Sous la brume s'étendent ainsi des couches de nuages plus épaisses, auxquelles succède probablement un océan d'eau liquide constituant aussi le manteau. C'est ici, à 10 000 kilomètres environ du noyau dense et solide, que des courants électriques génèrent le champ magnétique de la planète, dont la

Uranus en chiffres

Distance moyenne au Soleil : 2 872,5 millions de kilomètres
Diamètre : 51 118 kilomètres (env. 4 diamètres terrestres)
Masse (Terre = 1) : 14,54
Densité moyenne : 1,27 g/cm^3
Température à la surface : -215 °C
Pesanteur à la surface (Terre = 1) : 0,86
Période de rotation : 17 heures 24 minutes
Période de révolution : 84,67 jours
Atmosphère : hydrogène 82,5 %, hélium 15,2 %, méthane et autres gaz à l'état de traces 2,3 %
Lunes : env. 27

La **structure interne d'Uranus** ressemble à celle des trois autres géantes gazeuses ; c'est une planète liquide entourée d'une couche supérieure gazeuse constituant l'atmosphère.

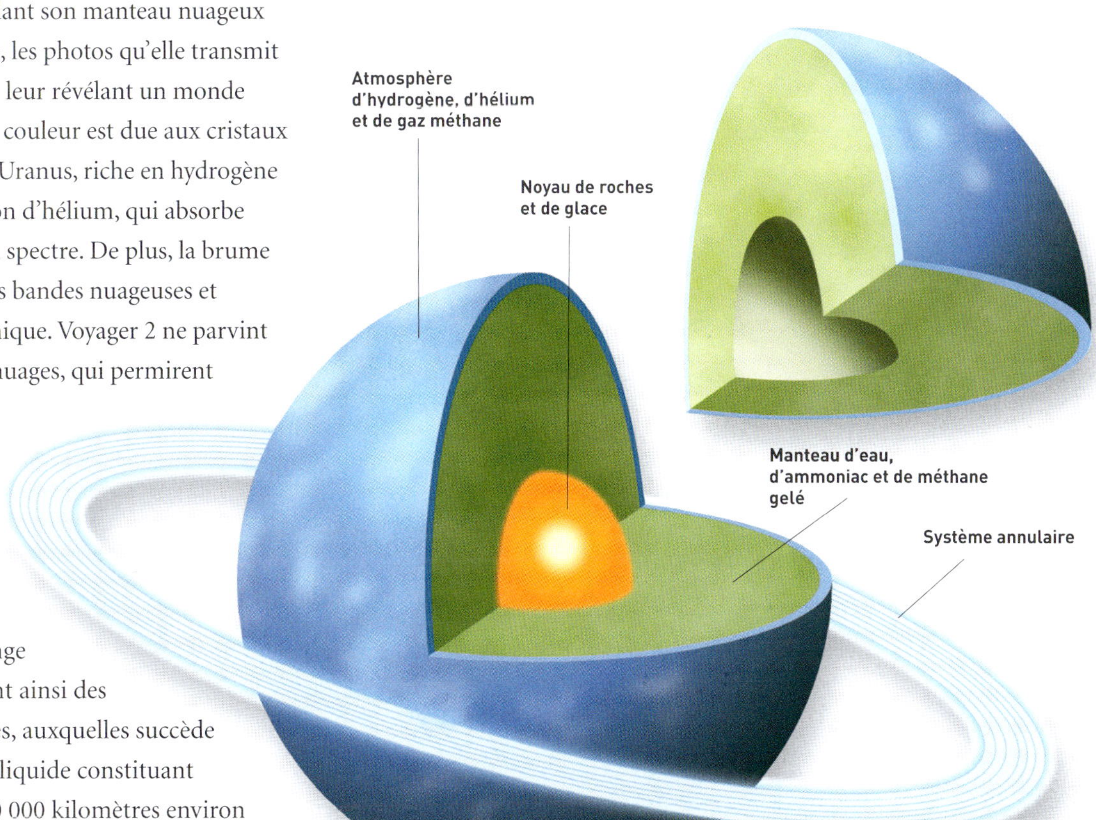

puissance est proche de celui de la Terre. Mais l'axe magnétique d'Uranus est incliné de 60° sur l'axe de rotation ; avec une telle inclinaison, le pôle Nord magnétique de la Terre se situerait au Maroc.

Contrairement aux autres géantes gazeuses, Uranus ne produit presque pas de chaleur – ce qui laisse supposer qu'à l'inverse de Jupiter, cette planète ne se contracte pas.

Les anneaux

Quand le 10 mars 1977, des scientifiques embarqués à bord de l'observatoire aéroporté Kuiper Airborne Observatory voulurent observer l'occultation de l'étoile SAO 158687 par Uranus pour étudier l'atmosphère et le diamètre de cette étoile, ils découvrirent qu'Uranus, comme Saturne et Jupiter, est entourée d'un système annulaire. Comme ceux de Jupiter, ces anneaux uraniens sont très sombres et fins ; comme ceux de Saturne, ils sont composés de particules et de blocs mesurant jusqu'à 10 mètres de diamètre et de poussières fines, présentes cependant en de bien moindres proportions.

De minces bandes Contrairement aux anneaux des autres planètes gazeuses, ceux d'Uranus sont pour la plupart minces, mais dotés de bords bien définis et manifestement séparés par de grandes lacunes. Ces anneaux ne sont pas tous circulaires ou situés dans le plan équatorial d'Uranus. La largeur de l'anneau le plus brillant, baptisé epsilon – le onzième à partir d'Uranus – est de 20 kilomètres à la périapside, où il est presque opaque – mais de 96 kilomètres, soit cinq fois plus, à l'apoapside, où il apparaît aussi cinq fois plus transparent. L'épais anneau epsilon est accompagné à l'intérieur et à l'extérieur de deux petites lunes, Cordélia et Ophélie, qui assurent sa stabilité grâce à leur force de gravité.

En décembre 2005, le télescope spatial Hubble détecta deux nouveaux anneaux uraniens ; situés très au-delà des 11 anneaux connus, ils ont été baptisés « anneaux extérieurs ». D'après les photos

Les **premiers anneaux d'Uranus** ont été découverts en 1987. Ils sont faits de poussières et de particules sombres dont la taille varie de quelques centimètres à quelques mètres.

Photomontage rassemblant des photos d'Uranus et de cinq de ses **lunes** – sur au moins 27 – parmi les mieux connues, prises par la sonde Voyager (Ariel à l'avant-plan).

réalisées par le télescope Keck en avril 2006, ces anneaux sont bleus et rouges, tandis que les anneaux intérieurs apparaissent gris.

Les lunes d'Uranus

Nous connaissons 27 satellites naturels d'Uranus. Mais « avant Voyager », les seules connues étaient Oberon, Titania, Ariel, Umbriel et Miranda. Ces lunes sont sphériques et, à l'exception de Miranda dont le diamètre ne fait que 470 kilomètres, assez grandes. Leur diamètre varie de 1 160 kilomètres (Ariel) à 1 580 kilomètres (Titania). Les autres satellites sont de petits corps célestes irréguliers ; la plupart ont une orbite plus proche d'Uranus que les cinq lunes majeures – dont neuf autres satellites sont plus éloignés. Photographiées en détail par Voyager 2, les cinq lunes principales se présentent sous l'aspect de corps rocheux recouverts de glace, à la surface marquée de nombreux cratères et fossés.

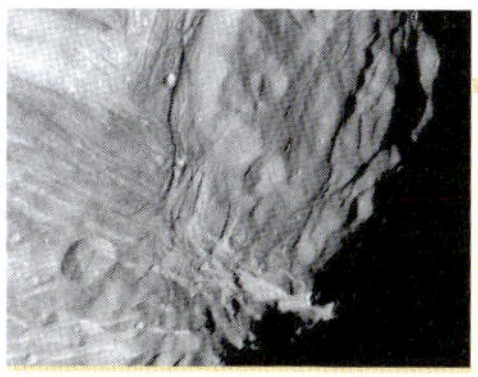

Miranda

Un amas de débris ? La lune Miranda est semée de canyons, de cratères, de falaises et de plaines. Bien qu'elle présente moins de 500 kilomètres de diamètre, ses gorges sont dix fois plus profondes que le Grand Canyon de l'Arizona. Les plus remarquables sont les coronae, ou couronnes, formations faites de bandes ovoïdes et ne comportant que peu de cratères.
On supposa dans un premier temps que cette lune avait été déchiquetée par une collision, puis s'était réassemblée à partir des débris. Aujourd'hui, on pense que Miranda, sous l'effet d'une résonance orbitale avec les deux lunes Ariel et Umbriel, serait passée dans la zone d'influence gravitationnelle de la planète mère ; sous l'effet des forces de marée d'Uranus, la glace interne de Miranda aurait en partie fondu. La remontée d'eau chaude consécutive aurait déclenché des processus tectoniques qui donnèrent naissance aux structures superficielles actuelles.

Découverte par le calcul

Huitième et, actuellement, dernière planète du système solaire, Neptune a pour ainsi dire été découverte devant une table de travail : c'est à partir de minimes perturbations de la trajectoire d'Uranus que les astronomes déduisirent l'existence d'une autre planète. Les calculs de la mécanique céleste auxquels se livrèrent deux mathématiciens finirent par aboutir à la découverte de Neptune, en 1846.

Enveloppée d'une atmosphère bleue, **Neptune** – dont on voit ici aussi la Grande tache sombre – est actuellement considérée comme la plus lointaine planète de notre système solaire.

Ce furent le mathématicien anglais John Couch Adams (1818-1892) et son collègue français Urbain V. Leverrier (1811-1877) qui calculèrent chacun de leur côté la position probable de la planète recherchée. L'astronome berlinois Johann Gottfried Galle réussit ensuite, le 23 septembre 1846, à détecter celle-ci à 1° d'arc seulement de la position calculée. Cette planète la plus lointaine du système solaire a reçu le nom du dieu romain de la Mer, Neptune.

Neptune (Poséidon en grec), avec son trident, était vénéré par les Romains comme le dieu de la Mer.

La seconde planète bleue

Neptune est la quatrième géante gazeuse, et après Uranus, la quatrième planète du système solaire par la taille. Mais en raison de son immense éloignement de la Terre, elle ne livra nombre de ses secrets que lors de son survol par la sonde spatiale Voyager 2, le 24 août 1989. Neptune ressemble par bien des points à Uranus, mais ses couches supérieures contenant beaucoup plus de méthane – lequel absorbe la lumière rouge – son atmosphère brille d'un bleu bien plus intense. Neptune est ainsi, après la Terre, la seconde planète bleue du système solaire.

Une atmosphère turbulente Un regard rapide sur Neptune suffit à y constater la présence d'une atmosphère turbulente, agitée de divers mouvements. De longs nuages brillants très semblables aux cirrus de la Terre circulent ainsi sur une grande partie de la planète. Mais ces formations nuageuses situées dans une atmosphère à -218 °C sont composées de méthane gelé, et comportent moins de cristaux de glace d'eau que les nôtres. À cela s'ajoutent des vents ultra rapides : des tempêtes qui vont et viennent à plus de 1 600 kilomètres par heure, avec des pointes à 2 100 kilomètres par heure. L'atmosphère de Neptune présente ainsi les vitesses de vent les plus élevées de tout le système solaire.

Neptune en chiffres

Distance moyenne au Soleil : 4 509 millions de kilomètres
Diamètre : 49 528 km (env. 3,87 diamètres terrestres)
Masse (Terre = 1) : 17,15
Densité moyenne : 1,638 g/cm^3
Température à la surface (nuages) : -201 °C
Pesanteur à la surface (Terre = 1) : 1,2
Période de rotation : 16 heures 7 minutes
Période de révolution : 163,7 jours
Atmosphère : hydrogène 79,5 %, hélium 18,5 %, méthane et gaz à l'état de traces 2,0 %
Lunes : 13

Le lancement depuis Cap Canaveral, le 20 août 1977, de la sonde spatiale **Voyager 2** par une fusée Titan 3E-Centaur passe pour le plus grand succès de la NASA, voire de l'astronautique en général.

La Grande tache sombre

En survolant Neptune, Voyager 2 découvrit dans son hémisphère Sud une tache que l'on baptisa la « Grande tache sombre » (en anglais Great Dark Spot, GDS) – un système cyclonique effectuant le tour de la planète en 18,3 h, et entouré à l'est et au sud de nuages brillants changeant en l'espace de quelques heures. Les scientifiques prirent d'abord cette zone de haute pression, d'une superficie égale à celle de l'Eurasie, pour un gigantesque nuage – avant de tomber d'accord pour y voir un trou dans la couverture nuageuse visible.

Le 2 novembre 1994, le télescope spatial Hubble perdit la trace de la GDS pour des raisons inconnues. On soupçonne cependant l'excès de chaleur issu du noyau de la planète d'avoir perturbé l'équilibre atmosphérique et déchiré les ceintures de nuages existantes. Il est aussi possible que la GDS se soit spontanément dissipée ou qu'elle ait été recouverte par d'autres couches nuageuses. À la place, un autre ouragan du même type est apparu dans l'hémisphère Nord.

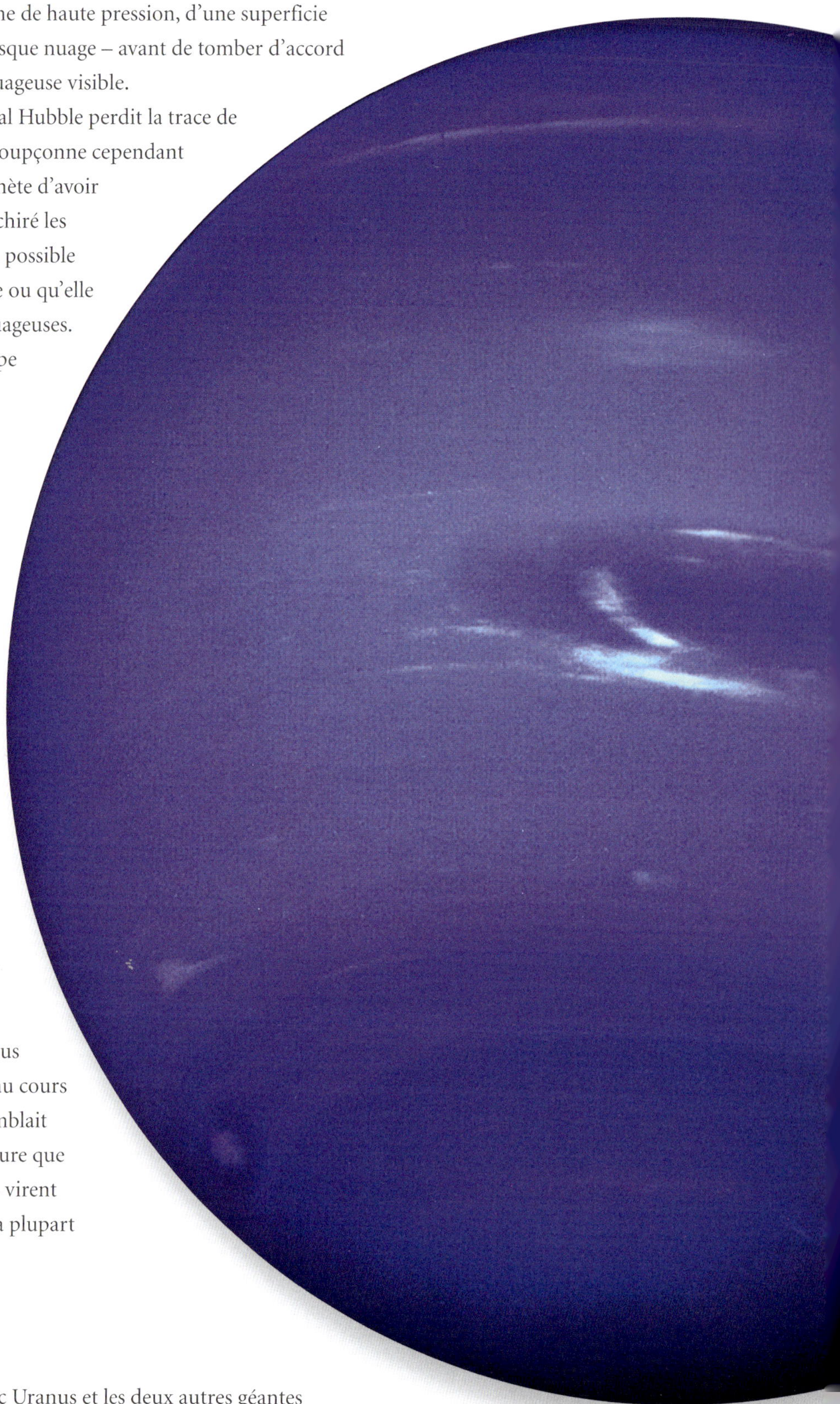

Scooter et Petite tache sombre

Un autre cyclone se déplaçant bien plus vite que la GDS avait été détecté en 1989, peu avant l'arrivée de Voyager 2 ; baptisé le « Scooter », il forme des amas de nuages blancs au sud de la GDS, et accomplit le tour de Neptune en 16 heures. Il pourrait s'agir d'un panache nuageux issu de régions plus basses de l'atmosphère. D'autres images permirent de découvrir par la suite des nuages plus rapides encore que le Scooter – ainsi qu'une Petite tache sombre, ou Small Dark Spot, dans l'hémisphère Sud, un orage cyclonique tournant dans le sens des aiguilles d'une montre. C'était le deuxième ouragan le plus puissant découvert par la sonde Voyager au cours de son survol de Neptune. Cette tache semblait d'abord entièrement sombre ; mais à mesure que Voyager 2 s'en approchait, les astronomes virent s'y dessiner un cœur brillant, visible sur la plupart des photos en haute résolution.

Les anneaux de Neptune

En raison de la proximité de Neptune avec Uranus et les deux autres géantes gazeuses, il eût été étonnant qu'elle n'eût pas elle aussi possédé son système annulaire. Et en effet, ce système fut découvert dans les années 1980, à la faveur

Tout aussi impressionnant que la Grande tache sombre : le **Scooter** situé au sud – sans doute un panache nuageux issu des basses couches de l'atmosphère de Neptune. »

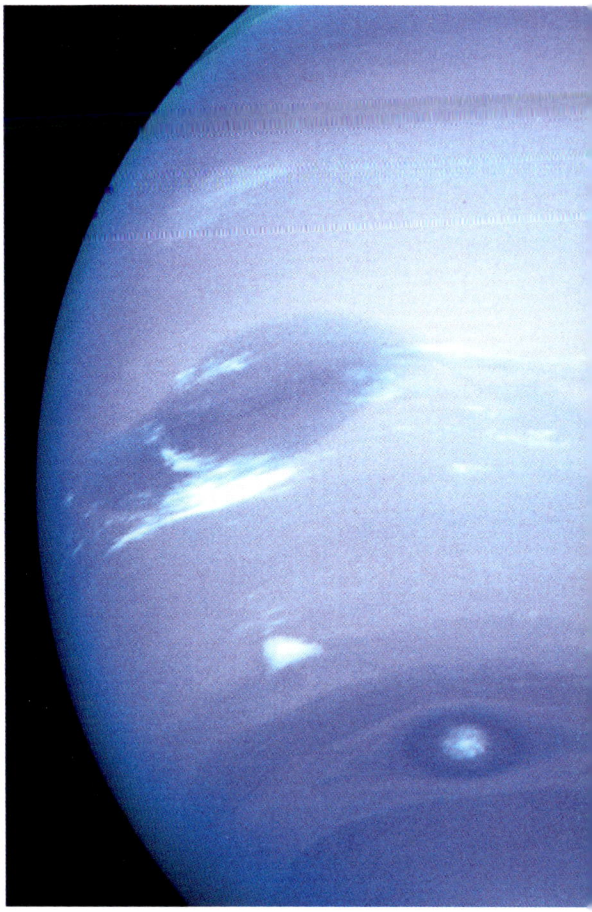

Comme la Grande tache rouge de Jupiter, la **Grande tache sombre** (acronyme anglais : GDS) de l'atmosphère de Neptune, photographiée en 1989 par Voyager 2, est l'un des ouragans les plus connus du système solaire. Cette tache presque aussi grande que la Terre a été observée jusqu'en 1994.

d'une occultation stellaire. Très ténu et de couleur azurée, il se compose de plusieurs anneaux distincts ainsi que d'arcs annulaires situés dans l'anneau extérieur, baptisé « Adams ».

Ces anneaux portent tous le nom d'astronomes ayant fourni une contribution significative à l'étude de Neptune. Les arcs principaux de l'anneau Adams se nomment pour leur part Liberté, Égalité et Fraternité, suivant la devise de la Révolution française. On distingue un système annulaire intérieur et un système extérieur.

Triton, une lune à part

Neptune est entourée de 13 lunes orbitant à différentes distances. La plupart de ces satellites naturels sont des corps célestes irréguliers. Sphère de glace et de roche de 2 707 kilomètres de diamètre, Triton, dont la taille représente les trois quarts de celle de la Lune, fait exception. Il lui faut près de six jours pour accomplir en même temps le tour de son axe et de sa planète mère. Du fait de cette rotation synchrone et de l'inclinaison de l'axe sur le plan de l'orbite, les pôles de Triton, comme les pôles de la planète Uranus, sont orientés tour à tour vers le Soleil.

Lorsque Voyager 2 survola Triton, le pôle Sud de la lune était tourné vers le Soleil, tandis que dans la région du pôle Nord, plongée dans l'ombre depuis

Minces et discontinus, les **anneaux de Neptune** portent le nom d'astronomes ayant participé à l'étude de la planète ; ils ont été photographiés en 1989, à 280 000 km de distance, par la sonde spatiale Voyager 2.

quelque 30 ans, régnaient des températures allant jusqu'à -237,6 °C. Pour ces raisons – mais également à cause de sa haute capacité de réflexion de la lumière (albedo), dont il renvoie 96 %, le satellite Triton est l'endroit le plus froid actuellement connu dans le système solaire. Les températures à la surface y sont si basses que malgré sa faible gravité, Triton parvient à retenir une atmosphère composée à 99 % d'azote et 1 % de méthane.

Des volcans de glace Recouverte de neige et de glace, la surface de Triton présente un réseau de failles, où la carapace de glace a été déformée et fracturée, mais peu de cratères d'impacts.

Mais la grande surprise fut la découverte, sur les photographies réalisées par Voyager, de divers geysers. Ces geysers crachent jusqu'à 8 kilomètres d'altitude un mélange d'azote liquide et de poussières de roche entraînées au passage, qui apparaît sur les clichés sous forme de sombres panaches de fumée. Il est très probable que ce phénomène provienne du cryovolcanisme, tel qu'on en a aussi découvert sur d'autres lunes du système solaire comme Europe, satellite de Jupiter. Le cryovolcanisme observé sur Triton résulte du réchauffement saisonnier lié au niveau d'ensoleillement. Malgré son peu d'intensité, cette chaleur suffit à vaporiser l'azote gelé. Les particules libérées se déposent à la surface de Triton, où elles forment des couches de méthane gelé et de silicates. Sous l'effet du rayonnement solaire, le méthane se transforme en d'autres composés organiques apparaissant sous forme de bandes et de traînées sombres.

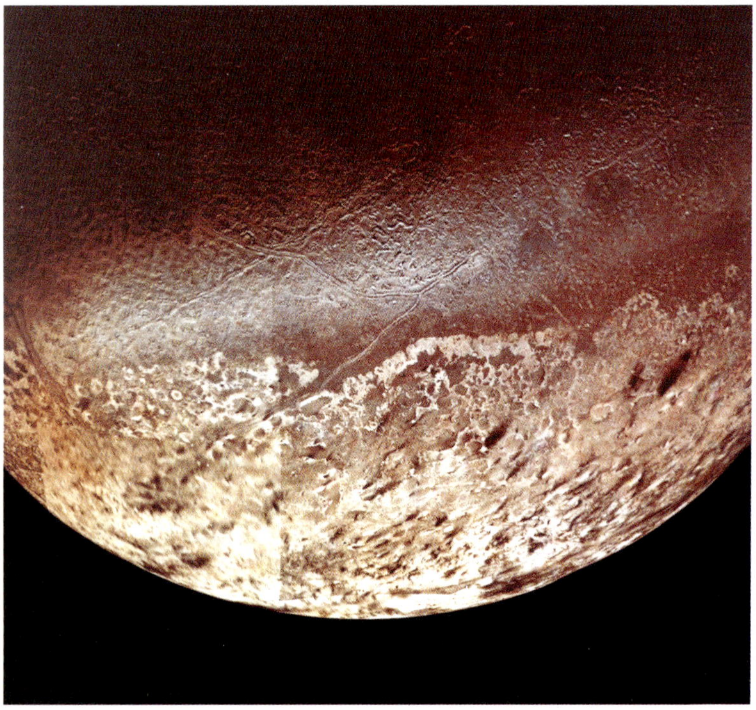

On distingue nettement sur la calotte du pôle Sud de **Triton** les sombres nuages de fumée éjectés par les geysers d'azote liquide et de poussières de roche (photomontage avec Neptune à l'arrière-plan). »

Plus grande lune de la planète Neptune, **Triton**, dont on voit ici la calotte du pôle Sud éclairée, se compose de glace et de roches.

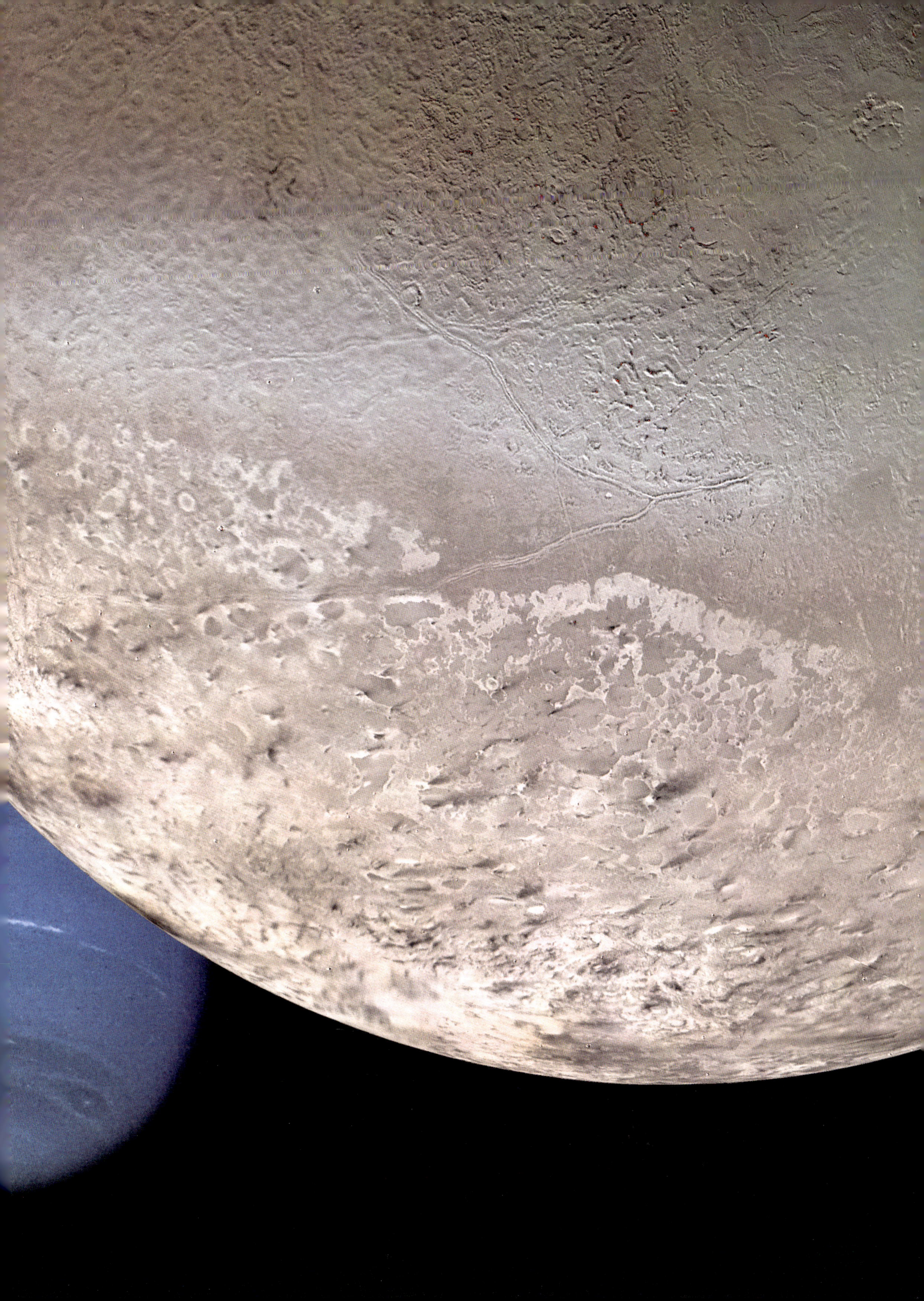

Une nouvelle classe d'objets mineurs

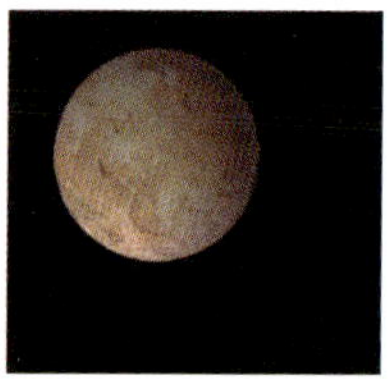

Depuis le 24 août 2006, notre système solaire s'est enrichi d'une nouvelle classe d'objets : les planètes naines, des objets en orbite au-delà de Neptune, dont certaines partagent l'orbite de Pluton et d'autres circulent au-delà – ce qui a fait perdre à Pluton son statut de planète véritable.

Vue d'artiste d'**Éris**, la planète naine la plus massive du système solaire actuellement connue. Éris fait aussi partie de la sous-classe des plutoïdes, qui tournent autour du Soleil au-delà de l'orbite de Neptune.

Pendant 76 ans, Pluton est passée pour la planète la plus lointaine du système solaire. Par ses dimensions, elle n'était pas conforme au groupe des planètes géantes du système solaire externe ; et par sa composition, elle appartenait de fait aux planètes terrestres proches du Soleil. De plus, son orbite fortement inclinée sur le plan de l'écliptique présente des perturbations. Se pouvait-il donc que Pluton fût seulement une lune de Neptune évadée, et même qu'un transpluton (planète transneptunienne) se trouvât à l'origine des autres perturbations ?

Une seconde ceinture d'astéroïdes

En 1949 et 1951, l'astronome irlandais Kenneth E. Edgeworth (1880-1972) et l'astronome américain d'origine néerlandaise Gerard Kuiper (1905-1973) avaient déjà supposé l'existence, au-delà de Neptune, d'une seconde ceinture

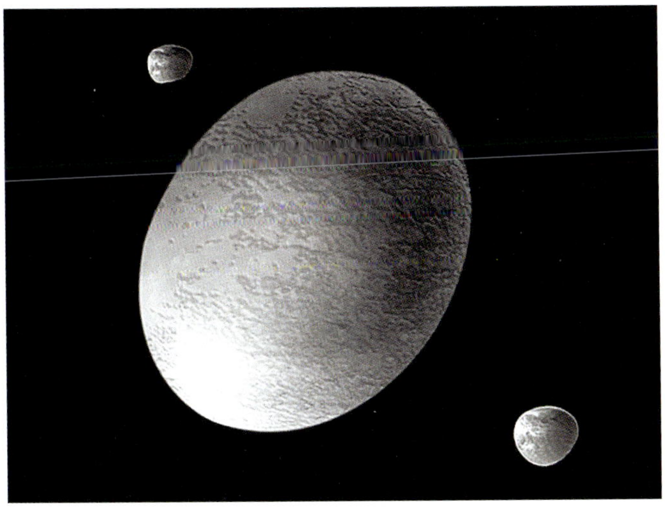

La planète naine **Haumea**, ici avec ses deux satellites Namaka et Hi'iaka, porte le nom d'une déesse de la fertilité hawaïenne.

d'astéroïdes/planétoïdes. Mais les instruments d'observation de l'époque ne permettant pas d'en apporter la preuve directe, le premier objet transplutonien ne fut découvert qu'en 1992 ; il reçut le nom peu romantique de QB 1. À partir de 1993 lui succédèrent les premiers des futurs « plutoïdes » : Éris (2 600 kilomètres de diamètre), Haumea (1 436 kilomètres), Makemake (1 500 kilomètres), Sedna (1 700 kilomètres), Orcus (1600 à 1800 kilomètres), Quaoar et Varuna (900 kilomètres chacun).

La ceinture d'Edgeworth-Kuiper Ces corps célestes gravitent autour du Soleil, de part et d'autre du plan de l'écliptique, entre 30 et 50 unités astronomiques au-delà de l'orbite de Neptune. Des milliers d'objets, dont on estime que plus de 70 000 font plus de 100 kilomètres de diamètre, forment là une seconde ceinture d'astéroïdes. Dans cette ceinture, Pluton n'est qu'un petit monde parmi une foule d'objets semblables ; avec ses 2 390 kilomètres de diamètre, il n'est même pas le plus grand. En l'honneur des deux astronomes cités plus haut, cette ceinture d'objets transneptuniens (OTNs) fut appelée « ceinture d'Edgeworth-Kuiper ».

Planètes naines

Les astronomes se trouvèrent donc devant le choix suivant : soit augmenter d'au moins 6 le chiffre des planètes connues – dont ferait alors également partie Cérès, le plus grand planétoïde circulant dans la ceinture d'astéroïdes –, soit réduire leur nombre à 8, en retirant à Pluton son statut de « véritable » planète. Le 24 août 2006, l'assemblée générale de l'Union astronomique internationale, réunie à Prague, décida de déchoir Pluton et de créer la nouvelle classe des planètes naines. Il s'agit de corps célestes en orbite autour du Soleil, mais qui, contrairement aux planètes, n'ont pas nettoyé leur orbite des autres objets et possèdent une masse suffisante pour adopter une forme quasi sphérique sous l'effet de leur propre gravité. Quand ces planètes naines circulent au-delà de l'orbite de Neptune, elles sont qualifiées de « plutoïdes ».

Pluton Membre le plus éminent des planètes naines, Pluton est la mieux étudiée. Découverte en 1930 par l'astronome nord-américain Clyde Tombaugh (1906-1997), Pluton, avec un diamètre de 2 304 kilomètres, est plus petite que la Lune ; sa période de révolution autour du Soleil est de 247,68 ans. Quand elle se trouve, lors de sa révolution, au périhélie (au plus près du Soleil), elle pénètre un temps à l'intérieur de l'orbite de Neptune, et se trouve plus proche du Soleil que la huitième planète. Ce fut le cas du 7 février 1979 au 11 février 1999.

Pluton, composée d'environ 70 % de roches et 30 % de glace d'eau, ressemble à la lune de Neptune, Triton, plus grande et plus froide. Pluton est environnée d'une mince atmosphère rougeâtre contenant surtout de l'azote. La température à la surface doit être de l'ordre de -230 °C.

Membre de la ceinture de Kuiper, Pluton est sans doute en permanence exposée à un bombardement de mini-météorites dont l'impact sur le sol éjecte des particules de glace et de poussière. C'est également vrai pour ses quatre lunes Charon (1 207 kilomètres de diamètre), Nix, Hydra et S/2011, seulement découverte en 2011.

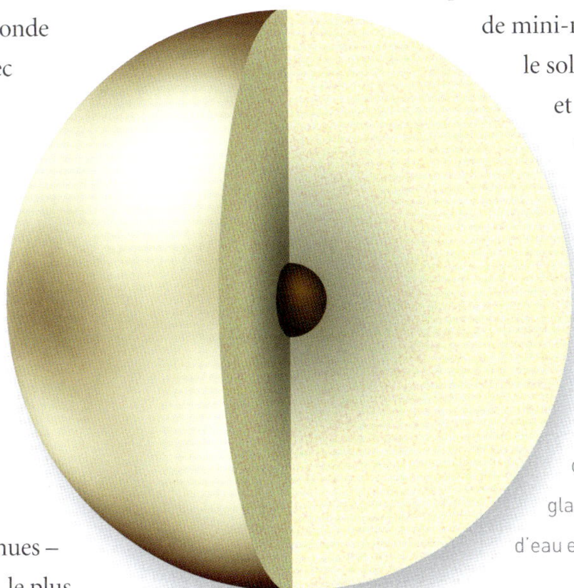

La planète naine **Pluton** est sans doute composée d'une mince croûte glacée, d'un manteau riche en glace d'eau et d'un noyau rocheux.

Pluton vue depuis sa lune, **Charon** ; au loin, quelques autres planètes naines. »

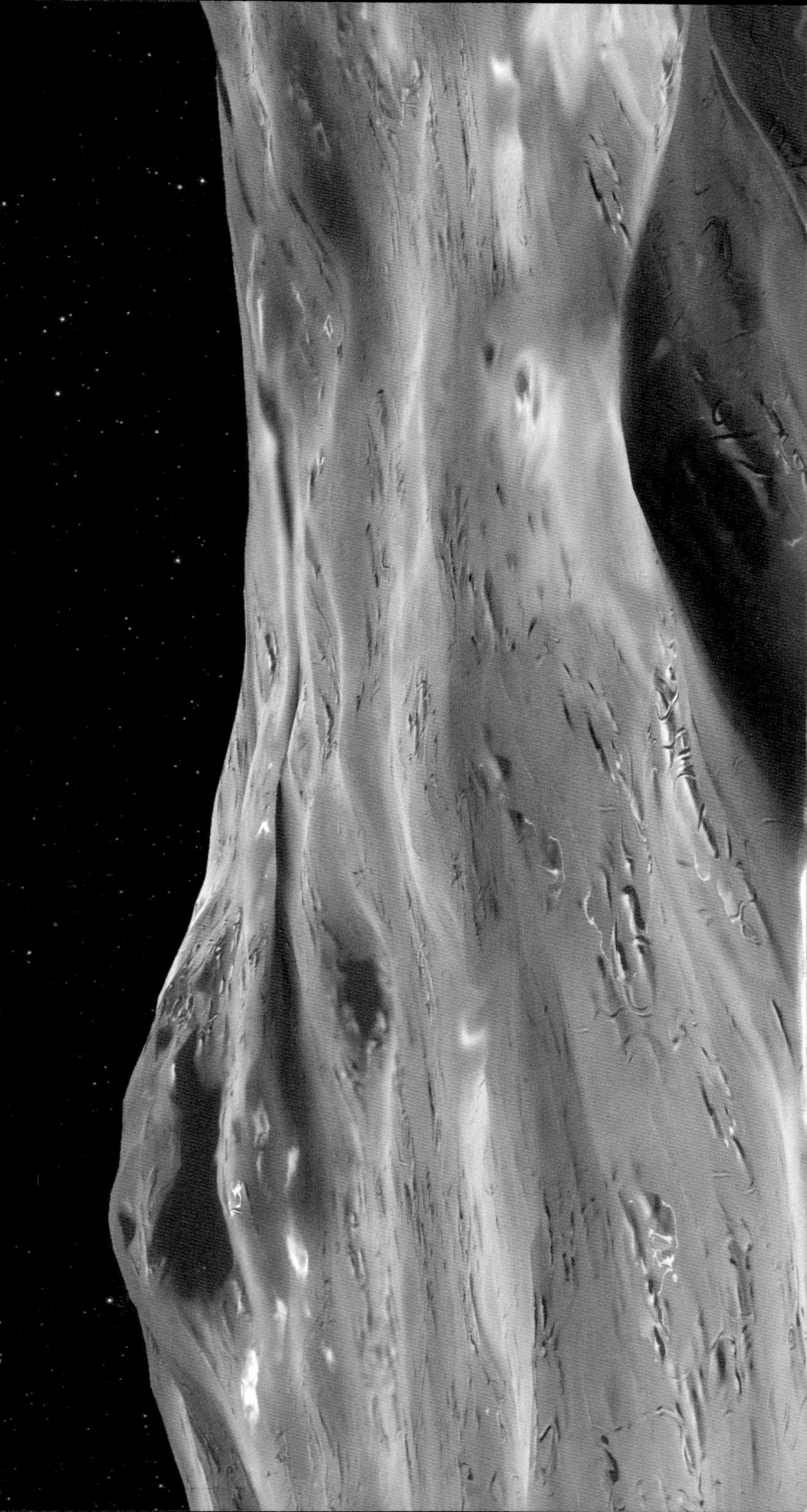

Entre Mars et Jupiter

À dater du moment où ils ont observé le système solaire à l'aide de télescopes, les astronomes n'ont cessé de s'étonner du large vide béant entre les planètes Mars et Jupiter. En effet, d'après leurs calculs, une autre planète aurait dû y circuler. C'est le père Giuseppe Piazzi qui, le 1er janvier 1801, réussit à mettre fin à l'énigme en découvrant la planète naine Cérès, premier membre connu de la ceinture d'astéroïdes.

Souvenir de la découverte de Cérès, frontispice du *Catalogue* de **Giuseppe Piazzi** (1746-1826) publié à l'occasion de la découverte, en 1801, du premier planétoïde par l'astronome italien.

Le **planétoïde Gaspra** photographié en 1991 par la sonde spatiale Galilée.

Un anneau de débris rocheux

La découverte d'autres objets, que l'on baptisa Pallas, Junon, Vesta et Astraea, amena à la conclusion qu'il devait s'agir d'une multitude d'astéroïdes entourant les planètes terrestres voisines du Soleil comme un anneau ou une ceinture les séparant des géantes gazeuses. La ceinture principale d'astéroïdes, comme on l'appelle, est composée d'innombrables blocs aux dimensions les plus variées. Ses membres les plus brillants ont des diamètres compris entre 20 et 1 000 kilomètres ; avec ses 952 kilomètres, Cérès se place en tête du peloton et est aujourd'hui classée parmi les planètes naines. Sa forme sphérique n'est pas caractéristique d'un astéroïde, mais seuls les planétoïdes de plus de 300 kilomètres de diamètre sont sphériques – et seuls 10 planétoïdes de la ceinture d'astéroïdes font plus de 250 kilomètres de diamètre. La plupart sont nettement plus petits, et de forme irrégulière.

Décombres La Ceinture d'astéroïdes est pour ainsi dire formée des « décombres » de la formation du système solaire et non pas, comme on le crut longtemps, des débris d'une explosion de planète. L'augmentation rapide de la masse de Jupiter empêcha ensuite ces matériaux de s'agréger pour former une autre planète. La masse totale des objets peuplant la ceinture d'astéroïdes équivaut à environ 5 % de celle de la Lune et à un tiers de la planète naine Pluton.

Ceinture principale Nous connaissons les orbites de plus de 400 000 planétoïdes. Mais le nombre total des petits corps célestes entre Mars et Jupiter est estimé à bien plus d'un milliard ; composés de roche, de métal ou d'un mélange de glace et de roche, ils font le tour du Soleil en trois à six ans, à une distance comprise entre 315 et 480 millions de kilomètres. C'est pourquoi la

Lors de la même mission, Galileo survola aussi le **planétoïde Ida**, criblé de cratères comme Gaspra.

La sonde spatiale **Near Earth Asteroïd Rendezvous**, surnommée « Shoemaker » étudia les planétoïdes Mathilde en 1997, et Eros en 2000.

ceinture d'astéroïdes de cette région est dite « ceinture principale ». Quelques planétoïdes ont été approchés par des sondes spatiales – par exemple l'astéroïde Gaspra par Galileo, en 1991, et les astéroïdes Mathilde et Eros en 1997 et 2000 par Near Earth Asteroid Rendezvous (NEAR), qui se posa sur ce dernier.

Répartition Les vols des sondes Pioneer et Voyager vers les planètes gazeuses ont montré que bien que cantonnés dans une ceinture, les astéroïdes sont très dispersés dans l'espace, avec des intervalles quasi vides. De plus, leur répartition est inégale, leurs orbites étant perturbées par Jupiter – perturbations qui sont à l'origine de lacunes dans la ceinture d'astéroïdes principale. Découvertes en 1866 par l'astronome américain Daniel Kirkwood (1814-1895), les lacunes de Kirkwood divisent celle-ci en trois zones comprenant différentes familles, ou groupes d'astéroïdes, ayant les mêmes particularités orbitales et une composition similaire : la ceinture interne, la ceinture moyenne dont fait partie Cérès et la ceinture externe.

Troyens et objets géocroiseurs

Cependant, 10 % environ des planétoïdes ne satellisent pas le Soleil à l'intérieur de la ceinture d'astéroïdes.

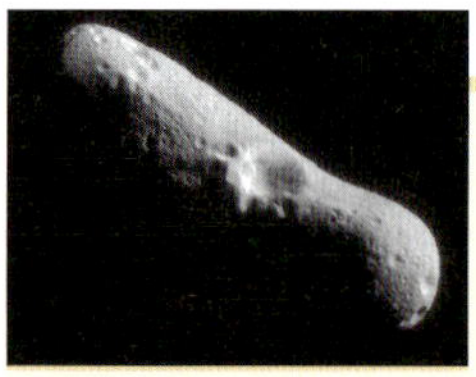

NEOs

De dangereux objets Plus de 3 000 objets géocroiseurs dirigés vers la Terre ont été détectés à ce jour ; c'est pour eux qu'a été forgé le nom anglais de « Near Earth Objects » (NEOs). Un sur six représente un danger potentiel, sa trajectoire l'ayant déjà conduit à moins de 7,5 millions de kilomètres de notre planète. Or surviennent sans cesse de nouvelles perturbations orbitales susceptibles de provoquer, au fil des millénaires, une collision avec la Terre. Le diamètre de ces objets dangereux dépassant les 175 mètres, les destructions ne seraient pas seulement locales.

Deux groupes par exemple précèdent et suivent de 60° la planète Jupiter sur son orbite (vue du Soleil). Situés près des points de Lagrange de Jupiter, où les forces d'attraction de Jupiter et du Soleil s'équilibrent, ces planétoïdes, dits « Troyens », sont particulièrement stables.

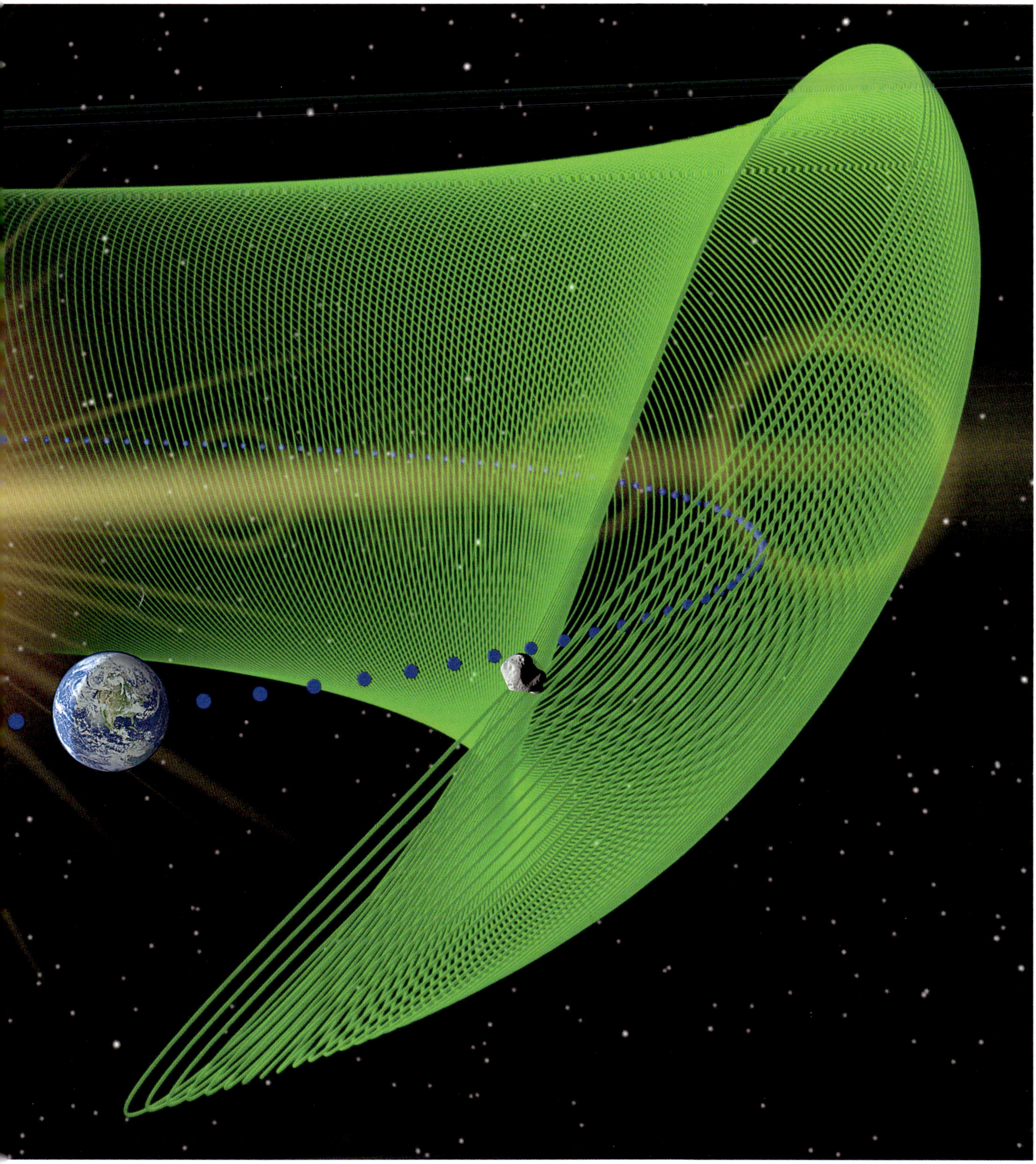

Les **Troyens** sont des astéroïdes précédant une planète sur son orbite. Le premier astéroïde Troyen de la Terre a été découvert en juillet 2011 : son orbite très inhabituelle est représentée en vert, et celle de la Terre avec un pointillé bleu.

Astéroïdes géocroiseurs Mais d'autres planétoïdes quittent ces zones calmes pour évoluer dans les régions les plus éloignées du système solaire, ou bien à l'intérieur de celui-ci, comme les Apollons. Ils peuvent alors croiser l'orbite de la Terre et s'en rapprocher assez près, ce qui leur a valu leur nom d'« astéroïdes géocroiseurs ». Certains d'entre eux, comme les Atens, ont une période de révolution plus brève que la Terre.

Les vagabondes du cosmos

Les comètes sont souvent appelées « vagabondes du cosmos » ou « étoiles chevelues », deux appellations reflétant parfaitement les caractéristiques de ces petits corps du système solaire dotés d'une queue de gaz, souvent magnifique, de plusieurs millions de kilomètres, et qui semblent apparaître subitement pour disparaître tout aussi mystérieusement.

Détail de la célèbre **Tapisserie de Bayeux** présentant la comète de Halley à courte période comme le funeste présage de la conquête de l'Angleterre par les Normands, en 1066.

Messagères du malheur

Aux temps lointains où les hommes voyaient des présages dans les phénomènes célestes, les comètes passaient pour des messagères du malheur, pour les « verges » ou « l'épée » de Dieu. Même lorsqu'ils furent capables de calculer leurs trajectoires, les astronomes eurent bien du mal à comprendre la nature de ces corps célestes étranges, mais fascinants. Il fallut attendre l'ère des sondes spatiales comme Giotto (1986), Deep Space (2001), Stardust (2004), Deep Impact (2005) et Stardust Next (2011), pour percer un certain nombre de leurs secrets.

L'orbite des comètes Les comètes évoluent tête orientée vers le Soleil, autour duquel elles dessinent des trajectoires très allongées pouvant adopter la forme d'hyperboles, de paraboles ou d'ellipses. Elles croisent ainsi le chemin des huit planètes, puis ayant fait le tour de notre étoile centrale, retournent dans les confins du système solaire – à moins qu'une planète géante ne perturbe leur trajectoire et ne les capture. L'orbite elliptique est la seule à garantir le retour d'une comète ;

L'orbite d'une comète est extrêmement allongée. Grâce aux nombreuses sondes spatiales, la **comète de Halley** est la mieux connue.

ces comètes dites « périodiques » ont pour la plupart des périodes de révolution de plus de 200 ans. D'autres apparaissent au terme d'une période plus brève : c'est le cas de la comète de Halley, la plus célèbre, qui revient au voisinage de la Terre tous les 76 ans. Apparue pour la dernière fois en 1986, son retour est prévu en 2062.

Un corps de poussière et de neige

En 1986, la sonde spatiale de l'**ESA**, baptisée **Giotto**, s'est approchée à 600 km de la comète de Halley, et a photographié pour la première fois le côté brillant de son noyau.

Une comète se divise globalement en deux parties : la tête et la queue. De la tête, composée d'un noyau et d'une atmosphère gazeuse appelée chevelure ou coma, dépend toute l'activité de la comète.

Le noyau Le noyau d'une comète est une masse irrégulière de « neige » sale et de poussières, dont la taille varie de quelques centaines de mètres à plusieurs kilomètres. Cette « neige » est composée de glace d'eau, de glace carbonique

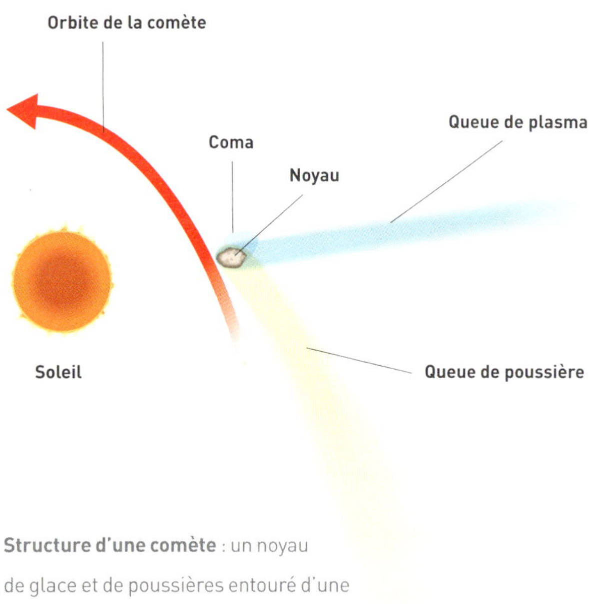

Structure d'une comète : un noyau de glace et de poussières entouré d'une chevelure gazeuse, ou coma, se prolongeant à l'opposé du Soleil par une queue de gaz et une queue de poussières.

(glace sèche) et de glace de dioxyde de carbone, ainsi que de méthane et d'ammoniac mêlé de particules de poussières et de minéraux tels que silicates et nickel. Ce noyau est recouvert d'une couche isolante de poussière plus noire que le charbon, car elle ne réfléchit que 4 % de la lumière solaire. C'est pourquoi les comètes, originaires des débuts du système solaire, sont qualifiées de « boules de glace sales ».

La surface d'une comète ressemble certainement à celle d'un glacier : du sable, des éboulis, des galets et des blocs de roche recouverts de glace, entrecoupés d'étendues de neige et de glace dont fusent des jets de matière vaporisée. La comète de Halley éjectait ainsi plus de 25 tonnes de vapeur d'eau et jusqu'à 5 tonnes de poussières par seconde.

Coma et queue Cette matière vaporisée forme autour du noyau une sorte d'atmosphère appelée coma ; il s'agit de couches superficielles de la comète qui se sont « sublimées », c'est-à-dire qui sont directement passées de l'état solide

Photographiée par la sonde Giotto, la **tête de la comète de Halley** ressemble à une gigantesque boule noir corbeau, dont fusent des jets de gaz.

à l'état de vapeur. Sous l'effet de la pression de radiation et du vent solaires, les particules de la coma sont littéralement soufflées du côté opposé au Soleil, donnant ainsi naissance à deux queues : une queue de gaz et une queue de poussières formant une traînée de plusieurs millions de kilomètres dans l'espace. C'est à proximité du Soleil qu'elles sont les plus grandes, les plus longues et les plus brillantes ; quand la comète s'en éloigne, elles raccourcissent, deviennent moins lumineuses, et finissent par s'estomper.

Le nuage de Oort

On peut alors conclure des orbites, de la structure et du comportement des comètes qu'elles viennent de régions très lointaines de notre système planétaire, où des températures extrêmement basses permettent la conservation de ces petits corps de glace et de leurs zones inactives. Cette région a été baptisée « nuage de Oort », nom de l'astronome néerlandais Jan Hendrik Oort (1900-1992). Cette gigantesque sphère enveloppant le système solaire jusqu'à 1,6 année-lumière de distance est le réservoir des comètes à longue période, dont le nombre est estimé à un billion. En revanche, les comètes à courte période proviennent de la ceinture de Kuiper.

La **comète cNaught** et sa queue : superposition de plusieurs photos prises en 2007, dans le ciel vespéral, au-dessus du désert d'Atacama, au Chili.

Shoemaker-Levy 9

Un show spectaculaire La comète Shoemaker-Levy 9, en orbite autour de Jupiter, se désintégra probablement dès 1992, soit un an avant sa découverte. Deux ans plus tard – du 16 au 22 juillet –, 21 fragments s'écrasèrent à 21 500 kilomètres par seconde sur Jupiter, dont les nuages s'assombrirent sous l'effet des impacts. En dépit de prédictions pessimistes, l'événement put être magnifiquement suivi depuis la Terre, grâce à la vaste panoplie d'instruments modernes alors disponible. La fragmentation de cette comète d'environ 5 kilomètres de diamètre libéra une énergie équivalant à 40 millions de mégatonnes de TNT.

Des messagers de l'Univers

Dans le ciel nocturne apparaissent parfois de soudaines traînées lumineuses, dites « étoiles filantes » dans le langage populaire. D'autres fois, c'est une boule de feu qui zèbre le firmament. Les astronomes désignent ces deux phénomènes sous le vocable de « météores », qu'ils considèrent comme des messagers de l'Univers.

En raison de son bon état de conservation, le **cratère Barringer**, avec ses 1,2 km de diamètre et 180 m de profondeur, est considéré comme l'exemple même d'un cratère météoritique. »

Les **pluies de météores** comme les Léonides, baptisées d'après la constellation abritant leur radiant (l'endroit dont elles semblent issues), sont l'un des phénomènes célestes les plus spectaculaires.

Coupe d'une **météorite pierreuse** après sciage et polissage. Ces météorites sont plus difficiles à découvrir que les météorites ferreuses.

Quelque 100 tonnes de matériaux météoritiques pleuvent chaque jour sur la Terre – mais il s'agit généralement de micrométéorites, qui se vaporisent complètement en traversant l'atmosphère terrestre. Guère plus grosses – en moyenne 1 millimètre à 1 centimètre de diamètre –, les populaires « étoiles filantes » pèsent entre 2 milligrammes et 2 grammes. En revanche, les météorites de plusieurs kilos ou tonnes sont redoutables : traversant quasiment sans encombre l'atmosphère terrestre, leurs impacts capables de creuser des cratères aux dimensions impressionnantes provoqueraient, sur notre planète densément peuplée, des dégâts catastrophiques.

Découverte en 1920 en Namibie, la **météorite de Hoba West** mesure 2,7 m de largeur et de longueur, sur 90 cm de hauteur, et pèse 66 t ; c'est la plus grande météorite ferreuse connue.

Cratères La présence de cratères sur tous les mondes solides de notre système solaire prouve qu'aux premiers temps du système solaire, les collisions avec des météorites étaient régulières. L'atmosphère terrestre ne représentant qu'un obstacle relatif, il nous faut toujours compter avec de tels événements. Les cratères sont créés par l'énergie que dégage l'impact ; une météorite de 30 mètres peut ainsi creuser un cratère de 1 kilomètre de diamètre. On a découvert à travers le monde 175 cratères météoritiques (astroblèmes, « blessures d'étoiles »). La plus grande météorite découverte à ce jour (Hoba West) pèse 66 tonnes et se trouve en Namibie.

Phénomènes lumineux

Les astronomes emploient trois termes pour désigner les phénomènes célestes lumineux : le phénomène lumineux proprement dit – l'« étoile filante » – est appelé « météore » ; le corps qui est à l'origine du phénomène lumineux en pénétrant dans l'atmosphère est appelé « météoride » ; et quand il atteint le sol – à condition que sa masse atteigne au moins 30 kilogrammes – il devient une « météorite ». Les météores très brillants sont appelés boules de feu ou bolides.

Origines

Naguère, on croyait que les météorites étaient un phénomène atmosphérique résultant d'une inflammation des gaz de l'atmosphère – d'où la parenté de leur nom et du mot « météorologie ». En réalité, elles proviennent de régions situées au-delà de l'atmosphère : ce sont des fragments d'astéroïdes, de comètes, et de mondes voisins.

Astéroïdes Des astéroïdes de la ceinture principale, située entre Mars et Jupiter, ou évoluant isolément entre les planètes, peuvent ainsi entrer en collision, et les débris arrachés peuvent être éjectés dans l'espace. Quand ils entrent dans le champ gravitationnel et l'atmosphère de la Terre, ces fragments se mettent à briller.

Matière cométaire En approchant du Soleil, les comètes perdent de leur matière ou peuvent se désagréger. Leur

Lors de leur entrée dans l'atmosphère, les très gros météores s'embrasent ; ils forment alors une **boule de feu** (bolide) et produisent un bang supersonique. »

matériel (blocs ou poussières) se répand le long de leur orbite, qui coupe celle de la Terre, en formant un nuage nommé essaim de météorites. Quand la Terre croise cet essaim, il apparaît dans le ciel comme une pluie de météores.

Météorites lunaires et martiennes La Lune et Mars, notamment, peuvent donner naissance à des météorites. Quand elles sont impactées par une grande météorite, les matériaux de leur surface peuvent être éjectés et projetés dans l'espace, pour atterrir quelque jour sur la Terre. Si l'origine des météorites dites lunaires a pu être éclaircie grâce aux roches rapportées par les astronautes de la mission Apollo, l'origine des météorites dites martiennes n'a pu être encore aussi clairement prouvée.

Types de météorites

Bien que les météorites soient d'origine extraterrestre et datent probablement des débuts du système solaire, elles sont généralement composées de matériaux que l'on rencontre aussi sur notre globe – mais en proportions différentes. On distingue trois sortes de météorites : les météorites pierreuses ou aérolithes qui, selon leur structure, se subdivisent en chondrites (contenant de petites billes de silicates ou chondres) et achondrites ; les météorites ferreuses ou sidérites sont essentiellement composées de fer et de nickel, avec de faibles proportions d'autres minéraux ; il en va de même des très rares météorites pierro-ferreuses ou sidérolithes qui se sont formées, à la suite d'un impact avec un planétoïde, à partir de fer en fusion, de nickel et d'olivine du manteau, ou bien à partir de fragments métalliques et rocheux arrachés en surface.

Coupe d'une météorite ferreuse ou sidérite, polie puis attaquée à l'acide, révélant une structure aiguillée caractéristique : le **motif de Widmanstätten.**

L'éclat des météores

L'embrasement soudain des météores est l'un des phénomènes célestes les plus spectaculaires et saisissants, ce qui conduit souvent à surestimer leurs dimensions et leur masse. On attribue également leur brillance ou même leur évaporation à leur frottement avec les couches de l'atmosphère ; or il n'en est rien. C'est plutôt l'énergie cinétique de l'objet entrant dans l'atmosphère qui échauffe celle-ci ; il se produit une ionisation des atomes ou molécules, qui perdent donc leurs électrons et ne conservent qu'un ion chargé positivement. La lumière émise par le météore résulte ensuite de la recombinaison des électrons avec les noyaux atomiques ionisés.

La Voie lactée

Une traînée d'étoiles dans la nuit

La sphère céleste

Notre Soleil n'est qu'une banale étoile parmi d'autres : voilà ce qui nous frappe lors des belles nuits sans nuages, quand d'innombrables étoiles, qui sont en fait de lointains soleils, scintillent dans le ciel. Certaines sont plus petites que notre Soleil, mais relativement proches ; d'autres, qui font plusieurs fois sa taille, sont situées à des distances inimaginables.

Les trois étoiles de la ceinture d'Orion : l'une des 88 **constellations** admirées dans le ciel depuis l'Antiquité.

Photographie infrarouge du cœur de notre Galaxie, la **Voie lactée**, dont le disque apparaît dans le ciel nocturne comme une bande d'étoiles. «

Les constellations et leurs étoiles

Les hommes ont inventé des figures célestes imaginaires, les constellations, leur permettant de s'orienter rapidement à l'aide des étoiles et de mesurer le temps en déterminant le mouvement apparent du Soleil, de la Lune et des planètes. Suivre la course des astres leur était notamment indispensable pour en déduire l'époque propice aux semailles et aux récoltes.

La plupart des constellations connues de notre hémisphère nous viennent des peuples babyloniens et égyptiens de l'Antiquité, qui donnèrent à ces groupes d'étoiles le nom de personnages, d'animaux ou d'objets de leur mythologie. Les Romains s'approprièrent l'essentiel de ce fonds de connaissances et représentations, qu'ils détournèrent pour le propager sous une forme adaptée à leurs propres conceptions.

D'autres peuples crurent voir des figures dans l'océan des étoiles. Les civilisations amérindiennes d'Amérique centrale et du Sud, les peuples de la Chine ancienne et les Aborigènes avaient ainsi leur système de constellations – dont aucun, en raison de la propagation et de la suprématie de la culture européenne à travers le monde, ne fut internationalement reconnu. Mais ces systèmes sont encore utilisés localement et font l'objet d'études historico-culturelles poussées.

Nom des constellations Il existe 88 constellations reconnues internationalement, dont les noms et les limites ont été fixés en 1922 par l'Union astronomique internationale. Les constellations visibles dans l'hémisphère céleste Nord et de l'hémisphère céleste Sud visibles en Europe et en Orient, portent des noms d'origine gréco-babylonienne. En revanche, les constellations visibles dans les régions les plus méridionales de l'hémisphère Sud portent soit des noms empruntés au domaine de la technique, comme Machine pneumatique, Télescope ou Fourneau, soit des noms d'animaux considérés alors comme exotiques : Paon, Toucan ou Poisson volant.

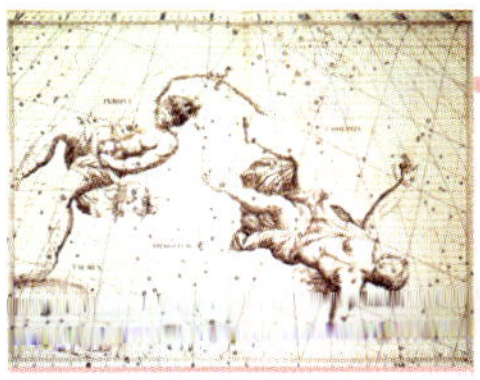

Légende d'une étoile

Un combat mythique Une légende célèbre est attachée aux constellations Persée et Andromède. Andromède était la fille unique du roi d'Éthiopie, Céphée, et de la reine Cassiopée, qui se disait plus belle que les Néréides. Les nymphes de la Mer ainsi dédaignées s'en remirent à Poséidon, dieu de la Mer, pour punir Cassiopée de sa vanité. Poséidon envoya un monstre marin – la baleine – dévaster les côtes de l'empire de Céphée ; les prêtres affirmèrent au roi que seul le sacrifice de sa fille Andromède saurait apaiser le monstre. Andromède fut enchaînée à un rocher. Alors qu'elle attendait la mort apparut le héros Persée, qui abattit la terrible bête. Persée obtint en récompense la main d'Andromède.

La **constellation de la Lyre**, instrument du dieu Apollon.
Le Cygne est l'une des nombreuses formes revêtues par Zeus.

C'est en **hiver** que le ciel, en raison de sa pureté et de son obscurité profonde, est le plus propice à l'observation. Ici, Orion, la plus célèbre des constellations. »

La constellation d'Orion abrite la nébuleuse d'Orion, composée de vastes **nébuleuses brillantes** et de **nébuleuses sombres**, comme la Tête de Cheval.

La **Grande Ourse** réduite à ses sept étoiles principales (Grand Chariot) est l'une des constellations les plus faciles à repérer.

Le nom des étoiles Dans un ciel nocturne pur, on peut observer loin des villes, en haute montagne ou en pleine mer, entre 3 000 et 4 000 étoiles. En ville, on n'en verrait que la moitié du fait de la pollution lumineuse croissante.

Les étoiles les plus brillantes des constellations portent souvent des noms étranges, comme l'étoile Rigel dans la constellation d'Orion ou l'étoile double Mizar/Alkor dans le Grand Chariot. Ces noms sont d'origine arabe : en effet, après le naufrage de la civilisation gréco-romaine, les Arabes s'approprièrent les connaissances de ses astronomes et traduisirent leurs œuvres, comme celles de Ptolémée. Ils donnèrent aussi des noms arabes aux étoiles les plus brillantes des constellations, noms qui ont été conservés.

Sur les cartes du ciel, le nom des étoiles les plus brillantes de chaque constellation mais aussi les autres étoiles anonymes sont accompagnés d'une petite lettre grecque. Les astronomes recoururent à cette nomenclature après l'invention du télescope. Elle permet de répertorier, dans chaque constellation, les étoiles selon leur brillance et leur taille, dans l'ordre des lettres de l'alphabet grec. Quand celui-ci fut épuisé, alors même que les cartes du ciel se faisaient de plus en plus détaillées et les catalogues d'étoiles de plus en plus complets, on attribua des numéros aux étoiles.

Les coordonnées célestes Pour localiser un objet ou un événement célestes, comme la lumière de l'explosion d'une supernova, les astronomes ont revêtu la Terre d'une grille de coordonnées projetée sur la sphère céleste.

La **Croix du Sud**, qui permet de localiser le Sud, est l'une des constellations les plus connues de l'hémisphère austral.

Il existe deux pôles célestes (les points du ciel vers lesquels pointe l'axe de la Terre), autour desquels la sphère céleste semble tourner, un équateur céleste et une latitude et longitude célestes avec un degré zéro. Le pôle Nord céleste est indiqué par l'étoile Polaire – le pôle Sud céleste étant pour sa part dépourvu de repère marquant.

hémisphères célestes Nord et Sud En raison de la rotondité de la Terre, le ciel étoilé apparaît aussi comme une sphère dont l'observateur ne peut jamais voir qu'une seule moitié, et par conséquent certaines constellations déterminées. Comme la Terre, la sphère céleste se divise ainsi en un hémisphère céleste Nord et un hémisphère céleste Sud, caractérisés chacun par leurs propres constellations. Le Grand Chariot, qui fait partie de la Grande Ourse, est une constellation typique de l'hémisphère céleste Nord, qui en compte 32 – contre 47 pour l'hémisphère austral, dont l'emblème est la Croix du Sud. Enfin, 9 constellations, comme le Scorpion et Orion, sont à cheval sur les deux hémisphères célestes.

Les constellations au cours des saisons Mais quel que soit l'hémisphère considéré, le spectacle du ciel nocturne se renouvelle au fil de l'année. De part et d'autre de l'équateur céleste, chaque saison a ses propres constellations. Autour des pôles célestes au contraire, les constellations ne changent pas ; ces constellations dites circumpolaires sont visibles toute l'année. Ceci s'explique par la révolution de la Terre autour du Soleil, qui offre au côté nuit de notre globe des vues différentes sur l'Univers – et donc le spectacle de constellations de printemps, d'été, d'automne et d'hiver.

Zodiaque et écliptique Parmi ces constellations, 12 sont situées dans une étroite ceinture s'étendant de 8° d'arc de part et d'autre d'un grand cercle incliné de 23,5° par rapport à l'équateur céleste : l'écliptique, ce cercle imaginaire sur lequel notre Soleil paraît faire le tour de la voûte céleste au cours d'une année. Comme c'est en réalité la Terre qui accomplit cette révolution, l'écliptique désigne aussi le « plan de l'orbite de la Terre » (plan de l'écliptique).

L'étroite bande entourant l'écliptique forme le cercle zodiacal, traditionnellement divisé en douze parties égales portant le nom des 12 constellations mentionnées plus haut. Ces constellations du zodiaque, qui sont parmi les plus anciennes, ont été baptisées d'après des créatures de la mythologie babylonienne et grecque : Bélier, Taureau Gémeaux, Cancer, Lion, Vierge, Balance, Scorpion, Sagittaire, Capricorne, Verseau et Poissons. C'est en raison de la place prédominante des animaux que l'arrière-plan de l'écliptique fut baptisé « zodiacus », d'un mot grec signifiant « cercle de petits animaux ».

Le zodiaque et ses **12 constellations** sont les principaux éléments de nombreuses horloges astronomiques comme la Tour de l'Horloge de la place Saint-Marc, à Venise.

Les constellations zodiacales n'étant pas circumpolaires, leur visibilité obéit à un cycle saisonnier. Pendant les mois de décembre, janvier et février par exemple, on peut observer dans la direction du Sud, d'est en ouest : le Lion, le Cancer, les Gémeaux, le Taureau, le Bélier et les Poissons. Pour savoir dans quelle constellation zodiacale le Soleil se trouve actuellement, il faut attendre la fin de la nuit pour repérer dans le ciel de l'aube, peu avant le lever du Soleil, quelle constellation est encore visible au-dessus de l'horizon Est. La constellation suivante est celle où se situe momentanément le Soleil.

La majeure partie de la **constellation zodiacale du Scorpion** s'observe dans l'hémisphère céleste Sud, une petite partie étant visible dans l'hémisphère Nord.

L'apparence des étoiles

Lorsqu'on observe les étoiles d'une constellation, certaines paraissent plus brillantes que d'autres, bien qu'elles semblent toutes à la même distance de l'observateur. Mais cette impression est trompeuse. La proximité apparente des étoiles au sein d'une constellation, et celle des constellations entre elles, est due à la même illusion d'optique que celle qui nous fait voir resserrées les maisons d'un front de mer observé de loin.

Distances Généralement, il n'existe pas la moindre relation entre les étoiles d'une constellation, en réalité très éloignées les unes des autres – si éloignées que l'unité kilométrique ne suffit pas à exprimer de façon compréhensible d'aussi gigantesques distances. Les astronomes utilisent donc différentes unités de mesure. La plus connue

est l'année-lumière, correspondant à la distance parcourue en un an par la lumière (à 300 000 kilomètres par seconde), soit 9,5 billions de kilomètres (9,5 fois 1 012 kilomètres). L'étoile la plus proche de nous, Alpha du Centaure, se situe par exemple à 4,3 années-lumière.

Luminosité apparente Les différences de luminosité des étoiles sont trompeuses. En effet, elles ne correspondent pas à la véritable puissance rayonnée de l'étoile. Ainsi, une étoile qui paraît très brillante n'a pas nécessairement les dimensions d'une géante. Il se peut même qu'elle soit plus petite que notre Soleil – tout en donnant l'impression de briller bien plus, du fait d'un faible éloignement. À l'inverse, une autre étoile de dimensions réellement très supérieures à notre étoile centrale, mais très éloignée, ne sera que faiblement visible, voire même invisible.

Classes de magnitude Voilà ce qu'ignoraient encore les astronomes de l'Antiquité quand ils cataloguèrent les étoiles en six classes de grandeur d'après leur luminosité apparente (la magnitude apparente, indiquée par l'exposant ^{m}). Adaptée et élargie depuis, cette classification est toujours en usage. Les étoiles les plus brillantes étaient dites « de première grandeur » – soit première magnitude apparente. Il existe 150 étoiles de magnitude apparente inférieure ou égale à 3, et 5 000 de magnitude comprise entre 3 et 6. Une étoile de première magnitude apparaît 100 fois plus brillante qu'une étoile de magnitude 6. Le facteur de multiplication pour passer d'une magnitude à l'autre est 2,5. Les objets très brillants de magnitude inférieure à 1 se voient attribuer une magnitude négative (Soleil : -26^{m}).

Les étoiles sont visibles à l'œil nu jusqu'à la magnitude apparente 6, et au-delà à l'aide de jumelles ou de lunettes astronomiques. De bonnes jumelles permettent l'observation des étoiles jusqu'à la magnitude 10^{m} ; les télescopes géants permettent de voir des objets de magnitude apparente 26^{m} – dont la luminosité est 100 millions de fois plus faible que les plus faibles objets visibles à l'œil nu, les étoiles de magnitude 6.

Couleur apparente des étoiles Un autre mode de classification des étoiles est basé sur leurs couleurs apparentes. Une observation attentive montre que certaines étoiles

Les différences de luminosité apparente des étoiles, comme celles d'Orion, n'ont rien à voir avec leurs **dimensions réelles**.

Située dans la constellation australe du Centaure, **l'étoile Proxima** (dans le halo rouge) est le soleil le plus proche de nous : 4,2 années-lumière.

Les dix étoiles fixes les plus brillantes

Nom	Constellation	Distance (années-lumière)	Magnitude apparente
Sirius	Grand Chien	8,6	$-1{,}46^m$
Canopus	Carène	312,6	$-0{,}62^m$
Alpha du Centaure	Centaure	4,34	$-0{,}27^m$
Arcturus	Bouvier	36,7	$-0{,}05^m$
Véga	Lyre	25,3	$0{,}03^m$
Capella	Cocher	42,2	$0{,}08^m$
Rigel	Orion	772,5	$0{,}12^m$
Procyon	Petit Chien	11,4	$0{,}40^m$
Achernar	Éridanus	143,7	$0{,}50^m$
Bételgeuse	Orion	142,3	$0{,}50^m$

Même à l'œil nu, on est frappé par la couleur rouge de la **supergéante Bételgeuse**, dans la constellation d'Orion.

(comme Bételgeuse, dans la constellation d'Orion) brillent d'un éclat rougeâtre tandis que d'autres (Rigel) apparaissent bleutées. Ces différences de couleur sont un indicateur de la température de surface. Ainsi, la lumière bleu et blanc émise par l'étoile Spica, dans la constellation de la Vierge, indique-t-elle une température de surface de 25 000 °C ; l'éclat blanc de Sirius, dans le Grand Chien, 10 000 °C ; la couleur jaune de notre Soleil, 6 000 °C ; Arcturus, avec sa lumière orange, atteint 4 000°, et la supergéante rouge Bételgeuse, 3 000°.

La Voie lactée

La pollution lumineuse des villes empêche de voir un grand nombre d'astres ; même ce ruban d'étoiles au scintillement mat que l'on appelle la Voie lactée, en raison de sa couleur laiteuse, n'est plus repérable. La Voie lactée correspond au plan de notre Galaxie, un disque d'étoiles dans lequel se niche notre système solaire ; sa traînée traverse comme une ceinture la voûte céleste des deux hémisphères, où l'on peut pareillement l'observer.

L'aspect de la Voie lactée change au fil de l'année. Au printemps, dans le ciel du soir, la Voie lactée se trouve bas au-dessus de l'horizon Nord-Ouest, et n'est qu'à peine visible. En été, elle est située plus haut au-dessus de l'horizon, et offre sa partie la plus brillante, le côté nuit de la Terre étant tourné vers les régions riches en étoiles entourant le centre galactique. En automne et en hiver en revanche, la Voie lactée se situe haut dans le ciel, mais est un peu moins brillante. En hiver, nous voyons le bord du disque de la Galaxie; au printemps et en automne, nous regardons perpendiculairement au plan du disque. On ne voit alors que peu d'étoiles – mais en revanche, la vue plonge très loin dans l'Univers au-delà de la Galaxie.

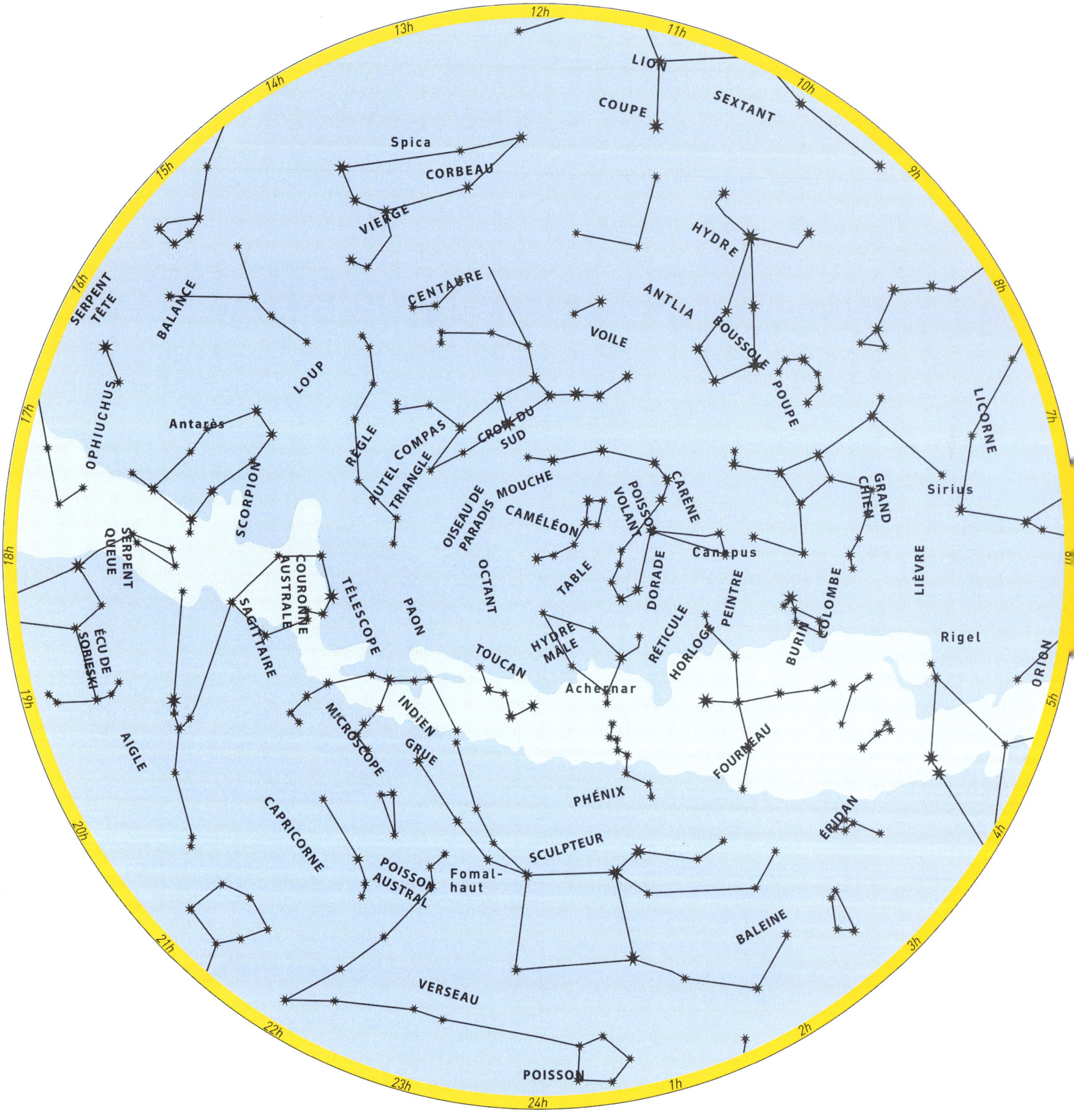
12h
11h
10h
9h
8h
7h
5h
4h
3h
2h
1h
24h
23h
22h
21h
20h
19h
18h
17h
16h
15h
14h
13h
LION
COUPE
SEXTANT
Spica
CORBEAU
VIERGE
HYDRE
ANTLIA
BOUSSOLE
VOILE
CENTAURE
BALANCE
SERPENT TÊTE
LOUP
OPHIUCHUS
Antarès
RÈGLE
AUTEL
COMPAS
TRIANGLE
CROIX DU SUD
POUPE
LICORNE
Sirius
GRAND CHIEN
CARÈNE
POISSON VOLANT
MOUCHE
OISEAU DE PARADIS
CAMÉLÉON
SCORPION
SERPENT QUEUE
COURONNE AUSTRALE
SAGITTAIRE
TÉLESCOPE
PAON
OCTANT
TABLE
DORADE
Canopus
PEINTRE
COLOMBE
LIÈVRE
Rigel
ORION
ÉCU DE SOBIESKI
AIGLE
TOUCAN
HYDRE MÂLE
RÉTICULE
HORLOGE
BURIN
Achernar
INDIEN
MICROSCOPE
GRUE
PHÉNIX
FOURNEAU
ÉRIDAN
CAPRICORNE
POISSON AUSTRAL
Fomal-haut
SCULPTEUR
BALEINE
VERSEAU
POISSON

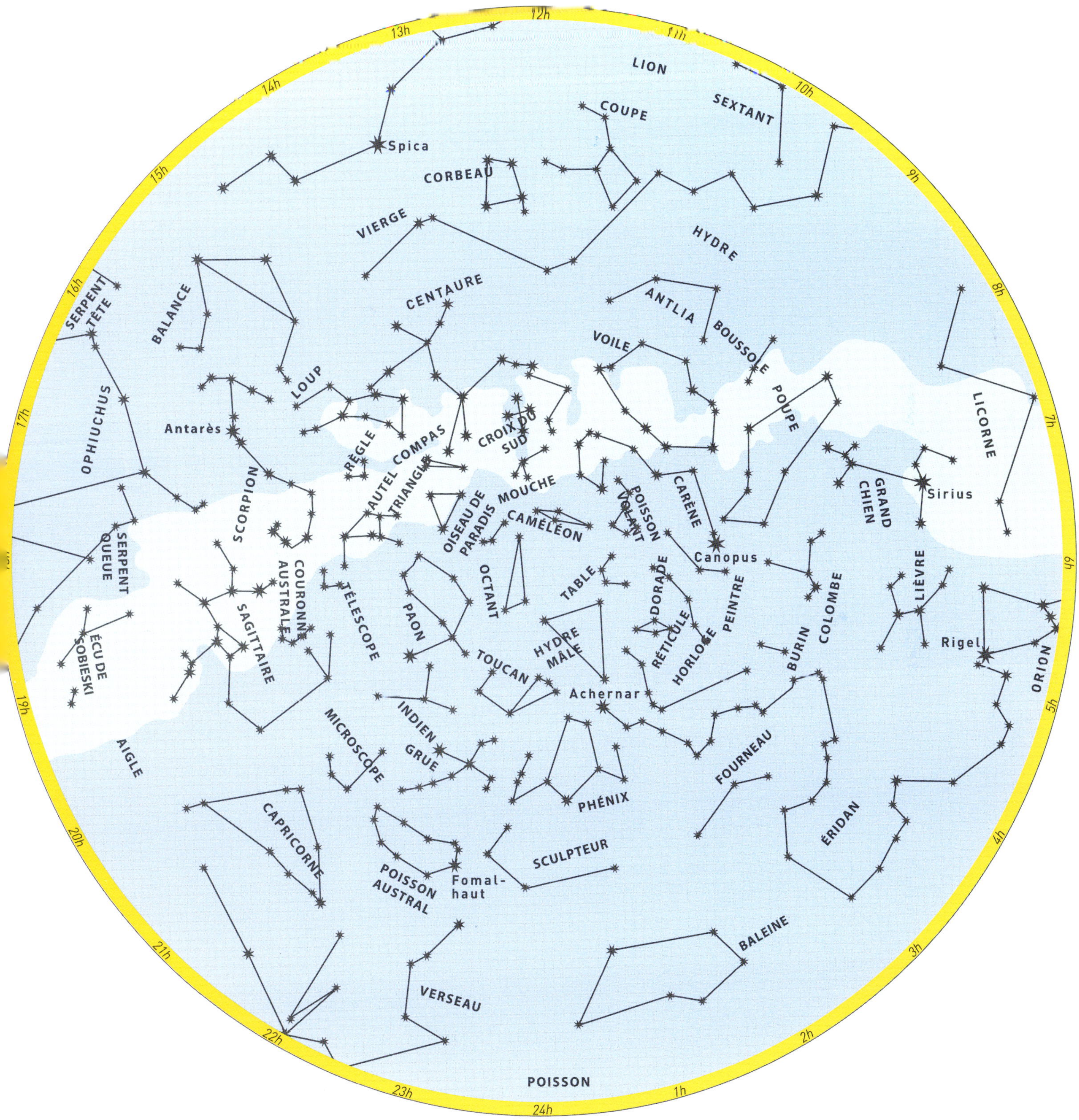

Planisphère céleste simplifié comportant les étoiles des **hémisphères Nord et Sud** et les constellations reconnues par l'UAI (Union astronomique internationale), avec leurs noms latins employés dans le monde entier. Les noms des constellations figurent en majuscules, ceux des principales étoiles en minuscules. Le ruban de la Voie lactée apparaît également dans le dessin.

Un disque de lumières

La Voie lactée est notre cité dans l'univers. Si nous pouvions l'observer de l'extérieur, elle nous ferait l'effet d'une immense ville brillant de toutes ses lumières : celles de ses 200 milliards d'étoiles – dont fait aussi partie notre Soleil – scintillant de mille couleurs, et de ses gigantesques nuages de gaz et de poussières, matériau de futures étoiles.

Le Chemin des étoiles

Pendant longtemps, la nature réelle de la Voie lactée et son aspect vu de l'extérieur restèrent inconnus, et les légendes tinrent lieu d'explication. Les Germains appelaient la Voie lactée Voie d'Iring, du nom de leur dieu de la Lumière, Iring ou Heimdall. Les Chinois l'appelèrent Tien ho, « Rivière Céleste ». Les peuples premiers d'Australie et les Indiens du Pérou la voyaient également ainsi. Mais c'est la tribu des San, en Afrique, qui lui donna le plus poétique et beau des noms, l'Échine de la nuit.

Galileo Galilei fut le premier à détecter avec sa lunette les étoiles composant le ruban de la Voie lactée. En 1785, Wilhelm Herschel déduisit la forme lenticulaire de la Voie lactée en dénombrant ses étoiles visibles. Mais il fallut attendre l'astronome américain Harlow Shapley (1885-1972) pour déterminer, entre 1915 et 1920, les dimensions réelles de notre Galaxie, ainsi que la position de notre Soleil, qu'il obtint en notant la distribution des étoiles et des amas globulaires.

Ces deux **lunettes astronomiques** de la fabrication de Galilée lui permirent de détecter les quatre lunes les plus brillantes de Jupiter, mais aussi les étoiles composant la Voie lactée.

Le rayonnement radio à 21 cm D'autres détails concernant ce système d'étoiles ne furent connus qu'au cours de la seconde moitié du XXe siècle. La radioastronomie permit alors de dresser une carte radio de la raie spectrale à 21 cm de l'hydrogène neutre, concentré dans le disque de la Voie lactée – et d'examiner ainsi la rotation, les bras en spirale et les profondeurs de notre Galaxie. L'ère des voyages spatiaux, avec ses satellites qui étudièrent également la Voie lactée dans les domaines UV, infrarouge, X et gamma du spectre électromagnétique, fit

Tandis que la structure spirale de notre Galaxie n'est observable que dans le domaine radio, d'autres galaxies, comme **NGC 2997**, peuvent être directement vues par le dessus.

Du lait divin

Des gouttes de lait Les Grecs voyaient dans la traînée de la Voie lactée une coulée de gouttes de lait. Selon la légende, Zeus, le père des dieux, s'était offert une énième aventure amoureuse avec une mortelle du nom d'Alcmène. De cette liaison naquit le puissant héros Héraclès. Zeus voulut que ce fils illégitime devînt immortel. Il fit placer l'enfant, secrètement emmené sur l'Olympe, contre le sein de son épouse endormie, Héra. Le petit téta cependant avec tant de vigueur que la mère des dieux s'éveilla. Elle repoussa le nourrisson avec un tel dégoût que le lait divin éclaboussa le ciel, où il brille depuis en un « cercle de lait » *(kyklos galaxias)* diffus : c'est là l'étymologie du terme « galaxie » utilisé aujourd'hui par les scientifiques.

le reste : aujourd'hui, nous sommes en mesure de dessiner une image très précise de cet immense système d'étoiles.

Structure et dimensions

Si l'on réunit les photographies de l'hémisphère Nord et de l'hémisphère Sud de la Voie lactée, on obtient une bonne image de notre Galaxie vue par la tranche. Elle ressemble alors avec son disque et son renflement au centre (bulbe) à deux œufs au plat collés l'un contre l'autre par le dessous.

Vue par-dessus, elle ressemble au contraire, grâce au scintillement diversement coloré de ses milliards d'étoiles, à une gigantesque roue de feu. Les étoiles du centre, relativement sombres, brillent généralement d'un éclat rouge ou jaune ; les couleurs et la luminosité des étoiles des régions extérieures du disque sont en revanche très diverses. La plupart des étoiles bleu et blanc sont situées dans les bras spiraux, qu'elles font nettement ressortir. Les astronomes cataloguent notre Voie lactée comme une galaxie spirale barrée à deux bras – ce qui signifie que ses deux bras partent apparemment des extrémités d'une longue barre centrale d'étoiles (longueur : 27 000 années-lumière).

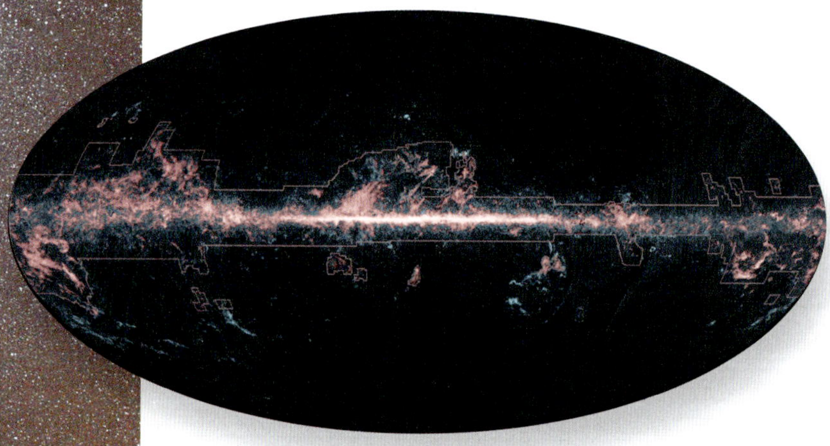

La **Voie lactée** vue par la tranche. Cette photo prise dans l'infrarouge par des observatoires aéroportés révèle des objets comme de jeunes étoiles entourées d'épaisses nébuleuses de poussières, ou encore des géantes froides.

La **Voie lactée**, avec ses myriades d'étoiles et ses vastes nébuleuses de poussières, n'est plus visible que dans des régions à l'écart de toute pollution lumineuse.

Voie lactée en chiffres

Diamètre : env. 100 000 années-lumière
Épaisseur : env. 3 000 années-lumière
Dimensions du bulbe : long. env. 27 000 années-lumière, larg. 15 000 années-lumière, épaisseur 16 000 années-lumière
Dimensions du halo : env. 165 000 années-lumière
Masse (visible) : env. $3{,}6 \times 10^{41}$ kg
Étoiles : env. 100-200 milliards
Matière interstellaire : 600 millions à quelques milliards de fois la masse du Soleil
Âge : plus de 13 milliards d'années
Distance du Soleil au centre : env. 26 000 années-lumière
Période de révolution galactique du Soleil : 220-240 millions d'années
Vitesse de révolution galactique : 961 200 km/h soit 267 km/s

Seulement visible depuis l'hémisphère Sud, le centre de la Voie lactée, abrité derrière d'épaisses nébuleuses de gaz et de poussières, est situé dans la **constellation du Sagittaire**.

Le disque La plupart des étoiles et nébuleuses de la Voie lactée sont concentrées dans son disque, d'un diamètre de 100 000 et d'une épaisseur de 1 000 années-lumière. Les bords du disque galactique ne sont pas aplatis, mais courbés comme ceux d'un chapeau mou. Cette inflexion à environ 5 000 années-lumière du disque principal s'explique par les effets de marée induits par le Petit Nuage de Magellan et la galaxie naine du Sagittaire – elle-même déchiquetée par les forces de marée de la Voie lactée qui est en voie de l'absorber. Le même destin guette les deux Nuages de Magellan, petites galaxies satellites de la Voie lactée.

Le trou noir central Le centre du disque galactique est formé d'un renflement, un bulbe de 27 000 années-lumière de long, 15 000 années-lumière de large et 6 000 années-lumière d'épaisseur. Cette région de la constellation du Sagittaire (Sagittarius A) recèle une source d'ondes radio très brillante appelée Sagittarius A* (Sgr A*), qui émet depuis une très petite zone. La région Sagittarius A se compose des restes en coquille d'une supernova (Sagittarius A Est), d'un groupe complexe de nuages de gaz (Sagittarius A Ouest) et d'un objet compact à l'origine de la puissante source radio Sagittarius A*, située dans ce groupe. Dans l'état actuel des recherches, il semblerait

Le **Grand Nuage de Magellan** (GNM) est une galaxie satellite de la Voie lactée. La plupart des étoiles du Groupe local naissent dans la **nébuleuse de la Tarentule** (NGC 2070).

La **Voie lactée** vue par le dessus, avec ses différents bras spiraux et son centre dont partent deux barres et qui, selon les dernières recherches, serait sphérique.

La **nébuleuse Rho Ophiuchi**, dans la constellation d'Ophiuchus, abrite de jeunes étoiles de type T6 Tauri, entourées d'épais nuages interstellaires.

qu'il s'agisse d'un trou noir supermassif d'une masse équivalente à celle de 4,3 millions de Soleils. Ce trou noir est actuellement inactif, ce qui signifie qu'il n'aspire pas de matière, qui serait alors soufflée dans l'Univers sous forme de jet. Autour de ce trou noir, une myriade d'étoiles très serrées orbite à de très grandes vitesses, ce qui conduit à des collisions et des fusions beaucoup plus fréquentes que dans d'autres parties de la Galaxie. C'est la raison pour laquelle on rencontre aussi dans cette région de grands amas stellaires avec des étoiles très massives. Les étoiles du disque entourant le trou noir central possèdent généralement une proportion élevée d'éléments lourds et appartiennent à la population I.

Les bras spiraux Si nous pouvions observer la Voie lactée par-dessus ou par-dessous, nous constaterions qu'elle se divise en longs bras spiraux plus ou moins marqués. Ces bras spiraux abritent de grandes quantités d'hydrogène interstellaire, ainsi que des pouponnières d'étoiles appelées régions HII.

Selon de récentes découvertes, la Voie lactée possède en sus des deux bras spiraux principaux (bras du Centaure, ou de la Croix du Sud, et bras de Persée) plusieurs bras mineurs : le bras à 3 kpc (kiloparsecs), le plus proche du centre, suivi du bras Norma (la Règle), lequel a pour pendant le bras du Sagittaire, qui pointe vers la constellation du Sagittaire et le centre galactique. La région du bras du Sagittaire la plus proche de la Terre est avant tout composée de grandes nébuleuses et d'épais nuages de matière, comme les nébuleuses de l'Aigle, Trifide et de la Lagune, et la Grande nébuleuse de la Carène, qui forment une immense pouponnière d'étoiles. Dans cette région existent aussi des trous noirs. Près du centre prédominent les nuages moléculaires.

Au-delà du bras du Sagittaire se trouve le bras d'Orion dit aussi bras Local, dont la partie interne (située du côté du centre galactique) abrite notre Soleil. Puis viennent le segment de la Carène du bras du Sagittaire et le bras de Persée, baptisé d'après la constellation éponyme. Le bras de Persée ne forme pas une structure continue autour du centre galactique, mais se compose de groupes de jeunes étoiles et de nébuleuses ; les nombreux restes de supernovæ qu'il abrite en font aussi une sorte de cimetière d'étoiles.

Difficilement observable, le **halo** – sorte d'« atmosphère » galactique entourant notre Voie lactée –, avec ses amas globulaires, ses étoiles de population II et son gaz ténu apparaît magnifiquement sur cette photo de la galaxie M 104.

La structure spirale

Un tourbillon d'étoiles Les astronomes ne s'expliquent pas encore comment s'est formée la spirale de la Voie lactée, ni comment elle se maintient. Cette structure semble résulter de deux mécanismes : d'une part, le disque galactique est parcouru d'ondes de densité dues au champ de gravitation d'autres galaxies ; ces ondes concentrent et compriment légèrement la matière, ce qui entraîne la formation de nouvelles étoiles. Quand ces étoiles sont assez brillantes pour contribuer à la structure de la spirale, les ondes de densité se sont déjà propagées plus loin, où elles amorcent la formation de nouvelles étoiles. Ces jeunes étoiles finiront par vieillir et pâlir. Mais à la fin de leur vie, des étoiles massives comme Bételgeuse, dans la constellation d'Orion, explosent et se transforment en supernovæ, générant ainsi des ondes de pression qui pourront à leur tour déclencher la formation d'autres étoiles.

Position du Soleil Notre Soleil est situé à environ 26 000 années-lumière du centre de la Galaxie, dans le bras d'Orion ou bras Local, au sein d'une bulle brûlante faite d'hydrogène ionisé, et entourée d'une paroi d'hydrogène neutre plus froid et dense. Cette « bulle locale », qui forme un cylindre de 300 années-lumière de diamètre, fait partie d'une sorte de cheminée traversant le disque galactique et se prolongeant jusque dans le halo. Des étoiles naissent souvent dans des régions voisines de la Terre, notamment dans la région de la constellation d'Orion, au sein des nébuleuses de l'Amérique du Nord et Rho Ophiuchi ; on y rencontre surtout de jeunes étoiles et des nuages moléculaires, mais aussi des résidus d'étoiles ayant achevé leur brève vie.

Le halo sphérique Le bulbe et le disque de la Voie lactée sont enveloppés d'un halo sphérique comparable à une sorte d'« atmosphère » galactique. Outre quelque 200 amas globulaires, ce halo renferme des étoiles vieilles, pauvres en éléments lourds (population II), un gaz peu dense et d'énormes quantités de mystérieuse matière noire formant autour de lui une couronne. Le halo et la couronne correspondent aux dimensions primitives de la Voie lactée, quand elle n'était encore qu'une boule de gaz.

Rotation

La Voie lactée est en rotation, mais son comportement n'est pas celui d'un disque rigide : ce sont les étoiles qui la composent qui suivent leurs propres orbites autour du centre galactique. Plus un objet se trouve proche du centre galactique, moins il lui faut de temps pour faire le tour complet de celui-ci. Pour accomplir une révolution galactique, il faut à notre Soleil entre 220 et 240 millions d'années, à raison de 961 200 kilomètres par heure. Depuis sa naissance, voici 5 milliards d'années, le Soleil a accompli avec son système planétaire quelque 20 révolutions galactiques.

Distances astronomiques

Malgré leurs différences de luminosité, la distance des étoiles à la Terre ne peut être estimée ni à l'œil nu, ni à l'aide d'un télescope. Ce problème ne cessa d'obséder les astronomes – mais il leur fallut attendre 1838 pour être en mesure de déterminer les distances cosmiques et d'appréhender peu à peu les dimensions de l'Univers.

La montagne est le meilleur endroit pour observer le ruban de la Voie lactée ; c'est là que le **disque galactique**, avec sa concentration d'étoiles, de gaz et de sombres nuages de poussière, apparaît avec le plus de netteté.

Des distances colossales

L'astronome **Friedrich Wilhelm Bessel**, chercheur à l'observatoire de Königsberg, fut le premier à déterminer la distance d'une étoile.

En 1838, l'astronome allemand Friedrich Wilhelm Bessel (1784-1846), de Königsberg, fut le premier à déterminer une distance cosmique. À l'aide d'un télescope spécial, il étudia la position de l'étoile 61 Cygni, dans la constellation du Cygne, et évalua sa parallaxe à 0,35 seconde d'arc, soit 9,6 années-lumière (valeur actuellement reconnue : 11,4 années-lumière).

Unité astronomique Les unités de mesure employées pour les distances terrestres étant totalement inadaptées aux distances cosmiques, les astronomes ont introduit leurs propres unités. À l'intérieur du système solaire, ils emploient l'unité astronomique (UA). Une unité astronomique correspond à la distance moyenne qui sépare la Terre du Soleil, c'est-à-dire 149,6 millions de kilomètres (exactement : 149,59787 millions de kilomètres). La plupart des distances à l'intérieur du système solaire sont indiquées en UA. On écrira ainsi que Neptune est située à 30,14 UA (environ 4 509 millions de kilomètres) du Soleil. Il faut presque 7 secondes à la lumière, dont la vitesse est de 300 000 kilomètres par seconde, pour aller du Soleil à Neptune, et seulement 8,3 minutes pour aller du Soleil à la Terre.

Année-lumière Hors du système solaire, l'unité de mesure utilisée est l'année-lumière. Cette dernière correspond à la distance couverte par la lumière en une année – soit près de 9,5 billions de kilomètres. L'étoile la plus proche (Proxima du Centaure) est à 4,34 années-lumière du Soleil. Notre Soleil est à 27 000 années environ du centre de la Voie lactée, et notre Galaxie fait 100 000 années-lumière d'un bout à l'autre.

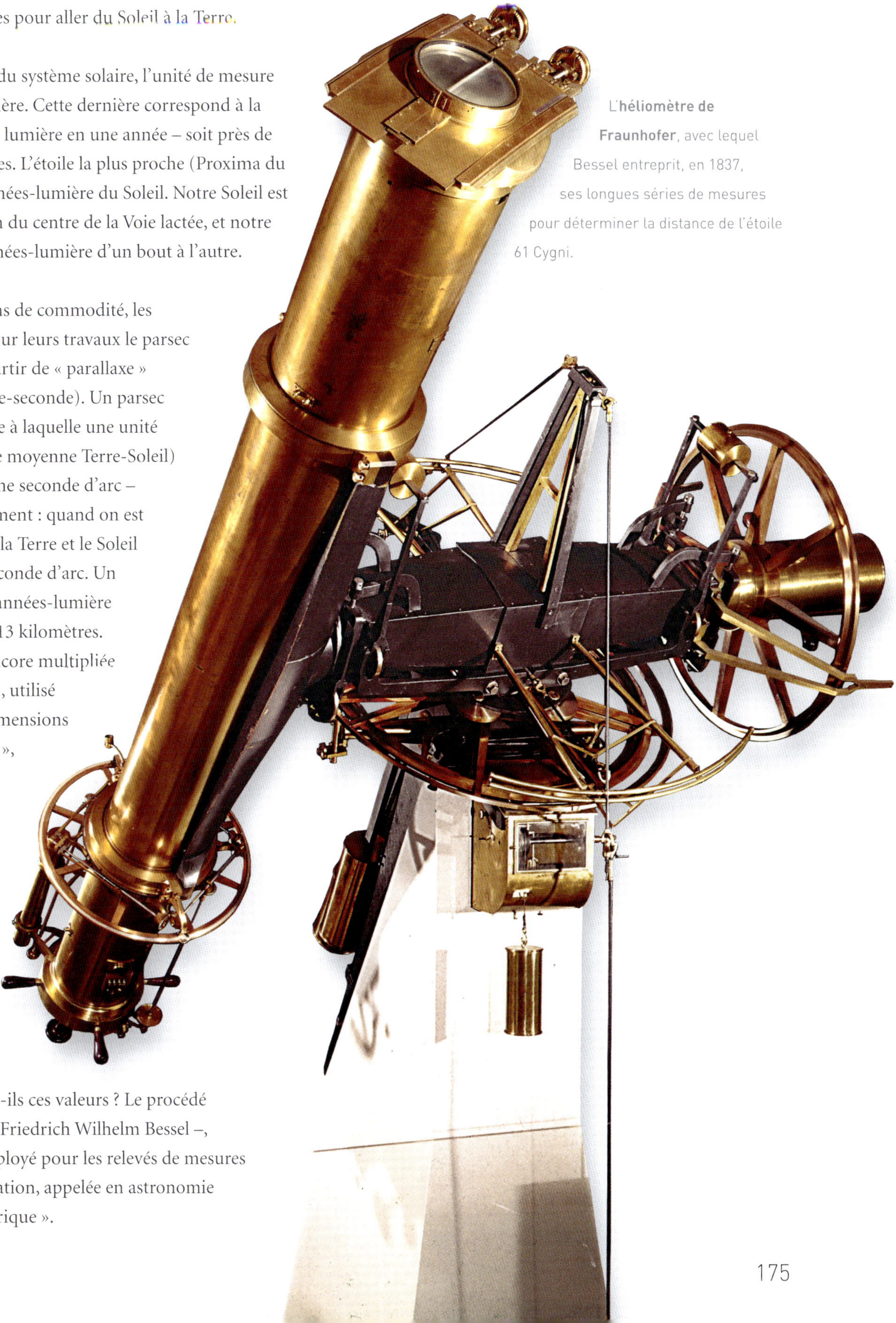

L'héliomètre de Fraunhofer, avec lequel Bessel entreprit, en 1837, ses longues séries de mesures pour déterminer la distance de l'étoile 61 Cygni.

Parsec Pour des raisons de commodité, les astronomes utilisent pour leurs travaux le parsec (pc), mot composé à partir de « parallaxe » et « seconde » (parallaxe-seconde). Un parsec correspond à la distance à laquelle une unité astronomique (distance moyenne Terre-Soleil) sous-tend un angle d'une seconde d'arc – ou en simplifiant fortement : quand on est à un parsec de la Terre, la Terre et le Soleil sont séparés par une seconde d'arc. Un parsec équivaut à 32,6 années-lumière ou à 3,0856776 fois 1 013 kilomètres. Cette unité peut être encore multipliée grâce au préfixe « kilo », utilisé pour caractériser les dimensions des galaxies, ou « mega », employé pour celles des amas galactiques. Le diamètre de notre Voie lactée, par exemple, mesure 34 kiloparsecs.

Mesurer l'Universs

Mais comment les astronomes obtiennent-ils ces valeurs ? Le procédé utilisé – également par Friedrich Wilhelm Bessel –, est issu du procédé employé pour les relevés de mesures sur terrain : la triangulation, appelée en astronomie « parallaxe trigonométrique ».

Parallaxe trigonométrique ou annuelle Ce procédé consiste à déterminer la position dans le ciel d'une étoile proche par rapport à quelques étoiles beaucoup plus éloignées à l'arrière-plan – et ce à 6 mois d'intervalle. Au bout de ce laps de temps, la Terre est à l'opposé sur son orbite autour du Soleil. Les deux points relevés sont éloignés de 300 millions de kilomètres l'un de l'autre – le diamètre de l'orbite terrestre autour du Soleil. Pour l'observateur, l'étoile a changé de position apparente par rapport aux étoiles plus éloignées de l'arrière-plan.

La distance Terre-Soleil étant connue, de même que le petit degré d'arc correspondant au changement de position de l'étoile entre les deux observations, il devient alors possible, par un calcul trigonométrique, de déterminer sa distance à partir du triangle formé par le Soleil, la Terre et l'étoile. Le principal problème posé par la méthode de la parallaxe réside dans les énormes distances des étoiles et la petitesse des angles. C'est pourquoi elle n'est utilisée que pour des étoiles jusqu'à 100 parsecs (326 années-lumière).

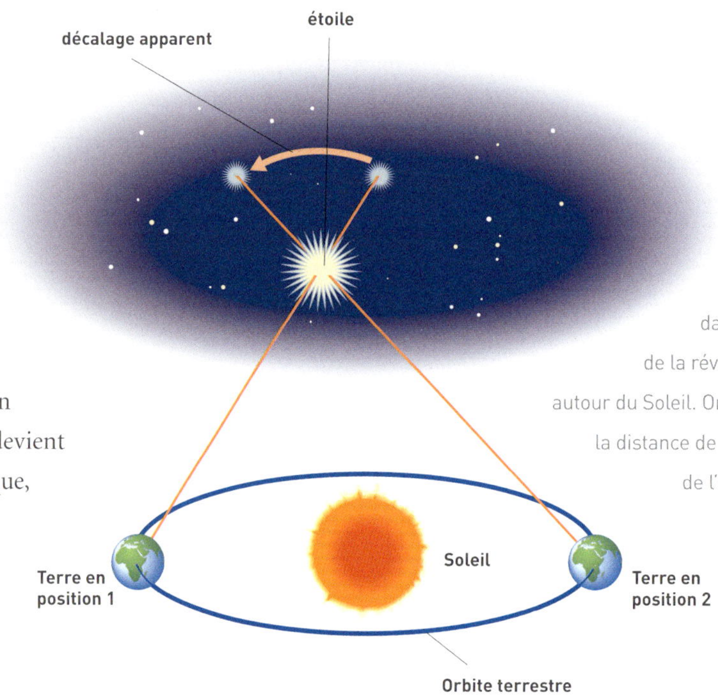

La **méthode de la parallaxe** repose sur le « décalage » apparent d'une étoile donnée dans le ciel au cours de la révolution de la Terre autour du Soleil. On peut déduire la distance de l'étoile à partir de l'angle ainsi formé.

Point d'orientation dans le ciel septentrional, l'**étoile polaire** est située à environ 431 années-lumière de la Terre. Sur cette photo en pose longue, le ciel entier semble tourner autour d'elle.

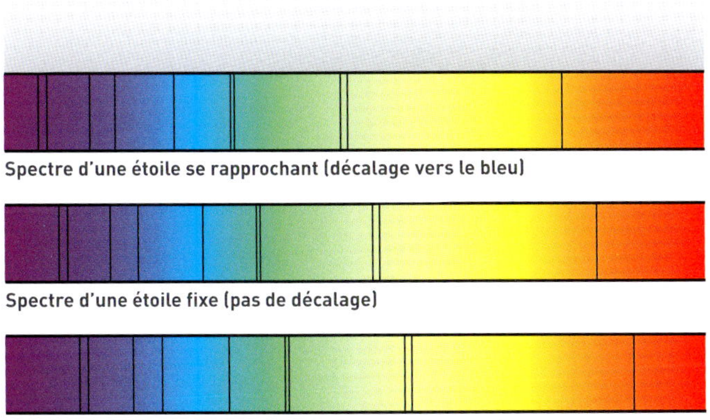

Comparable au décalage de fréquence des ondes acoustiques (effet Doppler), le **décalage vers le rouge** des raies noires d'un spectre lumineux des étoiles est utilisé pour déterminer les distances cosmiques.

Cette méthode a été utilisée à grande échelle au cours de la mission du satellite de l'ESA Hipparcos (1989–1993).

Autres méthodes Pour mesurer l'éloignement d'étoiles plus distantes encore de la Voie lactée, ou plus lointaines, les astronomes se servent de leur luminosité (magnitude). En effet, ce que nous voyons d'une étoile n'est que sa luminosité apparente : vues de la Terre, une étoile très brillante mais éloignée, et une étoile très proche, mais à la faible brillance, peuvent paraître avoir un éclat identique. Il est indispensable de connaître la luminosité réelle, dite « magnitude absolue », de l'étoile – c'est-à-dire sa luminosité rapportée à une unité de distance – pour connaître sa distance, obtenue en mesurant le décalage entre la magnitude apparente et réelle.

Candidates idéales : les Céphéides, des étoiles dites « variables », dont les variations de luminosité sont régulières, avec une période corrélée à la magnitude absolue. En mesurant l'intervalle séparant deux maxima, on obtient la magnitude absolue ; à partir de la magnitude apparente connue, on peut ensuite calculer l'éloignement de l'étoile.

Cette méthode repose sur la publication par l'astronome américaine Henrietta Leavitt (1866-1921), en 1912, de résultats faisant état d'une étroite corrélation entre l'intensité lumineuse d'une étoile variable et sa période de variation d'éclat : plus longue est la période de variation d'une étoile, plus sa puissance lumineuse est élevée. Pour déterminer des distances d'après cette constatation, il fallait d'abord disposer d'un nombre suffisant de distances, déterminées par la méthode trigonométrique, d'étoiles variables dont la magnitude absolue pouvait être calculée grâce à leur période de variation. Avec la magnitude apparente de ces étoiles, on disposait ensuite de suffisamment de données de comparaison pour calculer la distance d'étoiles plus éloignées. Cette méthode permet de calculer la distance d'objets situés à 20 millions d'années-lumière et davantage.

Décalage vers le rouge Les galaxies lointaines sont à des millions ou des milliards d'années-lumière. Souvent, on n'aperçoit au télescope que leur centre très énergétique, sous la forme d'étoiles appelées « quasars ». Dans ce cas, c'est leur spectre lumineux, et plus exactement le décalage des raies noires vers la partie rouge du spectre (décalage vers le rouge), qui permet la mesure de la distance. Car le cosmos étant en expansion, la vitesse à laquelle un objet s'éloigne renseigne sur sa distance. Il est ainsi possible de calculer des distances dépassant 13 milliards d'années-lumière, ce qui correspond à la limite et par là, au début de l'Univers.

Hipparcos

Collecteur de données Ce satellite lancé en 1989 par l'ESA avait pour mission de déterminer la position, le mouvement propre et la magnitude apparente de toutes les étoiles proches du Soleil. Hipparcos – dont le nom est à la fois celui de l'astronome grec de l'Antiquité Hipparque de Nicée, et l'acronyme de High Precision Parallax Collecting Satellite –, fonctionna pendant trois ans et demi.
Le résultat de la mission Hipparcos fut un catalogue d'étoiles en 17 volumes, répertoriant 1 168 218 étoiles avec une précision encore jamais atteinte. La distance de l'étoile Véga dans la Lyre, par exemple, fut corrigée et ramenée de 26 à 25,3 années-lumière.

Description des étoiles

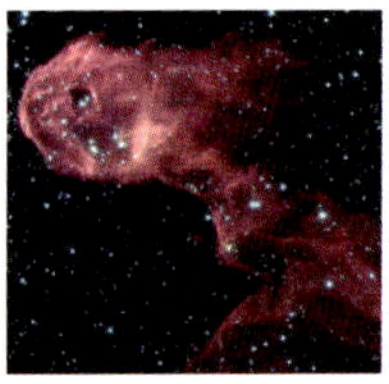

Les étoiles sont aussi diverses que la population d'une ville. Il en est des moyennes, des géantes et des naines – des poids légers ou des poids lourds, mais également des étoiles dont l'éclat, la couleur et, par conséquent, la température varient.

Cette comparaison de trois étoiles avec la géante **R136a1** de la nébuleuse de la Tarentule (à l'arrière-plan), met nettement en évidence leurs différences de couleur et de taille.

Caractéristiques physiques des étoiles

Les astronomes parlent de « paramètres physiques » pour désigner la masse, la densité, la luminosité, la couleur (température), le rayon et la métallicité (c'est-à-dire l'abondance d'éléments chimiques lourds), la vitesse de rotation et le mouvement propre des étoiles. On distingue ainsi de minuscules naines blanches de la taille de la Terre, et des supergéantes, qui occuperaient de larges régions de notre système solaire. Il suffit de connaître la distance et la magnitude apparente d'une étoile pour obtenir sa magnitude absolue et en déduire alors toutes ses autres propriétés intrinsèques, les paramètres du Soleil servant d'unité de référence ; une autre méthode consiste à analyser le spectre de l'étoile (analyse spectrale).

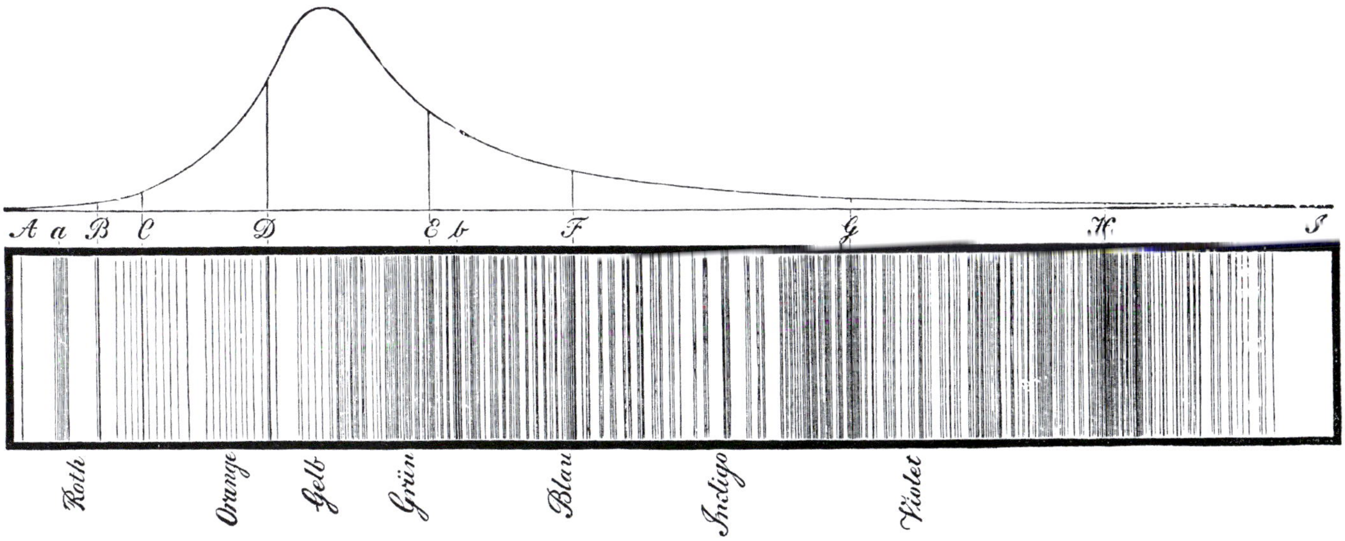

Représentation détaillée du spectre du Soleil par Joseph von Fraunhofer (1787-1826). Il baptisa **lignes d'absorption** les raies noires, représentatives des différents éléments chimiques de l'étoile. Les travaux de Fraunhofer ouvrirent la voie à l'**analyse spectrale** des étoiles.

Luminosité et magnitude absolue Les étoiles brillent d'un éclat différent, mais cet éclat n'est qu'apparent et ne renseigne en rien sur leur luminosité véritable : une étoile de faible brillance, mais proche, peut donner l'impression de briller avec autant d'intensité qu'une étoile géante mais très éloignée, dont la lumière est affaiblie par la distance. Pour définir la brillance réelle d'une étoile – de 100 000 fois à 1/100 000e de fois celle du Soleil –, les astronomes doivent donc déterminer sa luminosité (magnitude) absolue par rapport au Soleil. La magnitude absolue, qui mesure la luminosité intrinsèque d'une étoile, correspond à la magnitude ou classe de magnitude d'une étoile située à une distance de référence fixée à dix parsecs (32,6 années-lumière).

Masses comparées Nées d'une agglomération de matière au sein d'une nébuleuse de gaz ou de poussières, dont elles ont réuni des quantités différentes, les étoiles possèdent donc aussi des masses différentes. Pour comparer leurs masses, l'unité de mesure employée n'est pas le kilogramme ou la tonne, mais la masse de notre Soleil. Les calculs se font donc en masses solaires. Les étoiles les plus légères font environ un dixième de la masse du Soleil, les plus lourdes plus de 50 masses solaires. Il existe d'innombrables petites étoiles, mais en revanche très peu de grandes.

Le gaz et la poussière du milieu interstellaire constituent le **matériau de formation de nouvelles étoiles**, et déterminent ainsi leurs caractéristiques physiques.

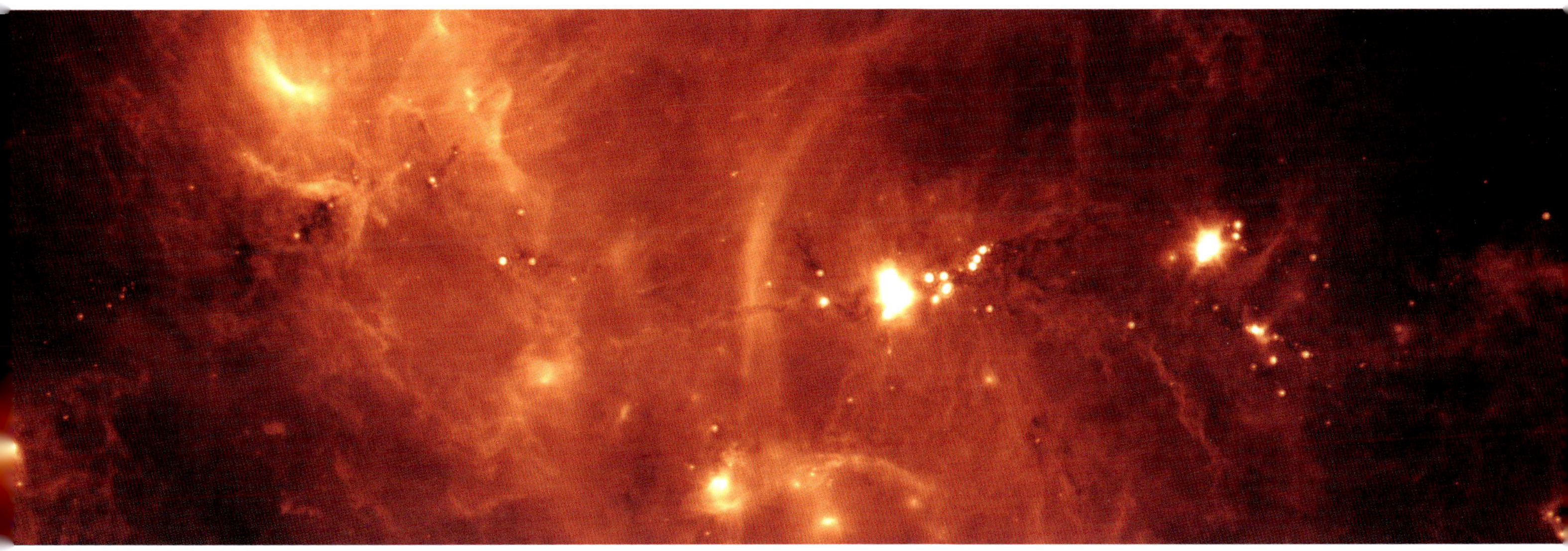

Dimensions moyennes des étoiles L'éventail de taille des étoiles va des supergéantes, dont le diamètre est de 300 fois celui de notre Soleil, aux étoiles à neutrons et aux trous noirs, plus petits que la Terre. Une géante rouge est 30 fois plus grande que le Soleil ; une étoile de type B, sept fois ; mais une étoile de type M est dix fois plus petite. La taille du Soleil est 100 fois supérieure à celle d'une naine blanche, elle-même 500 fois supérieure à celle d'une étoile à neutrons.

Les différentes classes spectrales

Toutes les étoiles, qu'elles soient géantes, grandes, moyennes, naines ou bien minuscules, possèdent chacune une longueur d'onde correspondant à son maximum de rayonnement. Les étoiles très chaudes émettent une lumière bleue, les étoiles relativement froides, une lumière rouge ; les raies sombres du spectre stellaire sont caractéristiques de leur température. Selon le nombre et la distribution de ces raies, qui renseignent aussi sur la composition chimique de l'astre, les étoiles sont cataloguées en différentes classes spectrales : O, B, A, F, G, K et M – que l'on peut facilement retenir à l'aide de la phrase : « Oh be a fine girl. Kiss me ! »

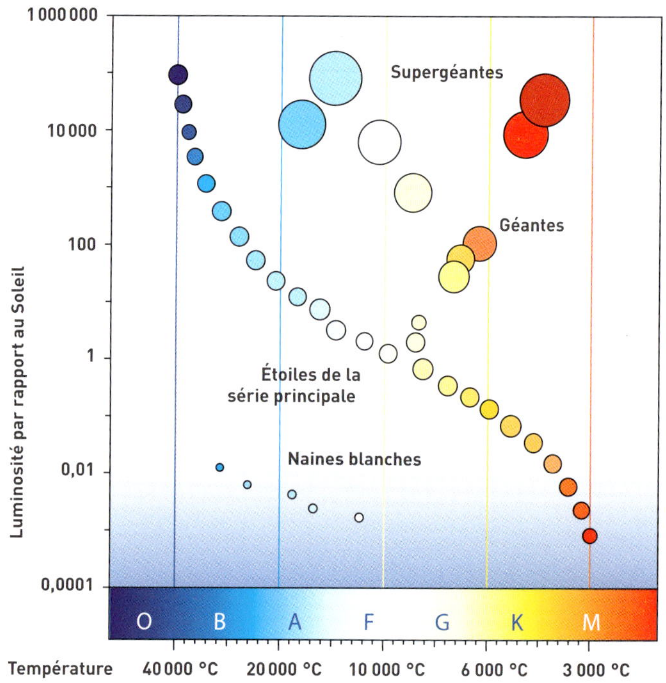

Le **diagramme de Hertzsprung-Russell** (DHR) permet de représenter et de comparer la luminosité des étoiles en fonction de leur type spectral et de leur température de surface.

Échelle de température Il s'agit d'un classement des étoiles dans l'ordre décroissant de leur température, à laquelle correspond une couleur. Les étoiles bleues de type O et B ont ainsi des températures comprises entre 10 000 et 30 000 °C, ce qui en fait les soleils les plus brûlants que l'on connaisse. En revanche, les étoiles rouges de type M sont relativement froides, avec des températures de l'ordre de 2 000 °C « seulement ». Ces types spectraux sont encore subdivisés en 10 sous-groupes en fonction de la température ; selon ce classement, notre Soleil jaune, avec ses 5 500 °C, est une étoile de type G2V.

Le diagramme de Hertzsprung-Russell

Afin de permettre une meilleure comparaison des étoiles, Ejnar Hertzsprung et Henry Norris Russell mirent au point chacun de leur côté, en 1905-1907 et 1913, un diagramme

Comparaison de différentes étoiles avec leurs **couleurs**, leurs **températures de surface** et leurs **dimensions**. Notre Soleil appartient au type spectral G.

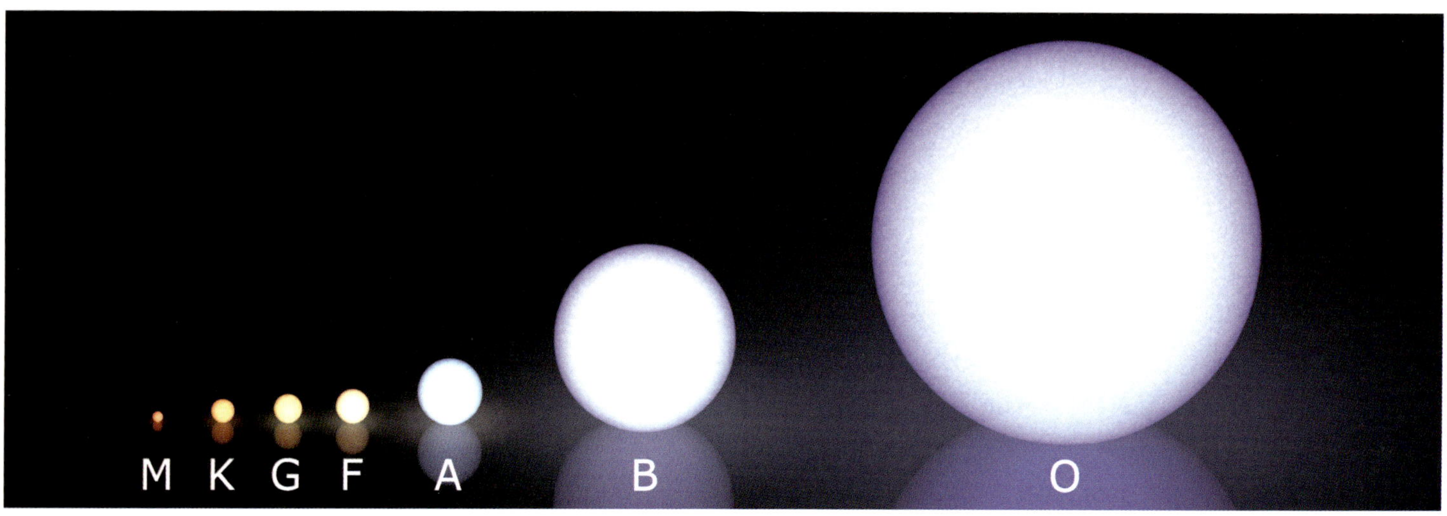

spécifique classant les étoiles d'après leur couleur et leur luminosité. Ce diagramme dit de Hertzsprung-Russell permet de constater que la plupart des étoiles se rangent le long d'une ligne diagonale, appelée « séquence principale » ou « série principale », allant du coin supérieur gauche au coin inférieur droit du diagramme. Il s'agit d'étoiles stables, dont la luminosité et la température ne varient pour ainsi dire pas et qui passeront là 90 % de leur vie. Au-dessus de cette séquence principale figurent les étoiles massives et très lumineuses – les géantes et supergéantes. La partie inférieure du diagramme est en revanche occupée par des étoiles naines à faible brillance ; les plus connues sont les naines blanches.

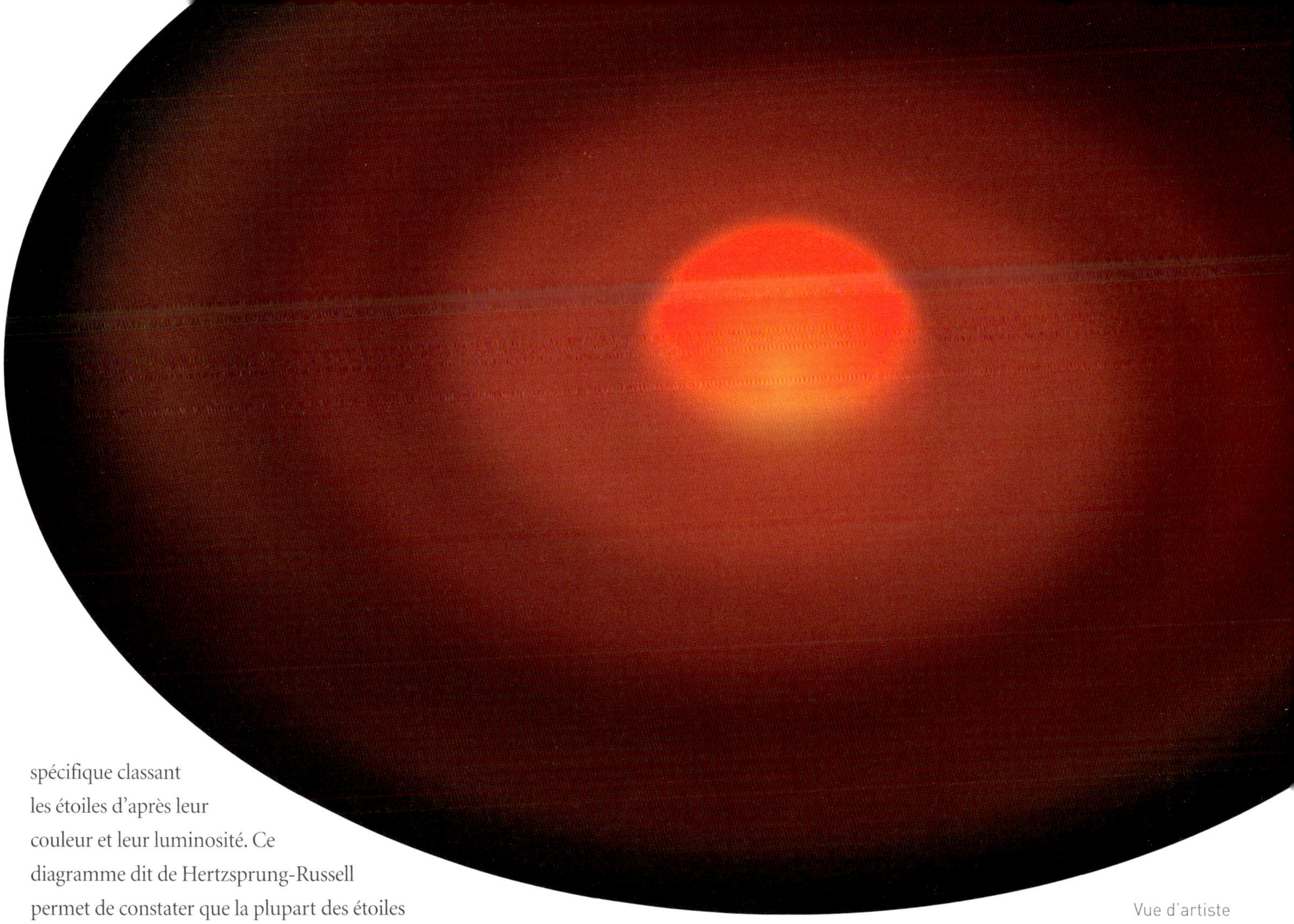

Vue d'artiste d'une **protoétoile** où la fusion nucléaire vient de commencer, mais qui est encore entourée d'anneaux de matière dont pourraient naître des planètes.

Vie et mort des étoiles

Comme les hommes, les étoiles naissent, vivent et meurent. Mais contrairement à la vie humaine, celle des étoiles se mesure en millions ou même milliards d'années, ce qui la rend difficile à concevoir. Néanmoins, les astronomes sont capables de décrire les différentes étapes de la vie d'une étoile. Placés dans une situation comparable à celle d'une mouche éphémère devant décrire la vie d'un homme, ils résolvent le problème en étudiant les étoiles à divers stades de leur développement, ce qui leur permet de reconstituer la vie stellaire entière.

Éléments de départ Les étoiles naissent toujours au sein de nuages moléculaires géants et froids constitués de poussières, d'hydrogène et d'hélium, comme on en rencontre dans les nébuleuses de gaz brillantes (matière interstellaire) d'Orion. Quand la masse du nuage dépasse une certaine limite, la force de gravité devient supérieure à la force de pression des gaz s'exerçant de l'intérieur vers l'extérieur, et le nuage s'effondre. En se contractant, le nuage se divise en fragments ; cette division se poursuit jusqu'à ce que la densité et la chaleur des fragments atteignent un niveau suffisant pour stopper la contraction du gaz.

Au cœur de chaque fragment de nuage se forme alors une protoétoile – si bien que l'on assiste à la naissance de grappes entières d'étoiles (clusters) formant des amas stellaires ouverts, comme les Pléiades. La contraction d'un nuage moléculaire, dont la température et la densité sont faibles, exige cependant un facteur déclenchant extérieur, comme les ondes de choc d'une lointaine supernova.

Protoétoile Autour de la jeune étoile se forme un cocon de particules de poussière la masquant à la vue. Cependant, l'échauffement des particules par la jeune étoile permet de détecter celle-ci dans le domaine radio ou infrarouge. Sous

Étapes de la vie d'une étoile de masse équivalente à celle du Soleil : après avoir quitté la séquence principale du DHR, elle passe par le stade de géante rouge, avant de finir comme naine blanche, entourée d'un brouillard planétaire.

À 7 000 années-lumière, la **nébuleuse de l'Aigle**, dans la constellation du Serpent, est une nébuleuse de gaz brillante (nébuleuse d'émission), à partir de laquelle se forme un amas stellaire ouvert. «

l'effet de la rotation, le cocon ne cesse en même temps de s'aplatir en forme de disque. Au-delà de 10 millions de degrés Celsius, le feu de fusion nucléaire s'allume ; en une gigantesque explosion, la nouvelle étoile expulse aux deux pôles du disque des jets de gaz, qui vaporisent et dissipent son cocon de poussières. Le résidu du cocon se condensera en un disque protoplanétaire, à partir duquel pourront se former des planètes. Il se situe alors dans la séquence principale du diagramme de Hertzsprung-Russell.

Masse et devenir des étoiles

Le temps de vie d'une étoile sur la séquence principale du DHR dépend de sa masse. Les étoiles y demeurent cependant une grande partie de leur vie, tirant leur énergie de la fusion de l'hydrogène en hélium. Les étoiles dont la masse est de l'ordre de la masse solaire séjournent environ 10 milliards d'années sur la séquence principale. Les étoiles de masse supérieure y font un séjour plus bref, car elles épuisent plus rapidement leur combustible. Le combustible d'une étoile de 10 masses solaires s'épuise en effet non pas 10 fois, mais 5 000 fois plus vite : au bout de 20 millions d'années, l'étoile s'éteint. Les étoiles les plus massives se transforment même en géantes rouges en l'espace d'un million d'années.

Le stade de géante Une fois tout l'hydrogène du cœur transformé en hélium, les étoiles se métamorphosent toutes en géantes. Dans le noyau, l'hélium fusionne en carbone et oxygène. Mais à la périphérie du noyau, l'hydrogène continue à se transformer en hélium. Tandis que la température du noyau augmente, les couches extérieures se refroidissent, et l'étoile brille d'un éclat rouge. Cette étoile demeurera au stade de géante rouge durant des millions d'années au cours desquels se formeront des éléments de plus en plus lourds aboutissant à la constitution d'un noyau de fer.

Effondrement L'étoile ne pouvant plus produire d'énergie par un processus de fusion nucléaire, sa force de gravité finit par être supérieure à la force de pression des gaz. L'étoile s'effondre sur elle-même, et devient une naine noire. Toutes les étoiles jusqu'à 1,4 masse solaire terminent leur vie ainsi.

Mais même des étoiles initialement pourvues d'une masse légèrement supérieure à 1,4 masse solaire peuvent finir de la sorte. En éjectant, surtout à leurs derniers stades d'évolution, de grandes quantités de matière autour d'elles, elles passent en dessous de 1,4 masse solaire. Les enveloppes de gaz résultant de ces éjections de matière sont appelées « nébuleuse planétaire » en raison de la ressemblance de leurs disques vert pâle avec les planètes extérieures vues à travers une lunette.

Une **naine blanche** et son nuage de matière entourant le résidu de l'étoile après son effondrement ; ce nuage se dissipera dans l'espace sous forme de nébuleuse planétaire.

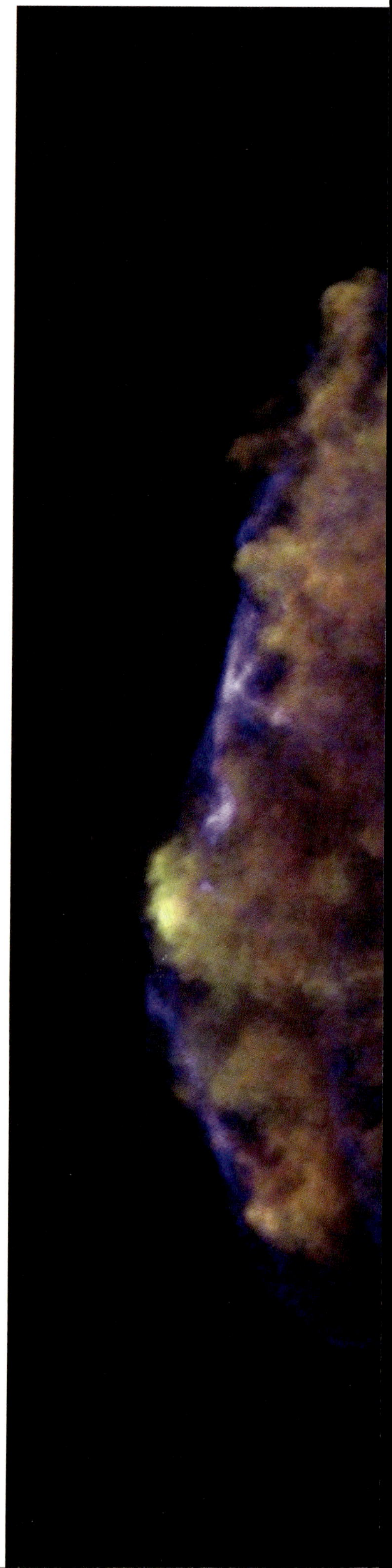

Les **explosions de supernovæ** – ici le rémanent de la supernova Tycho, observée en 1572 par Tycho Brahe – sont l'une des fins les plus spectaculaires d'une étoile ; leur matière recèle les éléments lourds du cosmos. »

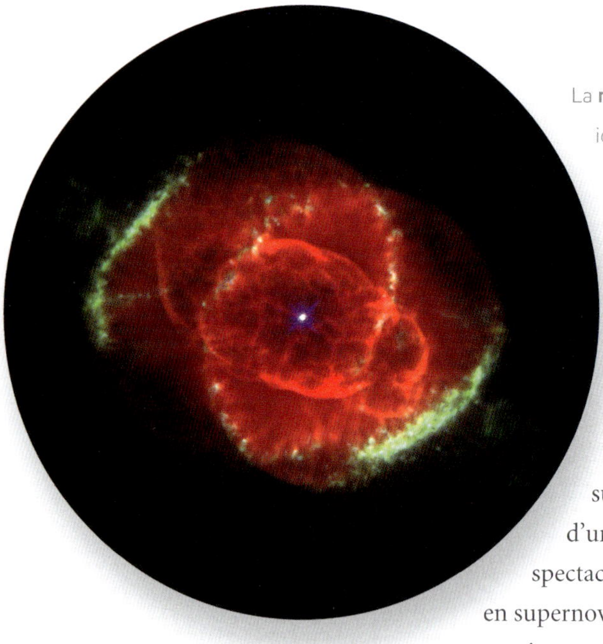

La **nébuleuse de l'Œil du Chat**, photographiée ici par le télescope spatial Hubble, est une nébuleuse planétaire de forme singulière, dans la constellation du Dragon.

Supernova et résidu final L'effondrement des géantes rouges issues d'étoiles de masse quatre fois supérieure à celle du Soleil et dotées d'un noyau de fer est beaucoup plus spectaculaire et dramatique : elles explosent en supernovæ. Le résidu final est soit une étoile à neutrons, soit un trou noir – mais il reste aussi de la matière pour une nouvelle génération d'étoiles : le cycle est ainsi bouclé.

Étoiles doubles ou multiples

La plupart des étoiles appartiennent à des systèmes stellaires doubles ou multiples. Il suffit pour s'en convaincre de jeter un coup d'œil au plus connu des couples stellaires, le couple Mizar-Alkor, au milieu de la queue de la Grande Ourse. Au télescope, on aura la surprise de découvrir que « le petit cavalier » Alkor a un compagnon, et que Mizar est même un système quadruple !

Étoiles doubles et triples On estime que plus de 60 % des étoiles de la Voie lactée appartiennent à des systèmes binaires ou multiples ; ces étoiles liées par leur attraction mutuelle tournent l'une autour de l'autre à des distances variables. Leurs périodes de révolution varient de quelques heures à des milliers d'années.

Un système stellaire binaire se compose de deux étoiles physiquement ou visuellement rapprochées. À l'instar du Soleil et des planètes, elles accomplissent, selon les lois de Kepler, une révolution périodique autour d'un même centre de gravité. Dans un couple d'étoiles (composantes) de masses différentes, l'étoile la plus massive décrit aussi une ellipse plus petite. L'écart entre les deux composantes est parfois si réduit qu'il peut se produire un transfert de matière (« systèmes binaires en interaction »). La matière s'évade vers la composante la plus massive – dans les cas de figure les plus extrêmes, une naine blanche ou un trou noir.

De façon analogue, les systèmes stellaires multiples (étoiles multiples) sont composés de trois étoiles ou plus. En général, les systèmes multiples sont détectés sous forme d'étoiles binaires : les invisibles compagnons dont elles sont souvent escortées ne se font remarquer que plus tard, en perturbant les autres composantes du système. Les systèmes d'étoiles multiples sont formés de sous-groupes toujours associés par deux, et composés pour leur part d'étoiles solitaires ou doubles.

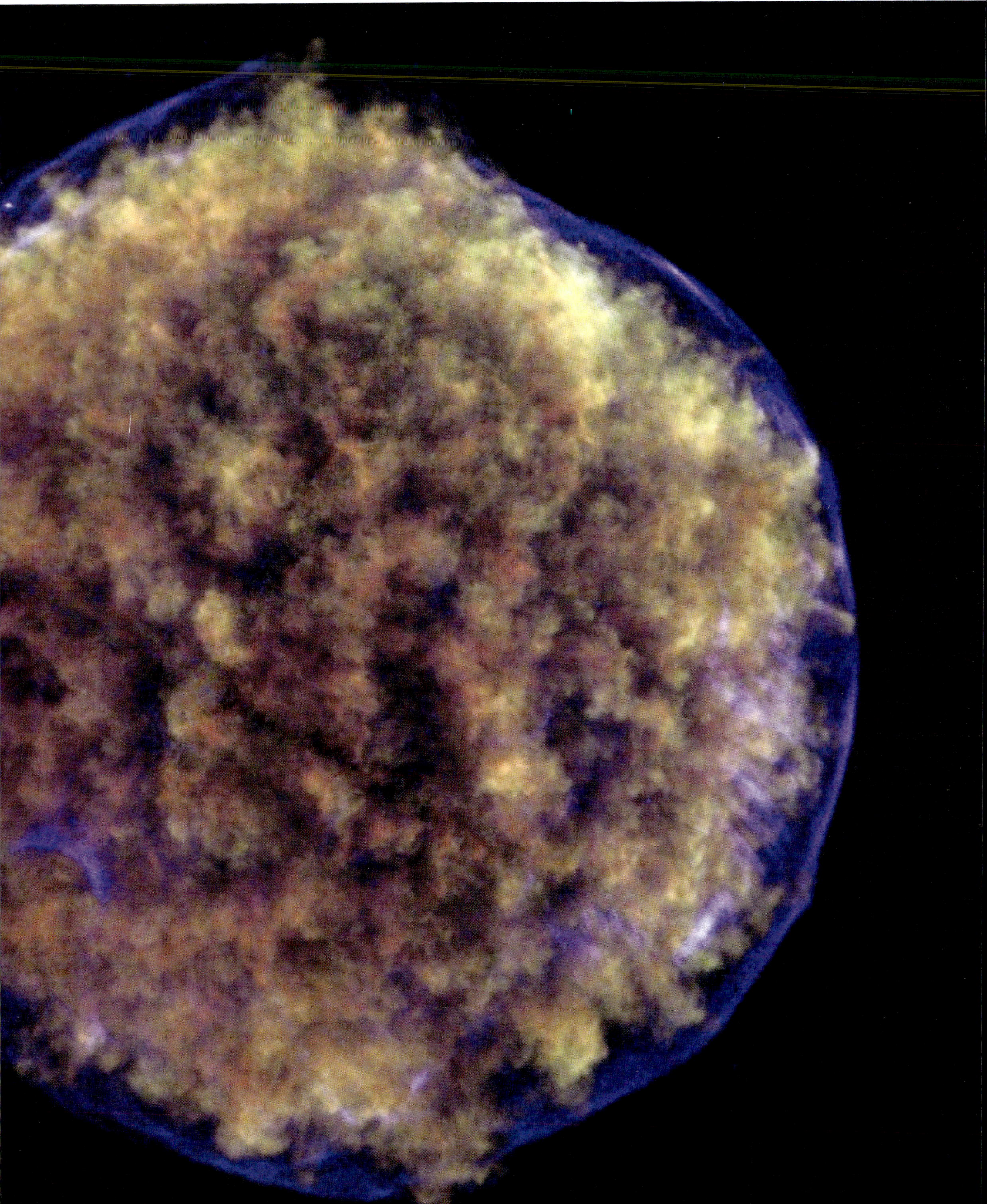

Description des étoiles

On ne peut pas déterminer à l'œil nu le type d'une étoile double. Il faut pour cela recourir à des observations et mesures télescopiques très précises (couples optiques), à l'analyse spectrale (étoiles binaires spectroscopiques), à l'analyse de leur magnitude (étoiles doubles photométriques), et à la mesure de leurs changements de position par rapport à d'autres étoiles (étoiles doubles astrométriques).

Étoiles binaires géométriques Il s'agit d'étoiles rapprochées dans l'espace, mais qui, en raison de leur vitesse relative élevée, ne sont pas gravitationnellement liées et n'orbitent donc pas autour d'un centre de gravité commun. On se trouve ainsi devant un événement unique, la rencontre d'étoiles formant un couple temporaire avant de se séparer à jamais. Un exemple de compagnon géométrique pourrait être l'étoile Proxima du Centaure, notre étoile la plus proche, qui est située dans le ciel de l'hémisphère Sud. Il se peut que Proxima du Centaure ne forme avec Alpha du Centaure qu'un système binaire géométrique, Alpha étant déjà de son côté une étoile double physique.

Étoiles doubles physiques Il s'agit de deux étoiles physiquement proches et gravitationnellement liées, qui gravitent autour d'un même centre de gravité situé soit entre les deux composantes, soit au sein de la plus massive. La plupart des systèmes d'étoiles doubles physiques se sont formés lors de la naissance des étoiles, d'autres sous l'influence d'au moins une autre étoile.

Certains couples physiques sont impossibles à dédoubler visuellement, et ne peuvent être différenciés que par

Compagnon invisible de certaines étoiles, un **trou noir** n'est repérable qu'au disque d'accrétion formé par la matière qu'il attire.

des anomalies du spectre de l'étoile la plus brillante. Il arrive ainsi de rencontrer un spectre composé de deux types spectraux différents superposés. Si les deux étoiles ont plus d'une magnitude d'écart entre elles, le spectre lumineux de l'étoile principale éclipse le spectre de l'étoile compagnon. Le décalage cyclique des raies spectrales, dû à la différence de temps de révolution des deux composantes autour de leur centre de gravité commun (effet Doppler), constitue pour les chercheurs la signature indiscutable d'une étoile binaire spectrométrique.

Voilà le fascinant coucher de soleils que pourraient admirer les habitants d'une planète autour de laquelle circulerait un **système d'étoiles doubles**.

Étoiles binaires à éclipses D'autres couples physiques impossibles à séparer visuellement sont des variables à éclipses. Il s'agit d'étoiles doubles orbitant si près l'une autour de l'autre que, vues de la Terre, elles paraissent alignées l'une derrière l'autre ; à chaque tour, l'une éclipse l'autre, ce qui entraîne une variation périodique de l'éclat total. Cette variation d'éclat se mesure par des procédés photométriques (étoiles doubles photométriques).

Une autre méthode de détection des binaires sans compagnon visible consiste à mesurer les changements de position périodique de l'étoile visible par rapport aux autres étoiles dans la ligne de visée de l'observateur (étoiles binaires astrométriques). Ce mouvement apparent périodique qui correspond au mouvement propre de l'étoile observée révèle la présence d'un compagnon invisible tournant autour du même centre de gravité. Cette méthode est également utilisée pour détecter les exoplanètes.

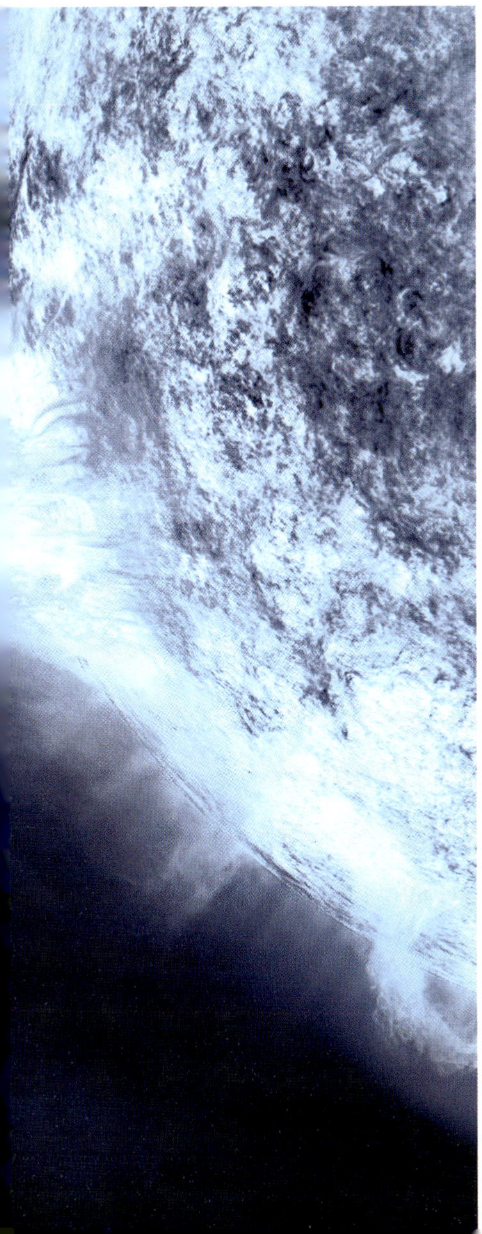

L'étoile Beta du Cygne **Albireo** fait partie des étoiles doubles observables avec un simple petit télescope.

Le novoïde rouge **V838 Monocerotis**, situé à 20 000 années-lumière dans la Licorne : une preuve impressionnante des masses de poussière expulsées dans l'espace lors d'une **explosion stellaire**.

Les étoiles variables

Les étoiles semblent luire uniformément dans le ciel nocturne. Pourtant, leur éclat varie selon des périodes pouvant aller de quelques minutes à plusieurs décennies. Ces étoiles sont appelées « variables » ou « étoiles variables ». Certaines, comme Mira dans la Baleine ou Algol dans Persée, sont mêmes visibles à l'œil nu.

(Pas) une classe à part Plusieurs milliers d'étoiles variables ont été dénombrées à ce jour, et chaque année s'y ajoutent de nouvelles. Les variables de la Voie lactée sont recensées dans le *General Catalogue of Variable Stars*. Fin 2010, il en comptait 46 000. Ce catalogue comprend en outre plus de 10 000 étoiles situées dans d'autres galaxies et suspectées d'être variables. Mais alors qu'autrefois les variables étaient considérées comme une classe à part, il est aujourd'hui admis que toutes les étoiles, à un moment donné de leur évolution, présentent des variations d'éclat – notre Soleil compris.

Ces variations peuvent soit résulter de processus physiques affectant la structure de l'étoile (variation intrinsèque), soit d'un changement d'éclat quand l'étoile est observée de la Terre, sa luminosité restant par ailleurs constante (variation extrinsèque) – ce qui est par exemple le cas des variables à éclipses. Ces fluctuations d'éclat ne doivent pas non plus être confondues avec la scintillation des étoiles, due aux turbulences atmosphériques.

Différentes catégories d'étoiles variables

Les étoiles variables peuvent être divisées en deux groupes selon leur période de variation d'éclat. Celles du premier groupe, dont font partie les variables à éclipses, les étoiles pulsantes ainsi que les variables par rotation, se distinguent par leur clignotement régulier. Le comportement de celles du second groupe est en revanche imprévisible : ce sont les variables cataclysmiques et éruptives, aussi regroupées sous le terme général de « variables irrégulières ».

Variables à éclipses Certaines étoiles doubles sont si rapprochées qu'elles semblent n'en faire qu'une. Vues depuis la Terre, leurs deux composantes se masquent, car elles paraissent alignées l'une derrière l'autre. L'éclat total s'en trouvant amoindri, on assiste alors à un minimum de luminosité. Algol, dans la constellation de Persée, et Beta Lyrae sont des variables à éclipses bien connues.

Variables pulsantes Il s'agit d'étoiles dont l'atmosphère se dilate et se contracte alternativement, et souvent d'étoiles qui sont en fin de vie. Ces vieilles étoiles tentent en permanence de maintenir un équilibre entre leur force de gravité d'une part, et les forces de pression du gaz et l'émission de rayonnement d'autre part. Ces oscillations radiales ou non radiales, en modifiant le radius, la forme de l'étoile et/ou sa température de surface, modifient aussi sa luminosité.

Parmi les variables pulsantes, les astrophysiciens distinguent plusieurs sous-types à l'aide de leur période,

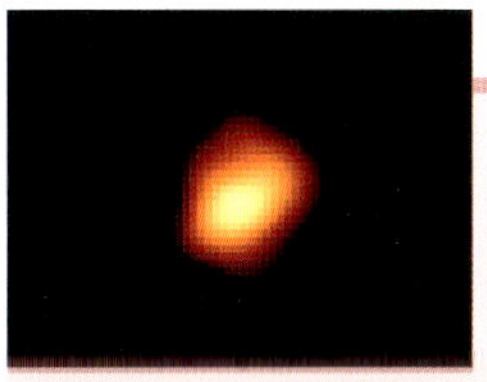

Mira

La « Merveilleuse » La première étoile variable fut découverte en 1596 par le pasteur David Fabricius, qui lui donna le nom de Mira, la « Merveilleuse ». En 1639, l'astronome Johann Holwarda détermina sa période de variabilité : 331 jours. En période d'éclat maximal, Mira peut atteindre la magnitude 2, et apparaît alors dans le ciel nocturne comme une étoile très brillante. Lors de son minimum de luminosité en revanche, sa magnitude peut décroître jusqu'à la classe 9 : Mira n'est alors plus visible qu'au télescope. Le diamètre moyen de Mira est d'environ 550 millions de kilomètres (env. 400 diamètres solaires). Comme elle n'est qu'à 300 années-lumière de la Terre, sa surface a pu être résolue par le télescope spatial Hubble : contrairement aux autres étoiles, elle ne nous apparaît donc pas comme un simple point.

La variation d'éclat d'**Algol**, dans la constellation de Persée, étant visible à l'œil nu, Algol est l'une des étoiles variables les plus connues.

Cette photo prise par le télescope spatial Hubble montre la galaxie spirale **NGC 4603** et **36 Céphéides variables**, à environ 108 millions d'années-lumière.

de leur masse et de leur stade de développement. Celles qu'ils connaissent le mieux sont les variables Mira, des géantes rouges dont le cycle de pulsation est de 1 000 jours. Les Céphéides, dont les astronomes se servent aussi pour évaluer les distances cosmiques, sont des supergéantes jaunes, dont les périodes de pulsation sont comprises entre 1 et 50 jours. Les étoiles RR Lyrae sont des naines bleu et blanc, à la période comprise entre 0,2 et 1,2 jours.

Variables par rotation L'éclat de ces étoiles se modifie au cours de leur rotation – soit qu'il s'agisse des composantes d'un couple dont les orbites rapprochées ont adopté une forme ellipsoïdale, soit que la luminosité soit inégalement répartie à leur surface, celle-ci présentant des taches comparables aux taches solaires. Sous l'effet de la rotation, ces groupes de taches reviennent régulièrement dans le champ de vision de l'observateur, provoquant des changements de luminosité. AB Doradus dans la constellation de l'Espadon, dans le ciel de l'hémisphère Sud, est une variable par rotation ; c'est une naine froide située à 65 années-lumière, dont l'éclat varie de $0{,}15^{m}$ en 12,4 h – soit la période de rotation de l'étoile.

Variables cataclysmiques Ces étoiles doubles présentent de brusques éruptions de lumière provoquées par des réactions thermonucléaires en surface ou à l'intérieur de l'astre. Le responsable peut également être un disque d'accrétion, c'est-à-dire un disque en rotation autour d'un objet central et transférant de la matière vers ce centre (accrétion) : gaz atomiques, poussières ou gaz plus ou moins fortement ionisé (plasma). Chez la plupart des variables cataclysmiques, l'objet central est une naine blanche, qui soutire de sa compagne (étoile donneuse) de l'hydrogène, jusqu'à ce que se produise une explosion nucléaire (nova). Ce fut le cas en 1975 dans la constellation du Cygne, où une étoile explosa brusquement en nova 40 millions de fois plus brillante.

Variables éruptives Les étoiles dont l'éclat se modifie de façon anarchique sont dites « variables éruptives ». Ces modifications d'éclat sont dues à de fortes turbulences

de leur atmosphère extérieure, lesquelles peuvent être dues à des flares ou des vents stellaires comparables à notre vent solaire, ou bien/et encore à l'interaction avec la matière interstellaire. Ainsi, certaines étoiles, comme la supergéante rouge V838 Monocerotis, éjectent des nuages de poussière qui les assombrissent subitement ; d'autres, comme T Tauri, sont de jeunes étoiles qui libèrent du gaz et des poussières en se contractant pour atteindre une taille stable.

Les étoiles géantes

Parce qu'elles produisent pendant des milliards d'années de l'énergie en transformant l'hydrogène en hélium, les étoiles nous semblent éternelles. Mais il arrive un jour où leurs réserves sont épuisées, et où les réactions nucléaires s'arrêtent. L'étoile gonfle et devient une géante rouge, au diamètre 100 fois supérieur, voire plus, à celui du Soleil.

L'étoile géante Bételgeuse Située à 430 années-lumière, l'étoile Bételgeuse, dans la constellation d'Orion, est la géante rouge la plus connue. Sa couleur rouge-orangé indique une température relativement basse, entre 2 000 et 4 000 °C. Avec un diamètre de 662 fois celui du Soleil, une luminosité 10 000 fois supérieure et une masse équivalant à 20 masses solaires, Bételgeuse appartient même à la classe des supergéantes.

Dimensions Les étoiles géantes ont des dimensions très variées. Les étoiles peuvent naître géantes parce qu'elles ont réussi dès le début à réunir une grande masse de matière, comme c'est le cas des géantes bleues, ou bien elles deviennent géantes à la fin de leur vie parce que, devenues instables, elles se mettent à gonfler jusqu'à atteindre 200 fois le diamètre du Soleil. Si une telle géante se trouvait au centre du système solaire, elle engloberait Mercure, Vénus et la Terre. Le diamètre

Les **supergéantes bleues**, comme il s'en trouve dans la constellation d'Orion, brillent dans l'ultraviolet et sont de futures supernovæ.

des supergéantes peut aller jusqu'à 1 000 diamètres solaires. Si elles étaient au centre du système solaire, elles s'étendraient jusqu'à Jupiter ou même Saturne.

Grâce à sa forme, où se repère aisément la silhouette du chasseur mythique, la **constellation d'Orion** est l'une des constellations d'hiver les plus connues.

Masse fatale Le destin d'une étoile mourante dépend de sa masse. La luminosité des étoiles de faible masse, comme notre Soleil, s'accroît, et elles se transforment en géantes rouges. Les étoiles massives de leur côté (au-delà de huit masses solaires) conservent leur luminosité et deviennent des supergéantes. La couleur d'une étoile géante dépend de sa température de surface. Les supergéantes bleues, comme l'étoile Rigel dans Orion, sont les plus chaudes.

Formation des étoiles géantes

Quand la réserve d'hydrogène du cœur de l'étoile est près de s'épuiser, cette étoile se transforme en géante. Le cœur de l'étoile commence par se contracter jusqu'à se réduire au dixième de sa taille initiale – à peine plus que la Terre. Dans cette région de l'étoile, la température et la pression deviennent si extrêmes (100 millions de degrés Celsius) que l'hélium fusionne en éléments lourds, comme le carbone et l'oxygène.

Combustion en couche Pendant ce temps, la combustion de l'hydrogène dans l'enveloppe entourant le noyau se poursuit, se déplaçant progressivement vers l'extérieur. Cette source de rayonnement échauffe l'enveloppe extérieure de l'étoile, qui s'étend puis se refroidit. Quand la masse de l'étoile est suffisante, d'autres réactions de fusion nucléaire se produisent dans l'enveloppe, donnant naissance à des éléments chimiques de masse atomique croissante et à du fer – vers la fin du stade de supergéante, l'étoile fabrique plusieurs couches d'éléments de plus en plus lourds.

La supernova Bételgeuse Elle finira un jour en supernova – voilà du moins ce que tous les astronomes pensent. Mais la date est un point très discuté : selon les théories, au cours des 1 000 prochaines années, ou au plus tôt dans 100 000 ans. On ne saurait en tout cas manquer depuis la Terre le spectacle de cette supernova qui devrait illuminer tout le firmament : l'éclat d'une géante rouge comme Bételgeuse devrait se trouver multiplié par 16 000. Actuellement, la magnitude de Bételgeuse est d'environ $0{,}5^{m}$. Si elle explosait en supernova, sa magnitude apparente atteindrait $-10{,}5^{m}$, voire -17^{m} à -18^{m}, ce qui équivaudrait à celle de la Lune dans son premier ou dernier quartier, ou celle de la pleine lune.

Rigel, la géante bleue Située à environ 770 années-lumière, Rigel, « le pied gauche d'Orion », est une (super)géante bleue comparable par sa taille à une (super)géante rouge ; mais sa masse (de l'ordre de 10 à 50 masses solaires) est nettement supérieure. Avec une luminosité 46 000 fois supérieure à celle du Soleil, c'est après Bételgeuse (135 000 fois) et Antarès (90 000 fois) l'étoile la plus brillante jusqu'à 1 000 années-lumière.

Future supernova En raison de la masse élevée de Rigel, la matière interne de l'étoile a une haute densité, donc une conversion rapide de l'énergie. Résultat : une température de surface entre 20 000 et 30 000 °C, nettement supérieure à celle du Soleil. Les géantes bleues comme Rigel rayonnent essentiellement dans l'ultraviolet du spectre, et apparaissent bleues. L'augmentation de la surface de Rigel se déroule de façon bien moins dramatique que celle d'une géante rouge.

En raison de leur conversion plus rapide de l'énergie, ce type d'étoiles ne demeure que 10 millions d'années environ sur la séquence principale (contre 10 milliards d'années environ pour notre Soleil). Ensuite, elles gonflent et se transforment en supergéantes rouges pour finir en supernovæ de type II. Pour Rigel, cette fin n'adviendra que dans 2 ou 3 milliards d'années ; cette étoile peut donc être qualifiée de « future supernova ».

(Super)géante bleue, **Rigel**, étoile du pied gauche d'Orion, se trouve dans une région riche en matière interstellaire.

Les amas stellaires

Les étoiles ne naissant jamais seules, elles se présentent associées en paires ou en amas. Les Pléiades sont sans doute l'amas stellaire le plus connu, car il est observable à l'œil nu : sept étoiles brillantes – d'où leur surnom des « Sept Sœurs » – situées à droite et au-dessus de la constellation d'Orion, et ressemblant à une version miniature du Grand Chariot.

Les Sept Sœurs

Les Pléiades sont situées dans la constellation du Taureau, à quelque 440 années-lumière de la Terre. Cet amas dont on ne distingue aisément que les sept étoiles les plus brillantes (parfois neuf lors de nuits très pures), comprend au bas mot 120 étoiles âgées d'environ 125 millions d'années

L'Homme a sans doute été de tout temps fasciné par ce groupe d'étoiles. Les Pléiades sont représentées dans les fresques pariétales de la grotte de Lascaux sous la forme de six ponctuations au-dessus de l'auroch ; on les croit également figurées sur le disque céleste de Nebra, datant des débuts de l'âge du bronze.

Mythologie grecque Les noms des étoiles les plus brillantes de l'amas des Pléiades viennent de la mythologie grecque : il s'agit des noms des sept filles du géant Atlas et de son épouse Pléioné : Alcyone, Astérope, Céléno, Électre, Maïa, Mérope et Taygète, nymphes célestes élevées par Dionysos et Zeus. Selon la légende, elles auraient été placées parmi les étoiles par Zeus, qui entendait ainsi les soustraire aux assiduités du chasseur Orion, lequel continue cependant de les y pourchasser ; la constellation d'Orion se situe à environ 30° au sud-est des Pléiades.

Un amas stellaire ouvert

Les Pléiades appartiennent à la classe des amas stellaires ouverts ou galactiques. Il existe plus de 1 000 autres amas stellaires ouverts connus dans notre Galaxie – leur nombre réel étant sans doute 10 fois plus élevé. Dans notre Galaxie tout comme dans les autres galaxies spirales, ces amas ouverts sont presque exclusivement concentrés dans les bras spiraux ; du fait d'une plus grande densité de gaz, ces bras accueillent la naissance de la plupart des étoiles. Les amas ouverts de notre Galaxie sont donc situés dans le disque galactique et s'étendent sur quelque 180 années-lumière d'altitude.

Des caractéristiques communes Les membres d'un amas stellaire ouvert, dont l'extension peut atteindre entre 5 et 75 années-lumière (90 dans le cas des Pléiades), se sont tous formés à partir d'un même nuage de gaz et de poussières interstellaire. On rencontre ainsi un nuage de ce type sous la ceinture d'Orion, dans la constellation d'Orion voisine.

À 2 000 années-lumière de notre Terre et proche du centre de la Voie lactée, l'**amas ouvert du Papillon,** dans la constellation du Scorpion, apparaît dans le ciel nocturne à peu près de la taille de la pleine lune.

Selon la légende, les Pléiades étaient les filles du géant **Atlas**, qui supportait la voûte céleste sur ses épaules. «

De formation récente, les **étoiles de l'amas ouvert des Pléiades** – photographié ici par le télescope spatial Spitzer – sont la preuve que les étoiles naissent par groupes entiers avant de se disperser. «

En général, les amas stellaires ouverts se forment par deux, ou même davantage. On considère par exemple que les Hyades et l'amas stellaire Praesepe sont nés ensemble voici sans doute 600 millions d'années. Il arrive parfois que deux amas stellaires nés en même temps forment un double amas.

En astrophysique, les amas stellaires ouverts sont d'un grand secours pour étudier la formation des étoiles. En raison de leur origine commune, toutes les étoiles les composant ont en effet à peu près le même âge et

Ces voiles rouges diffus – particulièrement frappants dans la **nébuleuse de l'Aigle** – sont des nuages de gaz d'hydrogène et le matériau de formation des étoiles, qui naissent par grappes entières.

Aisément visibles à l'œil nu, les **Pléiades**, dans la constellation du Taureau, et leurs sept étoiles les plus brillantes (les « Sept Sœurs »), sont l'un des **amas stellaires ouverts** les plus connus. »

H et chi Persei

Double amas H et chi de Persée sont le double amas le plus connu de la Voie lactée. Abritant chacun dans les 300 étoiles, ils n'ont qu'entre 1 et 4 millions d'années – ce qui, même pour des amas ouverts, est extrêmement jeune. Bien qu'ils ne soient éloignés que de 100 années-lumière l'un de l'autre, ils ne sont pas gravitationnellement liés. La plupart de leurs étoiles sont de couleur bleue ; elles paraissent entourées d'un groupe d'étoiles rouges formant un halo autour du double amas, qui paraît ainsi largement plus grand qu'en réalité. On ne sait pas encore avec certitude quelles sont les étoiles rouges (au nombre d'environ deux douzaines) appartenant à h et à chi.

la même composition chimique. Leurs petites différences de propriétés se repèrent donc beaucoup plus vite que chez des étoiles isolées.

Des voiles de gaz diffus

Les voiles diffus dont sont entourés les Pléiades et beaucoup d'autres jeunes amas stellaires ouverts pourraient laisser croire que leurs étoiles sont encore nichées dans le nuage les ayant vues naître. Or, ce nuage originel est dispersé au fil du temps par la pression due au rayonnement des étoiles ; normalement, seuls 10 % du nuage « sert » à la formation des étoiles – le reste étant dispersé par la pression de radiation.

La fin des Pléiades Les voiles de gaz environnant les Pléiades ne sont donc pas un cocon originel. Il s'agit d'une nébuleuse interstellaire actuellement traversée par l'amas ouvert des Pléiades. Ce type d'événement ou de collision perturbe cependant les amas ouverts, dont la structure ne subsistera généralement guère plus de 200 millions d'années. L'amas des Pléiades perdurera donc vraisemblablement 250 millions d'années, avant que ses membres ne se dispersent dans toutes les directions sous les influences interstellaires.

L'amas stellaire ouvert **Praesepe** (ou La Crèche, M44), dans la constellation du Cancer, peut être observé à l'œil nu dans le ciel d'hiver et de printemps ; c'est le second amas stellaire le plus brillant du catalogue Messier, après les Pléiades. «

M13 et les amas globulaires

Rares sont les objets aussi remarquables dans le ciel que les amas globulaires. Il s'agit de concentrations stellaires très denses, pouvant compter quelques milliers à plusieurs millions d'étoiles liées par la gravité dans un espace sphérique. Les amas globulaires se rencontrent dans les régions externes de notre Galaxie, le halo.

M13 (Messier 13), dans la constellation d'Hercule, est l'amas globulaire le plus brillant du ciel de l'hémisphère Nord. Un télescope de 20 centimètres d'ouverture suffit à résoudre les étoiles individuelles de la marge de cette concentration stellaire, ce qui en fait un objet gratifiant pour les astronomes amateurs. Situé à environ 25 000 années-lumière du Soleil et d'un diamètre de 150 années-lumière, M13 recèle plus de 300 000 étoiles.

Autres amas globulaires

Les **amas globulaires** comme **M13** dans la constellation d'Hercule sont des formations très anciennes, le plus souvent situées dans le halo de la Voie lactée. M13 fut sélectionné comme cible du message d'Arecibo, ce qui le rendit célèbre.

Les amas globulaires ne sont pas rares. Ils évoluent au sein du vaste halo des galaxies, auxquelles ils sont liés par la gravitation. Ces amas sont principalement composés de vieilles étoiles rouges ne renfermant que peu d'éléments lourds – ce qui les distingue nettement des amas stellaires ouverts comme les Pléiades, qui font partie des plus jeunes concentrations d'étoiles de notre Galaxie. À ce jour, 151 amas globulaires ont été découverts dans notre Voie lactée, qui selon les estimations, pourrait encore en abriter entre 160 et 200, sans doute

Message pour les Aliens

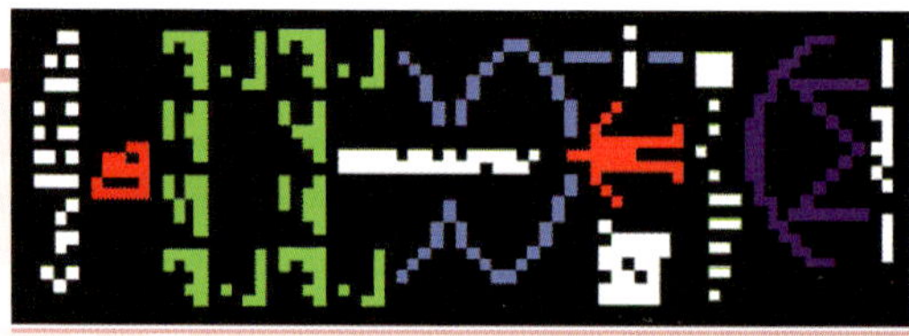

Le message d'Arecibo En 1974, à l'initiative de l'astronome et chercheur américain Frank Drake, travaillant sur le projet SETI, un puissant signal radio fut envoyé vers M13 par le radiotélescope de 304 mètres de diamètre de Puerto Rico (observatoire d'Arecibo). Il recélait un message codé et avait pour but d'établir un contact avec une éventuelle civilisation extraterrestre. L'amas stellaire M13 avait été choisi pour sa forte concentration d'étoiles au sein d'un espace relativement restreint, ce qui était censé multiplier les chances d'y rencontrer un monde habité. L'âge avancé de M13 accroît aussi la probabilité qu'y vive une civilisation hautement développée. Mais si l'on considère le temps nécessaire au signal – même s'il se propage à la vitesse de la lumière – pour atteindre sa cible, la réponse d'une civilisation à la technologie avancée nous parviendrait au plus tôt dans 45 600 ans.

L'inclinaison de la galaxie d'**Andromède**, à 2,5 années-lumière, rend les amas globulaires de son halo aisément observables.

tout simplement cachés derrière les nuages de gaz et de poussières de la Galaxie. La plupart des amas globulaires s'observent dans le ciel de l'hémisphère Sud

Les galaxies de grande taille, comme celle d'Andromède, peuvent contenir beaucoup plus d'amas stellaires : jusqu'à 500 – les galaxies elliptiques géantes, comme M87, pouvant en recéler pour leur part jusqu'à 10 000. Ces amas tournent autour de leur galaxie en quelque 131 000 années-lumière ou davantage.

Densité de population Les amas globulaires abritent une très forte densité de population d'étoiles, ce qui accroît les influences stellaires mutuelles et les collisions de proximité, qui sont assez fréquentes. On y rencontre beaucoup plus fréquemment qu'ailleurs des objets exotiques tels qu'étoiles retardataires bleues, pulsars milliseconde et binaires X. Une retardataire bleue résulte de la fusion de deux étoiles appartenant vraisemblablement à un système d'étoiles doubles.

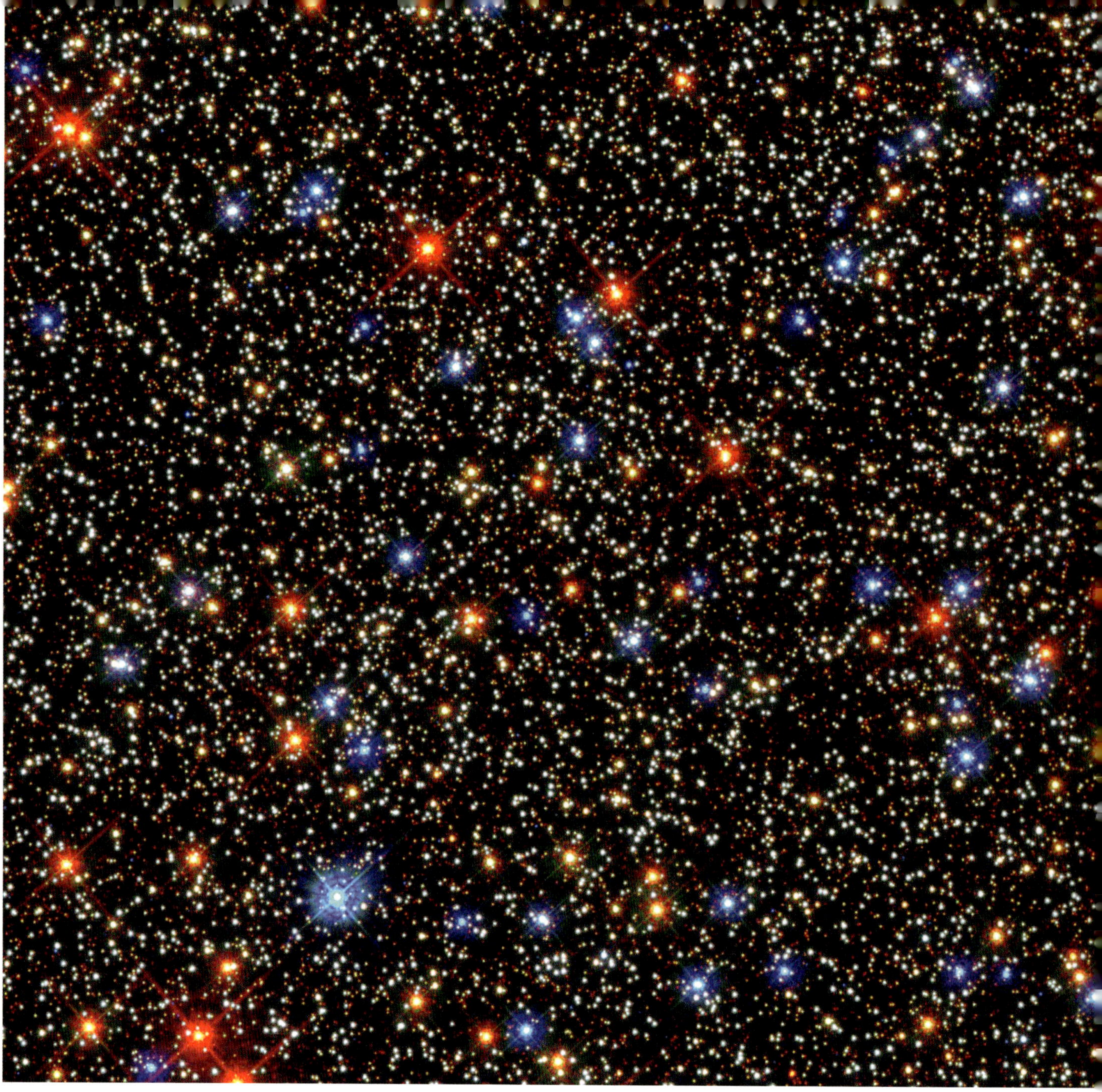

Principaux amas globulaires

Nom	Constellation	Distance (années-lumière)	Diamètre (années-lumière)	Nombre d'étoiles
M4	Scorpion	7 200	75	
M22	Sagittaire	10 400	97	
47 Tucanae	Toucan	13 400	120	1 million
Omega Centauri	Centaure	17 300	150	10 millions
M5	Serpent	24 500	165	
M13	Hercule	25 100	150	300 000
M15	Pégase	33 600	88	
M3	Chiens de chasse	33 900	223	500 000
M2	Verseau	36 200	150	150 000

Vue de la région centrale de l'amas globulaire **Omega Centauri**, considéré comme le plus brillant amas globulaire visible. Au centre se situe un trou noir de l'ordre de 40 000 masses solaires.

Cette image de l'**amas globulaire M15**, dans la constellation de Pégase, montre clairement la forte concentration d'étoiles au centre et l'absence de gaz et de poussières – M15 n'accueillant plus de naissances d'étoiles.

Âge Avec 12,7 milliards d'années, les étoiles des amas globulaires sont parmi les plus vieilles de notre Galaxie. Le diagramme d'Hertzsprung-Russell permet de déterminer très facilement leur âge et montre clairement qu'il s'agit de vieilles étoiles de population II. En comparaison, les étoiles des amas stellaires ouverts, comme les Pléiades, qui n'ont « que » 10 millions d'années, sont nettement plus jeunes.

Les étoiles des amas globulaires se trouvant en général toutes au même stade de leur évolution, il est probable qu'elles soient aussi nées à la même époque. Il n'existe aucun amas globulaire connu où naissent encore des étoiles, et c'est pourquoi ils ne renferment plus ni gaz ni poussières ; ces amas sont contemporains de la naissance des premières étoiles de la Voie lactée.

Trous noirs Les astronomes ne recherchent pas seulement les trous noirs du centre des galaxies, mais également ceux des amas globulaires. La détection de ces derniers objets est d'une importance capitale, car ils présentent une taille intermédiaire entre les trous noirs classiques issus de l'effondrement d'une étoile massive et les trous noirs supermassifs situés au centre des galaxies, au cœur de notre Voie lactée par exemple. Découvrir les trous noirs des amas globulaires exige une précision actuellement offerte par le télescope spatial Hubble.

Et de fait, des programmes de recherche indépendants ont permis la découverte d'un trou noir de taille moyenne (4 000 masses solaires) dans l'amas globulaire M15, ainsi que d'un trou noir de 20 000 masses solaires dans l'amas globulaire Mayall II, au sein de la galaxie d'Andromède. Mais en dépit d'aussi fascinantes découvertes, l'origine des amas globulaires et leur rôle dans l'évolution galactique sont encore loin d'être définitivement élucidés.

Des nuages de gaz et de poussières

Les étoiles naissent au sein de gigantesques nuages de gaz et de poussières parcourant notre Voie lactée comme des voiles nébuleux. La nébuleuse d'Orion est sans doute la plus connue de ces berceaux d'étoiles : non contente de se situer dans la plus belle constellation d'hiver – sous la Ceinture d'Orion, où elle forme en partie l'Épée –, elle y est aussi visible à l'œil nu.

Avec ses 30 années-lumière de diamètre, la nébuleuse d'Orion, dite aussi Messier 42 (M42), est déjà en soi un très grand objet céleste, dont la surface apparente couvrirait quatre fois le disque de la pleine lune. Mais cette partie visible de la nébuleuse d'Orion n'est en réalité qu'une infime portion d'un nuage moléculaire sombre beaucoup plus vaste (plusieurs centaines d'années-lumière de diamètre) : le nuage, ou complexe, d'Orion, s'étendant sur toute la constellation d'Orion. Outre la nébuleuse d'Orion qui en forme la partie centrale, et son système quadruple d'étoiles (le Trapèze), ce complexe nébuleux contient aussi des objets individuellement identifiés comme la boucle de Barnard (Barnard's Loop) et la nébuleuse de la Tête de Cheval.

Les **nébuleuses par réflexion**, comme la **nébuleuse du Boomerang**, ne brillent que parce qu'elles réfléchissent la lumière d'une étoile proche – ici au centre des deux « jets ».

Petit cours de néphologie

Toutes les galaxies sont parcourues d'une multitude de nébuleuses interstellaires (nébuleuses diffuses) pareilles à des voiles, situées en majorité dans le plan de ces grandes « îles » galactiques. Selon leur façon de réfléchir la lumière, ces nébuleuses diffuses sont divisées en trois catégories : les nébuleuses à émission, les nébuleuses par réflexion et les nébuleuses obscures, dites en absorption.

Nébuleuses à émission Les nébuleuses à émission, dont fait partie la nébuleuse d'Orion, sont avant tout constituées d'hydrogène et rayonnent par elles-mêmes. Sur les photos, ces nébuleuses apparaissent toujours rouges – une grande partie de l'hydrogène rayonnant dans ce domaine du spectre.

Nébuleuses par réflexion Ce sont des nuages froids de gaz et de poussières, qui n'émettent plus de lumière, mais diffusent et réfléchissent la lumière d'étoiles proches. La lumière bleue étant mieux réfléchie que la rouge, les nébuleuses par réflexion apparaissent en général bleues. L'amas stellaire des Pléiades, dans la constellation du Taureau, est environné d'une nébuleuse de ce type, qui apparaît sur les photos avec une lueur bleue. On peut souvent observer ensemble des nébuleuses à émission et des nébuleuses par réflexion : c'est le cas de la nébuleuse Omega M17 et de la nébuleuse Trifide M20, dans la constellation du Sagittaire.

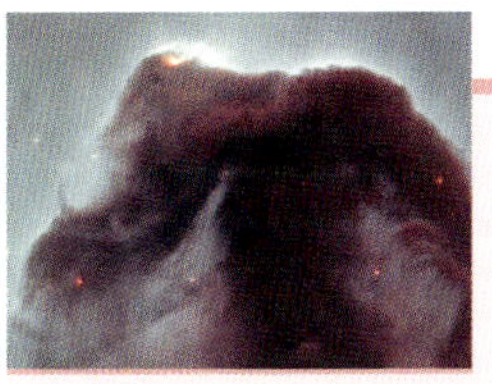

La Tête de Cheval

Une tête de caractère Lors d'une enquête de la NASA visant à déterminer quel objet céleste le télescope spatial Hubble photographierait à l'occasion de son 11e anniversaire, la nébuleuse de la Tête de Cheval arriva en tête, et ce à juste titre : cette nébuleuse obscure, visible dans le ciel nocturne juste au sud de l'étoile gauche de la ceinture d'Orion, est en effet l'un des plus beaux objets célestes. La nébuleuse de la Tête de Cheval est un nuage extrêmement dense, sombre et froid, formé de gaz et de poussières ; sa silhouette qui se découpe nettement devant la brillante nébuleuse à émission IC 434 est davantage soulignée encore par le rayonnement de la brillante étoile Sigma Orionis. Cette nébuleuse obscure dont semble surgir la tête d'un cheval abrite de jeunes étoiles en formation. Les raies visibles dans la brillante région au-dessus de la Tête de Cheval sont vraisemblablement issues des champs magnétiques de la nébuleuse.

La **nébuleuse d'Orion**, dans la constellation et l'Épée d'Orion, est suffisamment étendue dans le ciel pour être observée à l'œil nu. «

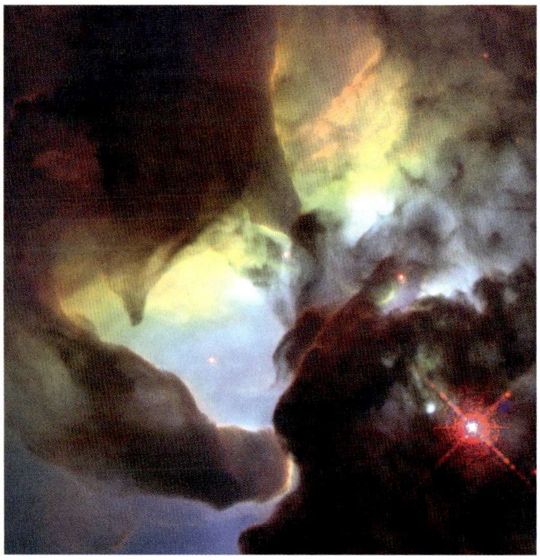

Ces **nébuleuses obscures** et à **émission** côte à côte montrent clairement que la matière interstellaire se compose de gaz et de poussières.

Nébuleuses obscures Les nébuleuses obscures, ou en absorbtion, constituent le troisième type de nébuleuses. Il s'agit de régions présentant une concentration élevée de poussières et apparaissant sous forme de taches sombres entre les étoiles ou devant de brillantes nébuleuses à émission.

Où se trouvent les nébuleuses ?

Les photos de la Voie lactée vue par-dessus et des systèmes d'étoiles extragalactiques montrent nettement que la majorité des nébuleuses à émission, par réflexion mais aussi en absorption se concentrent dans le plan du disque galactique, et plus exactement dans les bras spiraux et au centre, régions particulièrement riches en gaz et en poussières. Bien que leur formation soit possible dans toutes les régions de la Voie lactée, c'est aussi là que naissent la plupart des étoiles. Les nébuleuses à émission leur donnent naissance par groupes entiers, et sont souvent associées à des amas ouverts d'étoiles jeunes. De nombreuses nébuleuses à émission spectaculaires sont visibles vers le Sagittaire ; on y trouve aussi beaucoup de nébuleuses obscures se détachant sur la bande lumineuse de la Voie lactée et empêchant d'en voir le centre.

Naissance des étoiles

La condensation de la matière dans la nébuleuse d'Orion en fait un berceau d'étoiles. Ces jeunes étoiles, dont celles dites du Trapèze, ionisent l'hydrogène ambiant, faisant ainsi briller la nébuleuse et dispersant sous leur influence le nuage de gaz et de poussières, qui laisse apparaître une trouée sphéroïdale dont l'intérieur est éclairé par le rayonnement ionisant. Cette nébuleuse abrite de nombreux objets du plus haut intérêt, caractéristiques des pépinières d'étoiles : globules de Bok, objets Herbig-Haro, étoiles T Tauri et naines brunes. On y trouve aussi des indices de la présence d'étoiles entourées de disques protoplanétaires, berceaux des systèmes planétaires.

Sur cette image, les gigantesques filaments de poussières du centre de la **nébuleuse Trifide**, dans le Sagittaire, sont parfaitement visibles.

Des trous dans les abîmes de l'Univers ?

Les nébuleuses obscures, comme La Tête de Cheval dans Orion ou la nébuleuse du Sac de Charbon dans la Croix du Sud sont à la fois inquiétantes et fascinantes : elles donnent l'impression d'un gouffre s'ouvrant dans le ciel. Mais le rôle des nébuleuses ou nuages obscurs est primordial ; ils renferment les matériaux des nouvelles étoiles.

La Tête de Cheval et le Sac de Charbon Ces deux nébuleuses obscures sont les plus célèbres des nébuleuses interstellaires denses et froides, lesquelles forment de grandes régions presque homogènes au sein d'une brillante nébuleuse à émission, d'une nébuleuse par réflexion faiblement éclairée, ou encore d'un champ d'étoiles. Parfois, les nébuleuses obscures parcourent ces régions sous forme de filaments ou de toile d'araignée. La nébuleuse Trifide M20, dans la constellation du Sagittaire, et bien sûr les nébuleuses du plan de notre disque galactique en sont de spectaculaires exemples.

La poussière sombre

En plusieurs endroits du milieu interstellaire flotte une poussière sombre. Cette composante de la matière interstellaire est surnommée « poussière d'étoiles ». Il s'agit de grains de matière parfois microscopiques, et qui ne se sont pas agglomérés en corps solides tels qu'étoiles, planètes ou astéroïdes. Les nuages de poussière interstellaire sont sombres, et leur température peut descendre jusqu'à -263 °C. Ces petites particules de matière condensée se forment dans les enveloppes extérieures relativement froides des géantes rouges, puis sont éjectées par la pression radiative sous forme de vent stellaire – ou bien projetées très loin dans l'espace par des explosions de novæ ou supernovæ.

Composition Les éléments les plus représentés dans la poussière interstellaire sont l'hydrogène, l'hélium, l'oxygène, l'azote, le néon, le silicium, le fer et le magnésium – auxquels s'ajoutent assez souvent des molécules de pierres précieuses résistantes à la chaleur, telles que diamants, corindons (que la présence de titane transforme en saphirs), spinelles et olivines.

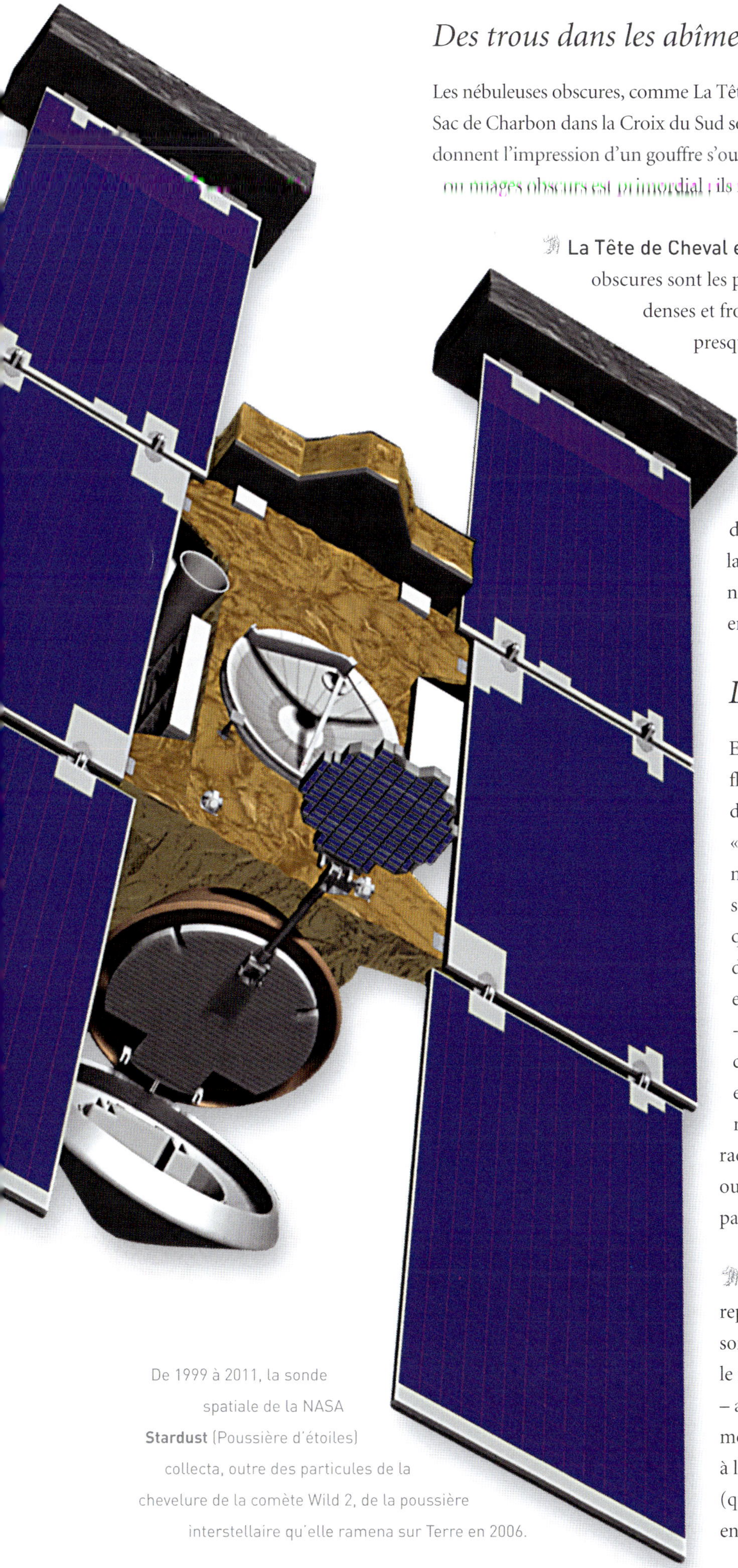

De 1999 à 2011, la sonde spatiale de la NASA **Stardust** (Poussière d'étoiles) collecta, outre des particules de la chevelure de la comète Wild 2, de la poussière interstellaire qu'elle ramena sur Terre en 2006.

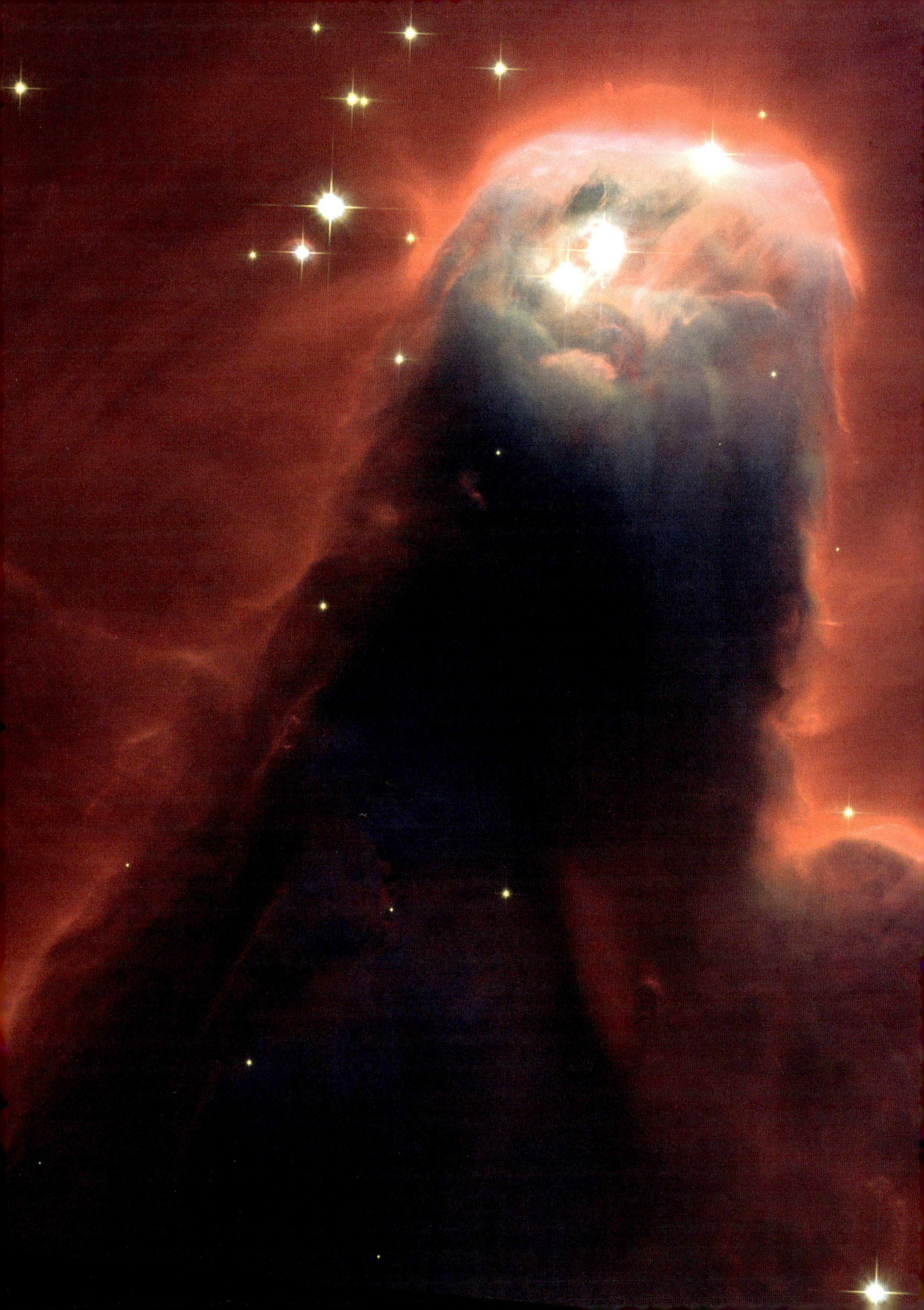

Les nuages de gaz et de poussières de la **nébuleuse du Cône** – plus de sept années-lumière de longueur et 2,5 années-lumière de largeur à son sommet – s'amoncellent dans l'Univers comme une tour géante. «

Nuages moléculaires La poussière interstellaire est en outre une composante-clé des nuages moléculaires, où elle est mêlée à l'hydrogène. La masse des plus grands nuages de ce type, les nuages moléculaires géants (en anglais *giant molecular clouds*, GMC), vaut plusieurs millions de fois (jusqu'à 10 millions) celle du Soleil, et représente ainsi une importante part de la masse du milieu interstellaire. Ces nuages, qui peuvent s'étendre sur plus de 300 années-lumière, possèdent une densité moyenne comprise entre 100 à 300 molécules par centimètre cube et une température interne de seulement 7 à 15 °K, et constituent des réservoirs de matériaux pour la fabrication des étoiles. Les astronomes suspectent les nuages moléculaires sombres de très haute densité, appelés globules, d'être une pouponnière d'étoiles.

Nébuleuses planétaires et naines blanches

En dépit de leur nom, les nuages de matière dits des « nébuleuses planétaires » n'ont aucun rapport avec les planètes. Une nébuleuse planétaire est en fait un halo de matière brillant, formé des enveloppes extérieures éjectées, sous forme de nuage en expansion, par une géante rouge en phase terminale.

Halos brillants Le terme de « nébuleuse planétaire » a une origine historique : vues à travers les lunettes du XVIIIe siècle, ces nébuleuses avaient en effet une forme de disque rappelant celle des planètes, et Wilhelm Herschel les qualifia donc de « planétaires ». Mais en dépit des apparences, leur bulle de gaz n'est pas annulaire. Soit le matériel stellaire, éjecté sous forme d'enveloppe sphérique, est masqué par une épaisse couche de poussières ne laissant voir que le bord extérieur de l'enveloppe – soit la nébuleuse planétaire ressemble, comme le pensent d'autres chercheurs,

Photographiée ici par le télescope spatial Hubble, la **nébuleuse de l'Insecte** ou du **Papillon**, dans le Scorpion, est parmi les plus brillantes des **nébuleuses planétaires**.

à un tore-fuseau se rapprochant de profil de la nébuleuse de l'Haltère. Cette thèse s'appuie sur le modèle de la nébuleuse de l'Hélice, photographiée par le télescope spatial Hubble ; mais l'hypothèse d'une forme cylindrique ou tubulaire est également envisagée.

Les nébuleuses planétaires possèdent généralement une silhouette symétrique et à peu près sphérique – mais parfois aussi des formes très différentes et complexes. Les raisons de cette très grande diversité de formes ne sont pas exactement connues à ce jour, et font l'objet de controverses. Il est probable que l'influence gravitationnelle des étoiles compagnes y participe.

Éléments constitutifs Les nébuleuses planétaires types sont constituées d'hydrogène et d'hélium à hauteur respective d'environ 70 % et 28 % – et pour le reste, principalement de carbone, d'azote et d'oxygène, ainsi que d'autres éléments à l'état de traces. Expulsées par des étoiles massives arrivées au stade final de géantes rouges, leur température est portée à 10 000 °C par le rayonnement UV du cœur de l'étoile mourante. Au fil

Mosaïque de la **nébuleuse du Sablier**, réalisée à partir d'images à différentes longueurs d'ondes. Les anneaux de gaz sont composés d'azote (rouge), d'hydrogène (vert) et d'oxygène (bleu).

La **nébuleuse de l'Hélice**, l'une des plus grandes nébuleuses planétaires. La teinte rouge de ses enveloppes de gaz extérieures provient de la lumière des atomes d'hydrogène et d'oxygène excités par le rayonnement UV. »

du temps cependant, la nébuleuse perd de sa densité en s'étendant : en général, les nébuleuses planétaires ne vivent pas très longtemps. La nébuleuse pâlit progressivement ; au bout de quelques dizaines de milliers d'années, elle n'est plus qu'une coquille de gaz à peine visible. L'étoile qui l'a rejetée devient de son côté une naine blanche.

Voilà comment pourraient apparaître aux astronautes une naine blanche comme **Sirius A** (l'étoile la plus brillante du ciel de l'hémisphère Nord) et son étoile compagnon, **Sirius B**.

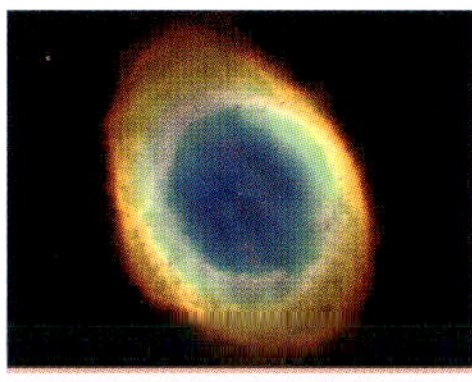

Nébuleuse de l'Anneau

Un vestige d'étoile La nébuleuse de l'Anneau, dans la constellation de la Lyre, est le vestige ou rémanent d'une étoile qui, voici 20 000 ans, éjecta son enveloppe extérieure de gaz dans une gigantesque explosion en supernova. Cette enveloppe qui s'étend depuis à raison de 19 kilomètres par seconde a actuellement atteint un diamètre apparent d'environ 118 secondes d'arc, ce qui correspond, à une distance de 2 300 années-lumière, à un diamètre absolu de 1,3 année-lumière. Le halo externe s'étend à lui seul sur plus de 2 années-lumière ; il est possible que cette partie de la nébuleuse de l'Anneau soit un reste du vent stellaire initial de l'étoile centrale – avant que celle-ci n'ait éjecté le nuage de gaz proprement dit. L'étoile résiduelle centrale, qui émet de fortes quantités de radiations UV, rend la nébuleuse fluorescente ; il s'agit d'une naine blanche dont la température s'élève à 70 000 °C.

Une étoile naine au centre Au centre d'une nébuleuse planétaire se trouve toujours une minuscule étoile très chaude (autour de 100 000 °C) qui, en raison de sa température, émet une lumière blanche : d'où son nom de naine blanche. Une naine blanche correspond au cœur d'une ancienne géante rouge ayant épuisé son combustible, mais contenant de grandes quantités de carbone et d'oxygène, produits finaux de la fusion de l'hélium. Ne produisant plus d'énergie, cette géante s'effondre et se contracte en une minuscule étoile. Une naine blanche est à peu près de la même taille que la Terre, pour une masse équivalente à celle du Soleil.

La matière de ces étoiles étant un million de fois plus dense que l'eau, elles possèdent un puissant champ de gravité. À la surface d'une naine blanche, un homme pèserait 600 tonnes, et une boîte d'allumettes remplie de cette même matière stellaire aurait le poids d'un éléphant adulte. Plus brillante étoile du ciel de l'hémisphère Nord, Sirius, dans la constellation du Grand Chien, est parmi les plus connues des étoiles ayant pour compagnon une naine blanche. Ce compagnon (la naine blanche Sirius B) n'est cependant visible qu'à l'aide de grands télescopes ou grâce au télescope spatial Hubble.

La limite de Chandrasekhar La masse maximale d'une naine blanche vaut 1,4 fois la masse solaire : voilà l'étonnante découverte faite en 1930 par l'astrophysicien américain d'origine indienne Subrahmanyan Chandrasekhar (1910-1995). Il démontra que plus une naine blanche est massive, plus elle est comprimée et réduite sous l'effet de sa propre gravité. Quand le cœur éteint de l'étoile vaut plus de 1,4 fois la masse solaire (limite de Chandrasekhar), la naine blanche s'effondre et forme une étoile à neutrons ou même un trou noir.

La mort des étoiles

Selon de vieilles sources chinoises, une étoile « hôte » rouge-blanc, aussi brillante que la pleine lune, apparut un jour dans la constellation du Taureau. Visible même en plein jour, son éclat diminua cependant au cours des deux années qui suivirent. Il s'agissait d'une supernova.

La **nébuleuse du Crab**e, dans le Taureau, est le rémanent d'une étoile qui explosa en **supernova** en l'an 1054.

Les supernovæ sont sans conteste l'un des plus spectaculaires événements célestes ; leur brusque apparition s'accompagne d'un éclat si intense qu'il peut éclipser celui d'une galaxie entière, ce qui les rend également aisément observables dans d'autres galaxies. Parce qu'elles laissent croire à la naissance d'une étoile, elles reçurent le nom latin de *nova*, « nouvelle » étoile.

Connaissances actuelles sur les novæ

Mais en réalité, le phénomène des novæ (dont le nom latin complet est *Stella nova*, « nouvelle étoile ») ne correspond nullement à la naissance d'une étoile, laquelle existe déjà. Comme le savent à présent les astronomes, cette étoile peut être sujette, pour des raisons diverses, à une brusque augmentation de luminosité atteignant son pic en quelques jours ou années, pour décroître ensuite en l'espace de quelques semaines ou décennies, et revenir à son état initial.

L'éclat de la **supernova 1994D**, dans la galaxie NGC 4526, égalait presque celui de la galaxie environnante.

Nova ordinaire Ces explosions lumineuses naissent parfois dans un système d'étoiles doubles composé d'une naine blanche et d'une étoile de la série principale, comme notre Soleil ou une géante rouge. Les orbites très rapprochées de ces étoiles sont à l'origine d'interactions particulières, à savoir le transfert de matière de la plus grosse étoile vers la plus petite. Ce transfert de matière peut s'opérer soit par dépassement de la limite de Roche (distance à partir de laquelle un corps est déchiré par les forces de marée s'exerçant sur lui), soit par apport de matière (accrétion) depuis le vent stellaire de la plus volumineuse des composantes.

Ce transfert de matière provoque une augmentation de densité et de température de la surface de la naine blanche. Au-delà d'un certain seuil peuvent se déclencher des explosions thermonucléaires engendrant un brusque flash lumineux (thermonuclear runaway) – ce qui explique que novæ naines et supernovæ se ressemblent, bien qu'il s'agisse de phénomènes distincts ; l'énergie libérée par une nova est un million de fois inférieure à celle d'une supernova.

Magnitudes La magnitude d'une nova demeure à son maximum (entre -14^{m} et -17^{m}) pendant quelques jours à quelques mois puis décroît, d'abord très vite puis de plus en plus lentement, jusqu'au stade de post-nova, atteint en quelques années.

Selon l'évolution de leur luminosité, on distingue ainsi entre les novæ ordinaires (atteignant leur magnitude maximale en quelques heures), les novæ naines (atteignant leur pic de luminosité en quelques heures ou jours, et aux éruptions répétées), et les novæ récurrentes (intermédiaires entre les novæ ordinaires et naines).

Supernova – La mort d'une étoile

L'énergie et la luminosité émises par l'explosion d'une étoile massive, géante ou supergéante, sont d'un tout autre ordre de grandeur : en l'espace de quelques secondes, l'étoile produit autant d'énergie qu'au cours de toute son existence passée. Il n'est donc pas surprenant que les supernovæ (proches) puissent être facilement observées à l'œil nu.

Premiers astronomes à étudier la nature d'une nova, **Tycho Brahe** et **Johannes Kepler** crurent avoir affaire à la naissance d'une étoile.

Apparitions de supernovæ Outre celle de 1055, d'autres importantes observations de supernovæ ont été effectuées par le passé : citons la supernova de l'an 185 apr. J.-C., également repérée par des astronomes chinois, ainsi que les deux supernovæ décrites par Tycho Brahe en 1572 et Johannes Kepler en 1604. Ce fut la dernière explosion stellaire observée dans notre Voie lactée, où le phénomène est rare et estimé à seulement deux ou trois supernovæ par siècle, généralement masquées par la poussière interstellaire. Leurs débris ou rémanents restent cependant visibles en de nombreux endroits sous forme de nuages de gaz colorés en expansion. On connaît environ 150 rémanents de supernovæ, dont le plus célèbre est la nébuleuse du Crabe (Messier 1), dans la constellation du Taureau.

Types de supernovæ Le mécanisme déclenchant une supernova n'est pas le même pour une étoile en fin de vie appartenant à un système binaire et pour une étoile mourante isolée. Dans le premier cas il proviendra, comme pour une nova, d'une petite naine blanche très dense capturant la matière d'une compagne plus grande.

Dans ce cas – celui d'une supernova de type I –, la masse et la température de la naine blanche augmentent au point de déclencher des réactions nucléaires suivies de l'effondrement de l'étoile et d'une explosion dont la violence détruit l'ensemble du système binaire. La magnitude maximale des supernovæ de type I étant toujours identique, elle peut être utilisée pour déterminer des distances cosmiques.

Dans le second cas (supernova de type II), la cause de l'explosion réside dans l'étoile elle-même. Il s'agit d'une vieille étoile massive (géante rouge) ayant fabriqué en son sein des éléments de plus en plus lourds jusqu'au fer, processus requérant de l'énergie ; quand cette chaîne de production d'éléments aboutit au fer, l'énergie nécessaire à la fabrication de nouveaux éléments est alors épuisée.

Si sa masse dépasse 1,4 fois la masse solaire (limite de Chandrasekhar), l'étoile s'effondre sur elle-même et forme

1987A

Une étoile en fin de vie Le 23 février 1987 apparut dans le ciel la supernova la plus brillante que l'on ait vue depuis près de quatre siècles : la supernova 1987A. Cette explosion, qui se produisit dans le Grand Nuage de Magellan, en orbite près de notre Voie lactée, avait pour origine l'étoile Sanduleak -69° 202, une supergéante bleue d'une vingtaine de masses solaires, seulement observable à l'aide de grands télescopes.
En l'espace de 85 jours, l'étoile atteignit une magnitude de $2,8^{m}$, ce qui la rendait visible à l'œil nu. Comparée aux supernovæ d'autres galaxies, cette supernova avait un éclat relativement faible ; mais c'était le premier événement de ce type observable avec des instruments modernes. La découverte de la supernova 1987A a été le fruit du hasard ; avant de la voir à l'œil nu, son découvreur croyait avoir affaire à une tache sur la pellicule.

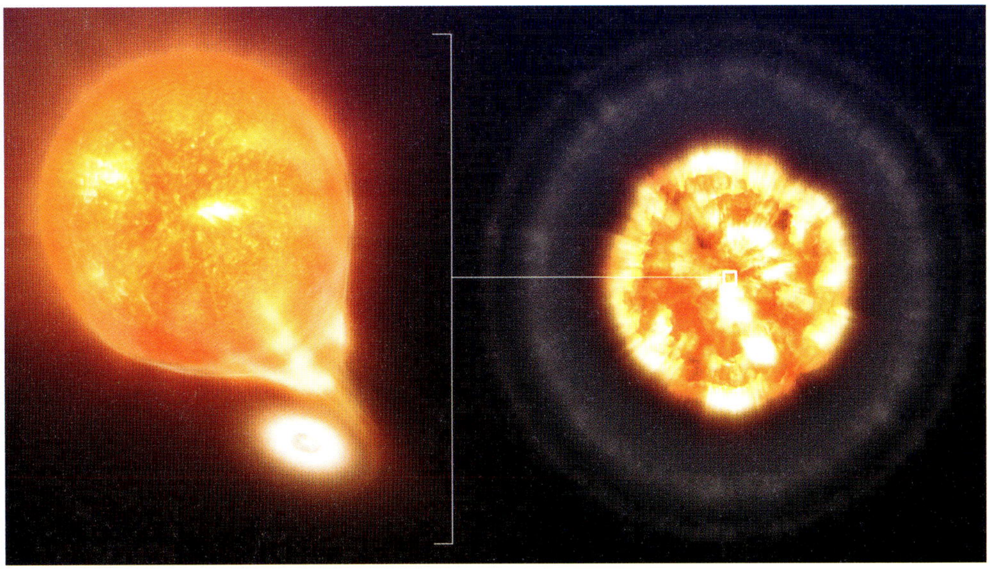

Une **Supernova de type I**, comme SN 2006X, est due à une naine blanche aspirant une telle quantité de matière de sa compagne qu'elle finit par imploser puis exploser.

La **supernova 1987A**, dans le Grand Nuage de Magellan ; on voit nettement la forte augmentation de luminosité accompagnant de tels cataclysmes cosmiques. «

Image du rémanent de la **supernova Cassiopeia A**, dont l'explosion date du milieu du XVIIe siècle, et de son onde de choc en expansion, colorée en bleu.

un noyau dense, presque exclusivement composé de neutrons. En s'effondrant sur ce noyau solide, les couches gazeuses rebondissent et s'éjectent dans l'Univers à une vitesse pouvant atteindre 70 millions de kilomètres par seconde. Les colossales quantités d'énergie alors dégagées disloquent entièrement les couches externes de l'étoile, dont le cœur se contracte pour former une étoile à neutrons ou un trou noir.

Éléments lourds Au cours de cette explosion, il arrive que soient produits des éléments plus lourds que le fer, tels que l'uranium. Ces éléments sont éjectés avec les enveloppes de l'étoile dans l'espace interstellaire, dont ils enrichissent le gaz. Ceci explique que les étoiles naissant actuellement dans l'Univers contiennent davantage d'éléments chimiques lourds que les plus âgées.

Rémanents de supernovæ Les supernovæ laissent de spectaculaires débris sous forme de brillants nuages de gaz : les enveloppes éjectées de l'étoile. Ces nébuleuses commencent par s'étendre (200 années-lumière) ; au bout d'un certain temps (1 000 ans), elles sont freinées par le milieu interstellaire environnant, et rayonnent encore pendant 100 000 ans l'énergie qu'elles ont emmagasinée. Les rémanents de supernovæ peuvent être observés en lumière visible, mais aussi dans le domaine radio et X.

Étoiles à neutrons et pulsars

L'explosion d'une étoile en supernova semble signer sa fin – mais les apparences sont trompeuses. Car comme toute fin, celle-ci porte en elle le germe d'un nouveau commencement : non seulement le gaz et les poussières éjectés dans l'espace forment le matériau de nouvelles étoiles, mais un résidu stellaire extrêmement dense apparaît : une étoile à neutrons.

Des astres extrêmes Tout dans une étoile à neutrons est extrême, à commencer par sa naissance résultant de l'effondrement du cœur d'une supernova, réduit à un tout petit corps d'une extrême densité. La masse de l'étoile à neutrons – approximativement celle du Soleil – est ainsi comprimée dans un espace pas plus grand que New-York. Sous l'énormité de la pression, les électrons et protons se transforment en neutrons et neutrinos, qui précipitent l'effondrement final ; le processus se poursuit jusqu'à ce qu'une grande partie du cœur soit formé de neutrons. La rotation de l'étoile autour d'elle-même se trouve en conséquence tellement accélérée que sa période finit par atteindre l'ordre de la milliseconde. Une étoile à neutrons n'abrite plus de processus de fusion nucléaire émettant un rayonnement. À partir d'une masse encore plus élevée – plus de trois masses solaires –, l'étoile à neutrons deviendra un trou noir.

Le satellite d'observation en rayonnement X CHANDRA est parvenu à photographier l'étoile à neutrons **Circinus X-1** en orbite autour d'une étoile ordinaire de quelques masses solaires.

Structure d'une étoile à neutrons Une étoile à neutrons n'est pas gazeuse, mais composée de matière à l'état solide et liquide. Sous l'écorce solide de fer se trouve une couche liquide essentiellement composée de particules subatomiques, les neutrons. La masse volumique d'une étoile à neutrons est de l'ordre de 10^{15} grammes par centimètre cube – ce qui signifie qu'un centimètre cube de sa matière pèserait environ un milliard de tonnes sur Terre. Ou pour choisir un exemple plus évocateur encore : une tête d'épingle de matière d'une étoile à neutrons pèserait deux fois plus que le plus grand pétrolier du monde.

Pulsare Les étoiles à neutrons n'émettent pas de rayonnement électromagnétique, mais il est possible de recevoir de certaines d'entre elles des impulsions électromagnétiques. Ces impulsions issues de la surface de ces cadavres stellaires sont générées par leur champ magnétique des millions de fois plus puissant que celui du Soleil. Les électrons et positrons pris dans ce champ sont accélérés jusqu'à la vitesse de la lumière par la rotation rapide de l'astre (période comprise 0,01 et 8 secondes), et libèrent une partie de leur énergie cinétique sous forme de rayonnement non thermique, appelé « rayonnement synchrotron ». Ce rayonnement, qui s'échappe des pôles magnétiques, est émis sous forme d'un cône étroit, comparable au faisceau d'un phare. Chaque fois que ce faisceau pointe vers la Terre, les astronomes captent une courte impulsion radio, ou pulse – d'où le nom « pulsar ».

Cette **comparaison des dimensions** d'un trou noir stellaire, d'une étoile à neutrons et d'une ville modélisée sur un carré de 40 km de côté fait nettement apparaître la petitesse des étoiles à neutrons, comprimées à l'extrême.

Période des pulsars Le pulsar le plus rapide émet 642 impulsions par seconde et le plus lent, 1 toutes les 5,1 secondes. La plupart des pulsars connus – plus de 1 700 – sont situés dans notre Voie lactée. C'est aussi là que se trouve, au centre de la nébuleuse du Crabe – vestige d'une supernova dont l'explosion s'est produite voici près de 1 000 ans – le plus connu des pulsars. Si une grande partie de sa matière stellaire s'est dispersée depuis sur 15 années-lumière dans l'espace, le cœur effondré existe toujours. Cette étoile à neutrons, qui fait un tour sur elle-même 30 fois par seconde, n'émet pas uniquement son énergie sous forme de rayonnement radio, mais aussi de rayonnement optique et X, responsable de la luminosité de la nébuleuse environnante.

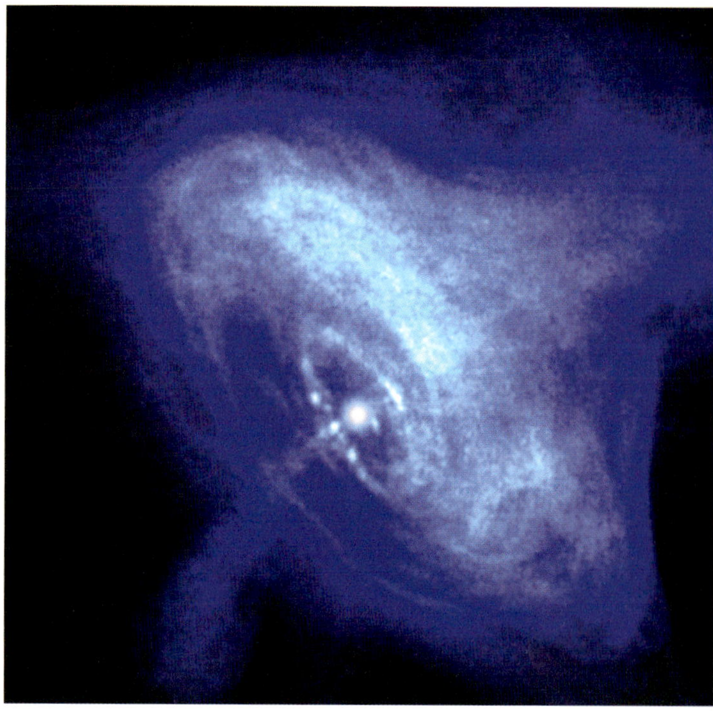

Gros plan de la région centrale de la nébuleuse du Crabe, de son **pulsar** et des jets de matière accélérée fusant des pôles.

Différents types de rayonnement Bien sûr, le pulsar du Crabe n'est pas le seul à émettre, outre des ondes radio, un faisceau lumineux le faisant ressembler à un phare dont l'éclair se répéterait à l'intervalle de fractions de secondes. Le pulsar Vela accomplit ainsi 11 fois par seconde le tour de son axe en émettant des éclairs de lumière. Les pulsars de ce type sont dits « pulsars optiques ».

Certains pulsars émettent davantage de rayonnement X que d'ondes radio. Il s'agit d'étoiles à neutrons appartenant

à un système binaire (binaires X), et ayant pour compagnon soit une étoile ordinaire, soit une naine blanche ou une seconde étoile à neutrons ; dans ce dernier cas, les deux composantes peuvent se rapprocher et décrire des spirales l'une autour de l'autre pour fusionner en trou noir.

Si l'étoile à neutrons aspire du gaz d'une compagne « normale », ce gaz, canalisé en spirale vers les pôles de l'étoile à neutrons par son puissant champ magnétique, s'abat à la surface des calottes polaires, qui échauffées jusqu'à 100 millions de degrés Celsius, émettent un rayonnement X. Chaque fois que du fait de la rotation, ces calottes chaudes sont orientées vers la Terre, les astronomes captent une impulsion X.

L'extinction des pulsars Habituellement, un pulsar ne finit pas en trou noir. Son émission prolongée de rayonnements entraîne au fil du temps un ralentissement de la vitesse de rotation ; l'étoile ainsi freinée a une période de pulsation plus longue. Au bout de dix millions d'années environ, le pulsar, devenu trop lent pour émettre des signaux radio, s'éteint – sauf si le gaz d'une géante rouge voisine s'effondre sur lui, le rendant pulsar milliseconde.

Des gouffres dans l'Univers

Les trous noirs – « Black Holes » en anglais – sont les objets les plus intéressants, les plus fascinants mais aussi les plus mystérieux de l'Univers. Leur énorme force de gravité empêchant tout rayonnement de s'en échapper, ces lieux à la physique « exotique » sont des pièges à lumière – des trous noirs.

Un objet stellaire extrême À l'origine de la formation d'un trou noir, on trouve une supernova : l'effondrement du cœur d'une étoile massive ayant éjecté ses couches externes. Jusqu'à trois masses solaires, l'étoile résiduelle devient en général une étoile à neutrons par effondrement gravitationnel. Mais au-delà, la gravité devient telle que l'étoile à neutrons se transforme en trou noir – un objet d'une densité phénoménale concentré dans un tout petit volume.

Types de trous noirs À côté de ces trous noirs stellaires d'environ 10 masses solaires, on distingue trois autres types de trous noirs.

Cette queue de plus de 4,2 années-lumière de long appartient à l'étoile à neutrons **PSR J03573205** (située dans son bout droit) et a été découverte en 2009 par le télescope spatial Fermi Gamma-ray Space.

Records supermassifs

Caché au centre Les astronomes suspectent l'existence d'un trou noir supermassif (4,3 millions de masses solaires) caché derrière la puissante source radio Sagittarius A*. Le nuage de gaz, qui selon des observations obtenues par l'ESO au VLT, se dirige vers lui pour être avalé vers 2036, est la preuve éclatante de son existence. Par ailleurs, l'existence d'un trou noir de 6,6 milliards de fois la masse solaire a été prouvée au centre de la galaxie M87. Les records actuels sont détenus par un trou noir de 18 milliards de masses solaires, dans le quasar OJ 287, et un autre de 21 milliards de masses solaires au centre de la galaxie NGC 4889 (découvert en 2011).

Vue d'artiste d'un **quasar**, galaxie extrêmement éloignée dont la luminosité provient probablement d'un trou noir supermassif situé au centre.

Les trous noirs dits « supermassifs » valent de un million à des milliards de fois la masse du Soleil. Il est probable que de tels trous noirs géants existent au centre de la plupart des galaxies. Ils sont vraisemblablement nés de l'effondrement de gigantesques nébuleuses de gaz aux premiers temps de ces galaxies. L'énorme gravité de ces Black Holes galactiques agglomère les gaz et les poussières en un

gigantesque disque, du centre duquel une petite partie des matières s'échappe perpendiculairement dans l'espace sous forme de jet. Ce disque d'accrétion peut apparaître sombre, comme dans la galaxie NGC 4261, ou brillant, comme dans les quasars.

Le cœur des jeunes et lointaines galaxies en formation abrite généralement déjà un trou noir ; ces trous noirs sont beaucoup plus actifs que ceux de l'Univers proche. La masse d'un trou noir galactique étant d'autre part proportionnelle à la masse des galaxies environnantes, il est possible d'en déduire que trous noirs et galaxies se sont vraisemblablement formés ensemble et parallèlement.

Les trous noirs de masse intermédiaire – autour de 1 000 masses solaires – résultent probablement de collisions et fusions stellaires causées par exemple par le rapprochement de deux pulsars ; l'existence de ce type de trous noirs n'est cependant pas confirmée. Un candidat possible pourrait se trouver au centre d'une galaxie naine de Seyfert, d'autres encore au centre des amas globulaires d'Omega Centauri, dans notre Voie lactée, ou encore dans Mayall II, au sein de la galaxie d'Andromède. Les conditions nécessaires à l'apparition d'un trou noir intermédiaire restent encore obscures.

Certains astronomes croient qu'il existe, outre les trous noirs engendrés par des supernovae, des micro-trous noirs nés au moment du big-bang. Appelés trous noirs primordiaux ou quantiques, ils se seraient formés dans des régions de l'espace extrêmement denses et énergétiques. Les fluctuations de densité – uniformément répartie dans l'Univers primordial – et l'expansion accélérée de celui-ci pendant la phase d'inflation cosmique succédant au big-bang furent aussi déterminantes dans leur apparition. La masse de ces Mini Black Holes serait de l'ordre de 1 012 kilogrammes, pour une taille n'excédant pas celle d'un noyau d'atome.

L'amas globulaire **Mayall II**, dans la galaxie d'Andromède, abrite peut-être un trou noir intermédiaire.

Selon les calculs de l'astrophysicien Stephen Hawking, la gravité élevée des trous noirs primordiaux permettrait l'émission d'un rayonnement, dit de Hawking. Mais du fait de la perte d'énergie et de masse engendrée par ce rayonnement, ces trous noirs se résoudraient finalement en éclair de rayons gamma. Depuis le milieu des années 1990, les scientifiques discutent donc pour savoir si ces trous noirs primordiaux dont la longévité, selon les calculs, équivaudrait à l'âge de l'Univers actuel, ne seraient pas à l'origine des brefs sursauts gamma enregistrés de la Terre.

Preuves d'existence des trous noirs Jusqu'à présent, aucune preuve directe de l'existence d'un trou noir n'a pu être apportée – ce qui est dû à leur nature exotique. Comme les trous noirs n'émettent aucun rayonnement électromagnétique, ces mystérieux objets ne peuvent être mis qu'indirectement en évidence. Les plus aisément

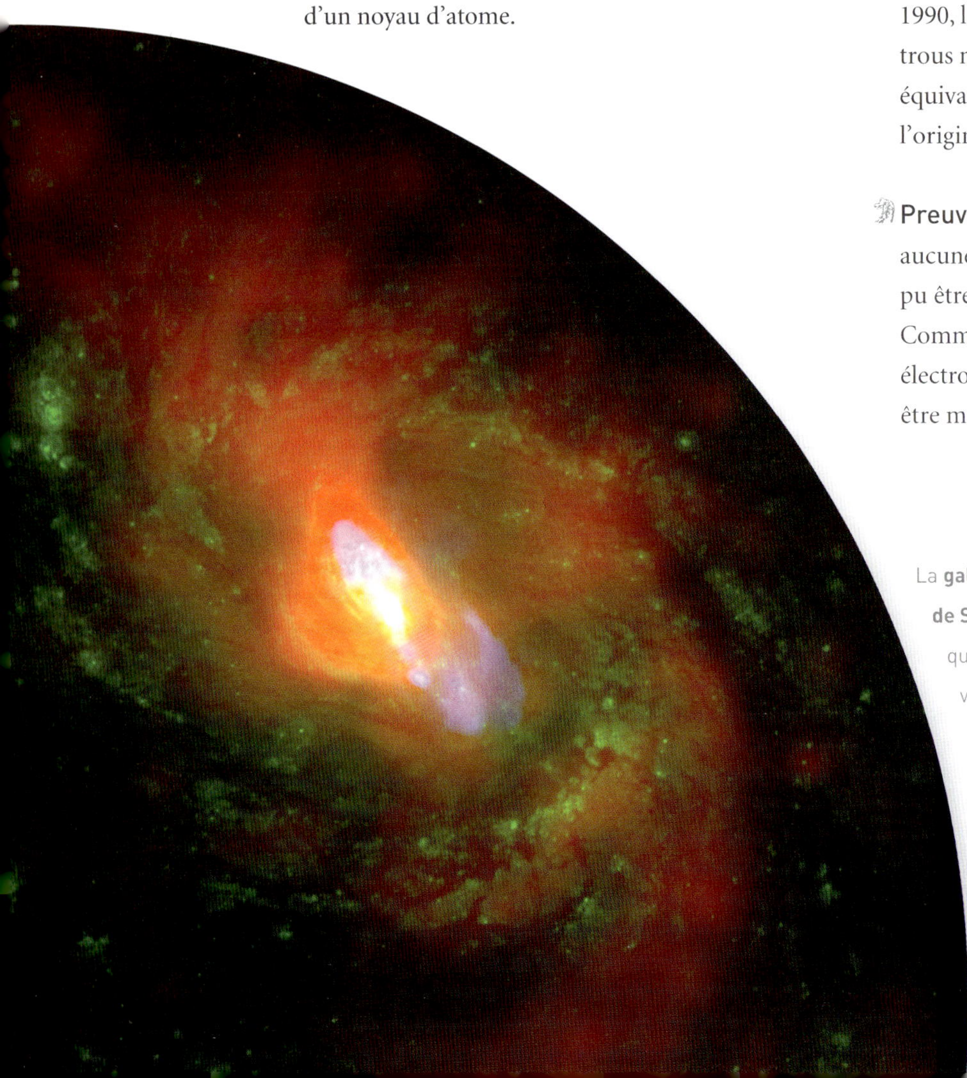

La **galaxie Circinus**, membre des **galaxies de Seyfert**. On y distingue de grandes quantités de matière noire et la lueur violette du gaz éjecté de son centre.

Les **disques d'accrétion** qui se forment autour des trous noirs permettent de mettre indirectement en évidence la présence de ces concentrations exotiques de matière. »

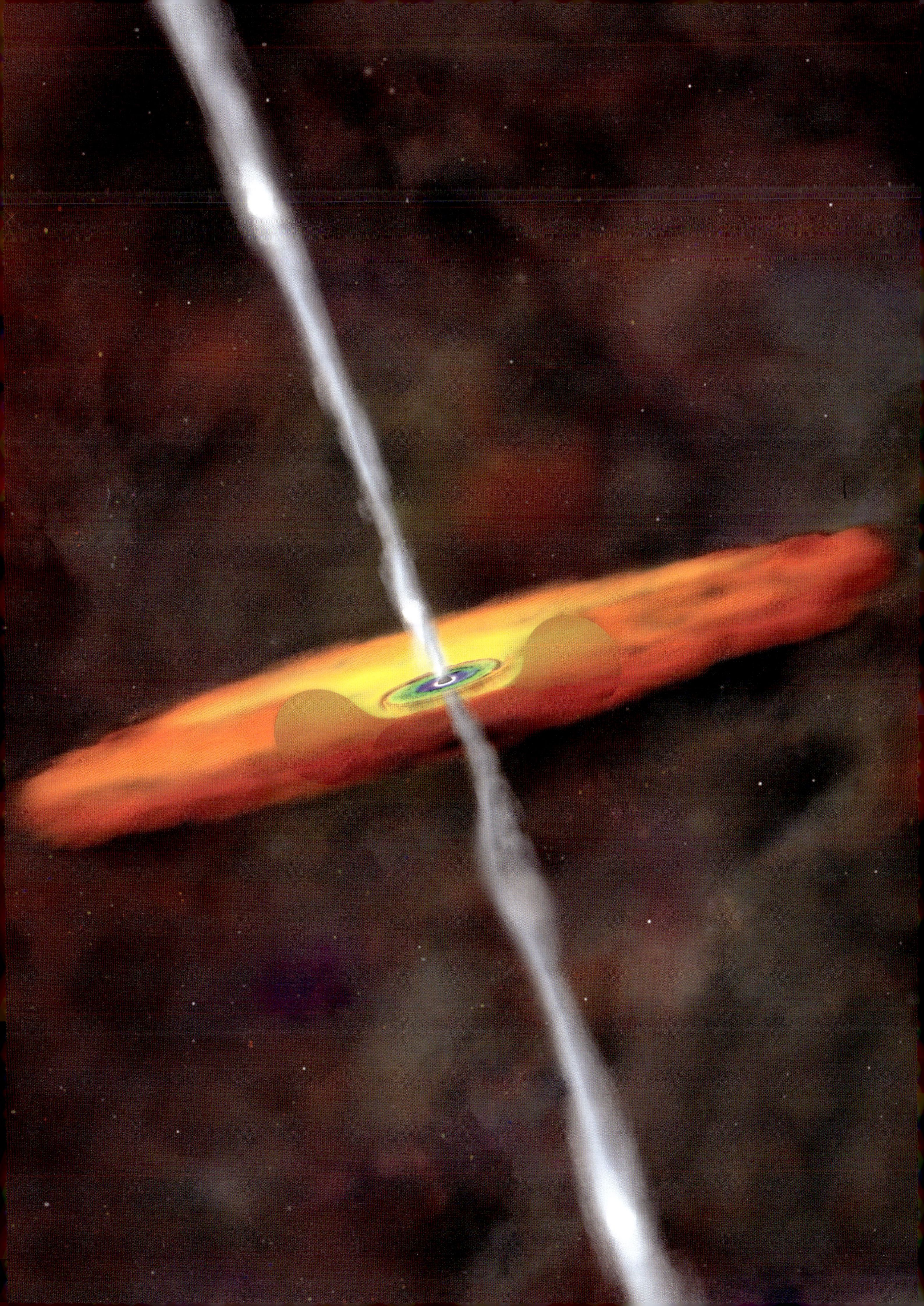

Cygnus X-1

Cygnus X-1 est le nom d'une binaire X dans la constellation du Cygne. Dans l'état actuel de nos connaissances, l'une de ses deux composantes serait un trou noir de 21±8 masses solaires et l'autre, une étoile bleue ordinaire mais très lourde (environ 40±10 masses solaires) ; ces étoiles font le tour l'une de l'autre en seulement 5,6 jours. Le rayonnement X provient du disque d'accrétion, résultat de l'aspiration par le trou noir de la matière de l'étoile compagnon. En 2001, les télescopes spatiaux Hubble et Chandra permirent de détecter la brusque disparition de la matière due à sa plongée derrière « l'horizon des événements ». Il est difficile de déterminer avec exactitude la distance de Cygnus X-1, évaluée entre 6 500 et 8 200 années-lumière.

Les images fournies par les observatoires du rayonnement X permettent de visualiser l'accélération du gaz autour du trou noir **Cygnus X-1** sous l'effet de la force de gravité de ce dernier.

repérables sont les trous noirs situés à proximité d'une autre étoile. Dans ce cas, le trou noir, par suite de son énorme gravité associée à une vitesse élevée, aspire des flux de gaz de l'étoile compagnon. Ce gaz tombe ensuite en spirale vers le trou noir, autour duquel il produit un disque d'accrétion ; chauffé par friction jusqu'à 100 millions de degrés Celsius, le gaz du disque émet un rayonnement X mesurable par les satellites.

Une autre méthode de détection des trous noirs, pour l'instant théorique, réside dans la mesure des ondes gravitationnelles émises lorsque tombent dans le trou noir, au lieu d'un nuage de matière cosmique, une étoile de grande taille ou un autre trou noir. De même qu'un caillou lancé dans l'eau génère à sa surface des ondes concentriques, la chute de tels objets pourrait – selon la théorie de la relativité générale en tout cas – engendrer des oscillations dans le cosmos. Des expériences de simulation du comportement des ondes gravitationnelle visent à modéliser de tels cataclysmes cosmiques.

Physique exotique C'est leur gravité extrêmement élevée qui détermine les états des trous noirs et leur action sur l'environnement. Un trou noir s'enfonce dans l'Univers et le déforme à la façon d'un objet lourd dans un mince tissu élastique. Le trou noir courbe l'espace-temps alentour, formant ainsi un puits de potentiel gravitationnel qu'il faut se représenter comme un entonnoir.

À l'extrémité de l'entonnoir se trouve le cœur effondré de l'étoile, réduit à un point infiniment petit et dense nommé

« singularité ». Cette singularité est entourée d'une frontière invisible : l'horizon des événements – la surface du trou noir dont plus rien ne peut s'échapper et que définit le « rayon de Schwarzschild ». La singularité d'un trou noir en rotation est annulaire ; ce type de trou noir comprend en outre un second « horizon des événements », appelé « ergosphère » (une sorte de « Whirlpool cosmique »).

Mais qu'il soit statique ou en rotation, le trou noir attire tout à lui – ce qui non seulement entraîne d'étranges effets sur ses bords et dans ses profondeurs, mais modifie aussi l'espace et le temps.

Du fait de leur gravité élevée, les trous noirs peuvent produire un effet de lentille gravitationnelle et faire naître des mirages gravitationnels, comme la **Croix d'Einstein**.

Effets Un trou noir courbe ainsi les rayons voyageant à proximité. Ce phénomène, qui n'est pas uniquement le fait des trous noirs, mais aussi des galaxies et des amas de galaxies, est appelé « effet de lentille gravitationnelle ». Ainsi, l'image d'un émetteur de lumière situé derrière ces objets massifs (lentilles gravitationnelles) peut non seulement apparaître décalée aux yeux de l'observateur, mais également multipliée, parfois à l'infini. Les plus célèbres exemples de tels effets sont le Double Quasar apparent « Twin Quasar » Q0957+561, découvert en 1979, et la Croix d'Einstein (1985).

Les objets s'approchant d'un trou noir peuvent se mettre en orbite autour de lui ; mais s'ils s'en rapprochent trop, ils seront irrésistiblement happés et engloutis à la vitesse de la lumière dans son « puits » vertigineux, où ils nous apparaîtraient étirés et rougis – leur lumière se propageant dans le sens opposé au mouvement gravitationnel. Après leur chute, ces objets resteraient longtemps perçus à l'horizon des événements comme des images virtuelles figées et rouges. Après avoir franchi l'horizon des événements, ils descendraient en spirale le long des parois abruptes du puits de potentiel gravitationnel comme dans un gouffre sans fond – un trou noir d'où la matière et la lumière prisonnières ne reviennent jamais.

Trous de vers

Les scientifiques crurent naguère que les trous noirs pourraient constituer des passages, ou « ponts », reliés à un trou opposé au premier et débouchant sur d'autres parties de l'Univers ou même un autre Univers. Ces raccourcis théoriques à travers l'espace-temps furent baptisés avec humour « trous de vers ». Certains scientifiques se demandèrent même si ces trous de vers ne permettaient pas de voyager dans le temps. Ces trous noirs étaient donc censés fonctionner comme une sorte de métro cosmique : l'ouverture d'un trou de ver était réputée dépourvue d'horizon des événements, ce qui rendait le passage dans les deux sens envisageable. Mais d'après les calculs les plus récents, un tel tunnel dans un trou noir serait instable. Pour créer un trou de ver, il faudrait fabriquer en laboratoire un trou noir aux parois stabilisées par une hypothétique « substance antigravitationnelle » – ce qui ne sera sans doute jamais possible que dans les romans de science-fiction.

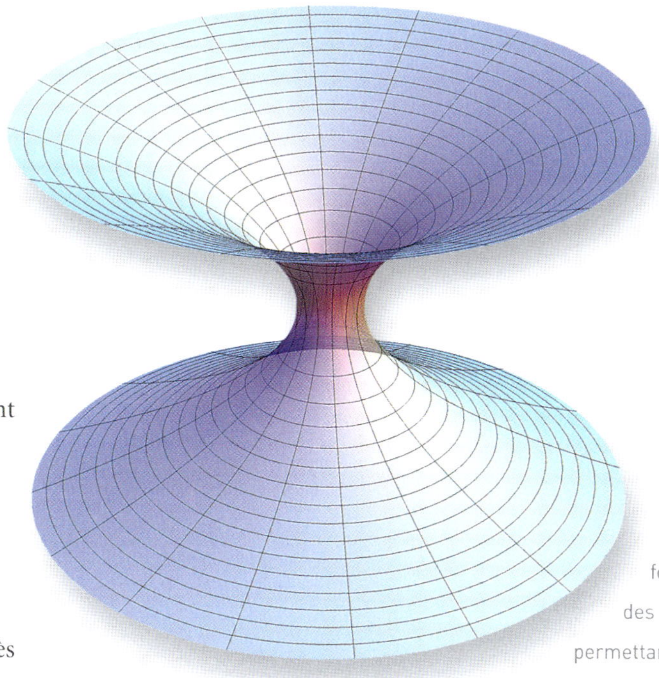

En théorie, les trous noirs pourraient fonctionner comme des **trous de vers** permettant de gagner immédiatement d'autres parties de l'Univers, ou même un autre Univers.

À la recherche des exoplanètes

Pendant longtemps, notre système planétaire, dans la Voie lactée, fut réputé unique. L'existence d'autres systèmes planétaires fit l'objet de pures spéculations jusqu'à la découverte, au cours des deux dernières décennies, de plusieurs centaines de planètes extrasolaires, autrement dit d'exoplanètes appartenant à 562 systèmes solaires différents.

Bien que les découvertes **d'exoplanètes** aient fortement augmenté au cours de la dernière décennie, personne ne connaît encore leur aspect général vu de l'espace, ni la nature de leur surface.

Des satellites peu lumineux

Ces planètes en orbite autour d'autres soleils sont difficilement détectables à l'aide de télescopes ordinaires, car leur luminosité n'est qu'un billionième de celle de leur étoile centrale. Les astronomes en ont donc été réduits à chercher des indices de présence de systèmes planétaires ; les satellites infrarouges et le télescope spatial Hubble, mis en service en 1990, leur apportèrent une aide décisive.

Disques protoplanétaires L'apparition de planètes autour d'un soleil est précédée d'une accumulation de matière formant un gigantesque disque de gaz, de glace et de poussières autour de l'étoile centrale. Ces disques encore très jeunes

Voilà, imaginé par un artiste, quel pourrait être l'aspect d'une **planète extrasolaire**, avec son système annulaire et à l'arrière-plan, des fragments du disque de poussières.

émettent principalement des rayons ultraviolets, ce qui, en 1980, permit de premières découvertes par le satellite infrarouge IRAS – comme autour de l'étoile Véga dans la Lyre. En 1994, le télescope spatial Hubble permit de localiser des disques protoplanétaires dans la nébuleuse d'Orion, un berceau d'étoiles où 50 % environ des jeunes étoiles sont entourées de disques protoplanétaires.

Premières exoplanètes Contrairement à ce que l'on avait longtemps cru – à savoir que seules des étoiles similaires à notre Soleil pouvaient être orbitées par des planètes –, les premières exoplanètes furent découvertes autour d'un pulsar (PSR 1257+12). Des mesures précises de la périodicité de son éclair, qui balaie la Terre à intervalles déterminés, permirent de détecter, en 1992, trois exoplanètes de 0,02, 4,3 et 3,9 masses solaires, avec une période de révolution respective de 25,262, 66,5419 et 98,2114 jours – auxquelles succéda en 1994 une autre exoplanète autour du pulsar PSR B1620-26. Mais la présence de vie sur ces planètes est pratiquement exclue.

Rayonnant dans l'infrarouge, le **disque protoplanétaire** de gaz, de glace et de poussières entourant l'étoile centrale marque le début de la formation d'un système solaire comprenant des exoplanètes.

Représentation imaginaire de l'une des trois exoplanètes gravitant autour du **pulsar 138 PSR B1257+12** et subissant l'influence de son rayonnement.

Ce fut la découverte, en 1995, par les astronomes suisses Michael Mayor et Didier Queloz, de la planète 51 Pegasi b en orbite autour d'une étoile similaire au Soleil, qui créa l'événement. Cette planète dans la constellation de Pégase fait le tour de l'étoile 51 Pegasi, située à 40 années-lumière de la Terre, en 4,2 jours. Sa masse fait 0,46 fois celle de Jupiter, et sa température de surface est de l'ordre de 982 °C.

Méthodes de détection indirectes

Bien que les télescopes, depuis la découverte de la première exoplanète, soient devenus de plus en plus performants, et aient été équipés d'instruments de plus en plus perfectionnés pour la détection de ces mondes extrasolaires faiblement lumineux – la plupart des exoplanètes n'ont pu être décelées que par des méthodes indirectes. Plusieurs de ces procédés sont basés sur l'influence des planètes sur leur étoile centrale.

Méthode du transit La méthode du transit repose sur la constatation que vue depuis la Terre, l'orbite d'une planète fait exactement passer celle-ci devant l'étoile qu'elle satellise. Ces mini-éclipses, ou transits, sont à l'origine d'un affaiblissement périodique de l'éclat de l'étoile, qui peut être décelé par des mesures de haute précision effectuées grâce à des télescopes terrestres comme SuperWASP, ou à des satellites tels que COROT et Kepler.

Méthode de la vitesse radiale Cette méthode s'appuie sur le fait que sous l'effet des forces de gravitation, l'étoile est entraînée en rotation par sa ou ses planète(s) autour d'un centre de gravité commun. En raison de sa masse plus élevée, l'orbite de l'étoile autour du centre est nettement moins ample que celle de la planète. Si l'orbite de la planète n'est pas tout à fait perpendiculaire à l'axe de visée de l'observateur, le mouvement périodique de l'étoile aura une composante le long de la ligne de visée : la vitesse radiale, qui peut être détectée grâce au décalage alternatif du spectre stellaire vers le bleu et le rouge (effet Doppler)

Méthode astrométrique Ce procédé est basé sur le fait que le mouvement de l'étoile et de ses planètes a aussi des composantes tangentielles à la ligne de visée, décelables par la mesure exacte des positions de l'étoile par rapport à des étoiles éloignées. Cette méthode de détection d'exoplanètes fut utilisée dès le milieu du XXe siècle ; mais les observations étaient trop imprécises et les découvertes annoncées se révélèrent par la suite fausses. Le satellite astrométrique Hipparcos lui-même ne possédait pas encore la précision nécessaire pour détecter des exoplanètes. Aussi les astronomes placent-ils de grandes espérances dans l'interférométrie et le Very Large Telescope (VLT) de l'ESO, ainsi que dans les expériences d'interférométrie de Gaïa, un satellite spatial de l'ESA dont le lancement est prévu pour 2013.

Méthode de microlensing Cette méthode utilise l'influence gravitationnelle d'un système planétaire sur la lumière d'une étoile distante située à l'arrière. Sous le terme « microlensing », on entend le renforcement, par un effet de lentille gravitationnelle, de la lumière d'un objet distant situé derrière une masse déviant cette lumière à la façon d'une lentille. Quand l'étoile faisant office de lentille transite devant l'étoile située à l'arrière-plan, la lumière de celle-ci augmente temporairement. Si l'étoile du premier plan est accompagnée d'une planète, la courbe de luminosité peut présenter un pic caractéristique, événement observé pour la première fois en 2003.

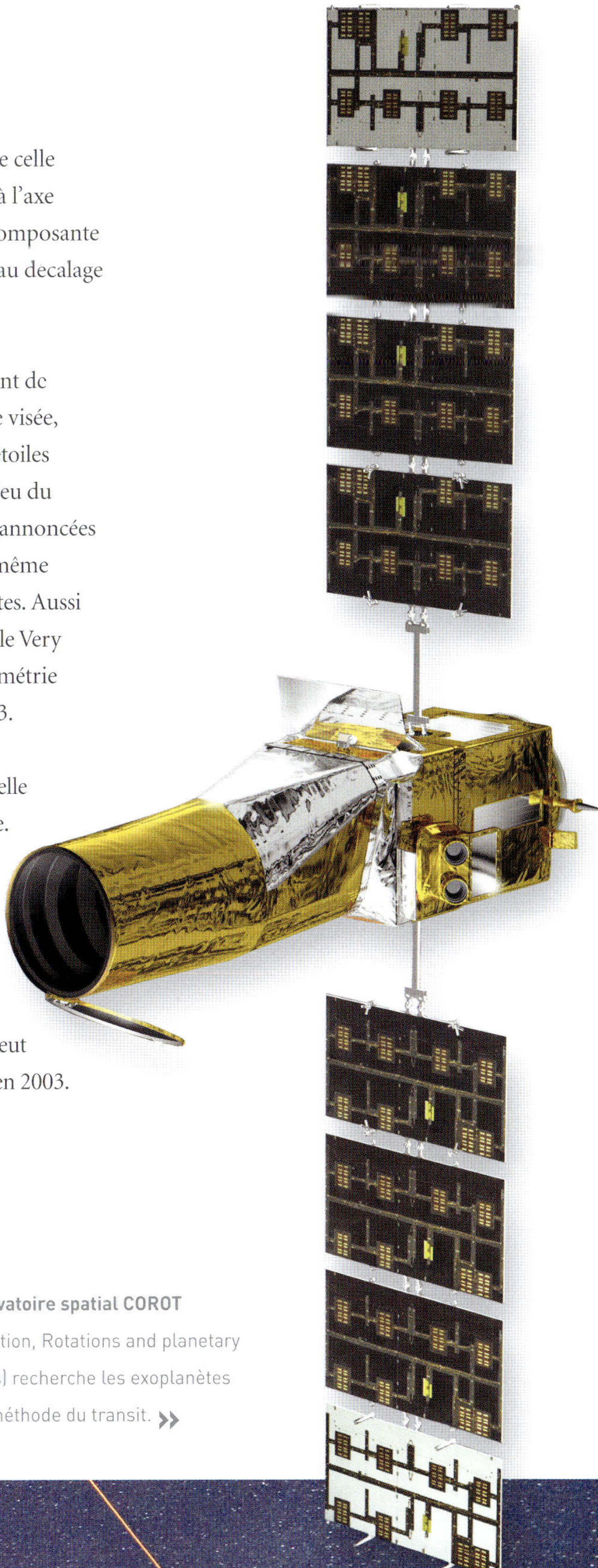

L'**observatoire spatial COROT** (Convection, Rotations and planetary Transits) recherche les exoplanètes par la méthode du transit. »

Les grands télescopes – comme le **Very Large Telescope** de l'ESO doté de miroirs de 8,5 m, envoyant ici un rayon laser pour créer une étoile guide artificielle – ont un rôle central dans la recherche d'exoplanètes.

Observation directe

Quelques exoplanètes ont pu être observées directement. Ce fut le cas, le 10 septembre 2004, de la naine brune 2M1207, située à 225 années-lumière et observée par l'ESO ; puis, près de l'étoile GQ Lupi 2005, d'une planète de une à deux masses joviennes. Mais la preuve de détection la plus éclatante fut apportée le 14 novembre 2008 par le télescope spatial Hubble avec deux photos, prises en 2004 et 2006, montrant un point lumineux en mouvement décrivant une orbite képlérienne. Il s'agit de la planète Formalhaut b dont l'étoile, située à 25 années-lumière de la Terre, possède une masse identique à celle du Soleil. La planète elle-même fait environ trois masses joviennes et orbite son étoile centrale à 113 UA de distance. Selon ses découvreurs, Formalhaut b est l'objet extrasolaire le plus petit et le plus froid jamais photographié.

Les types d'exoplanètes

Les premières exoplanètes découvertes étaient de type jovien. Mais conformément à la théorie de formation des étoiles actuellement admise, des mondes telluriques existent aussi forcément. C'est le nombre élevé de planètes géantes orbitant très près de leur étoile qui étonna les astronomes.

Jupiters chauds La surface gazeuse de ces planètes (les pégasides), dont la température est de l'ordre de 1 100 °C, s'évapore lentement sous l'effet de l'intense chaleur – d'où leur nom de « Jupiter chauds », ou « Neptune chauds ». Il est improbable que ces géantes gazeuses soient nées près de leur étoile-mère, dont la chaleur et la pression radiative auraient dissipé le gaz. Vraisemblablement, elles ont d'abord suivi le modèle standard voulant que les planètes telluriques se forment plutôt vers le centre et les géantes gazeuses davantage vers l'extérieur du système, jusqu'à ce qu'un mécanisme les pousse à migrer vers l'intérieur.

Planemos À ces géantes gazeuses s'ajoutèrent la découverte de planètes-flottantes, ou planemos (planetary mass objects) : mondes circulant sur des orbites stables autour d'étoiles doubles, planètes gravitant en sens inverse de leur étoile, et planètes non liées à une étoile. Ces planètes sans source propre de lumière ou non éclairées par des étoiles proches sont très difficiles à détecter optiquement. Mais les télescopes à infrarouge ont permis de détecter des planemos dans notre Galaxie : on part donc aujourd'hui du principe que la Voie lactée abrite presque deux fois plus de planètes-flottantes que d'étoiles. Toutes ces découvertes montrent que les régularités observées dans le système solaire sont probablement rares.

Exoplanètes semblables à la Terre Malgré les progrès faits depuis la découverte de la première exoplanète de la taille de la Terre, 51 Pegasi b, la recherche d'exoplanètes telluriques de cette taille est difficile. Les instruments n'étant pas encore assez sensibles, une planète circulant à 1 UA de son soleil doit valoir 11 masses terrestres pour être détectable. Cependant, les instruments, les méthodes et les mesures s'améliorent sans cesse. De grands progrès sont attendus du projet de l'ESO, l'Observatoire Européen Austral – à savoir l'European Extremely Large Telescope (E-EELT), de 40 mètres de diamètre, qui doit venir s'ajouter en 2018 au réseau d'observations astronomiques, et le radiotélescope géant ALMA, qui cette année, compte 66 antennes.

Gliese 581 c Des exoplanètes de masse et de dimensions assez réduites ont été entre-temps découvertes à l'aide des

Voilà quel pourrait être l'aspect du **Jupiter chaud HD 209458b** lors de son transit devant son étoile-mère, dans la constellation de Pégase.

L'exoplanète **Gliese 581 c** et son étoile centrale, la naine rouge Gliese 581 ; cette planète se situe probablement dans la zone habitable de son système planétaire.

méthodes de la vitesse radiale, de microlensing et du transit, comme cette seconde planète compagne de l'étoile Gliese 581 : Gliese 581 c, découverte à 20,45 années-lumière en 2007 par des astronomes de l'ESO. Cette exoplanète dont la dimension est estimée à 1,5 fois celle de la Terre pèse cinq fois plus que cette dernière. Sa température de surface est évaluée à 40 °C, et sa période de révolution (durée de son année) à 13 jours terrestres. Gliese 581, dans la constellation de la Balance, a aussi révélé une mine d'exoplanètes, dont la plupart se situent dans la zone habitable.

À la recherche de Terra II

À l'heure actuelle, nul n'est en mesure de prédire quand sera découverte une nouvelle Terre, ni selon quelle méthode. Les scientifiques sont néanmoins certains que cette découverte interviendra au cours de cette décennie ou au plus tard de la suivante. Mais même la preuve d'une atmosphère respirable et de la présence d'eau liquide ne préjugeraient en rien de l'existence d'une forme de vie – ni dans ce cas, de son stade d'évolution ou de civilisation, lesquelles nécessitent du temps : sur Terre, les premiers acides aminés ont commencé à se former voici 3,8 milliards d'années.

Une forme de vie extraterrestre ne ressemblerait en aucun cas à la vie sur notre planète, et notamment pas aux terriens. Sur notre seule Terre, l'évolution a déjà créé et « rejeté » une colossale diversité de formes du vivant. Mais comme elle n'a « essayé » qu'une fraction de toutes les formes de vie biologique possibles, des créatures extraterrestres nous apparaîtraient certainement très étranges.

Mission de recherche

Un chasseur de planètes

Lancé en 2009 par la NASA, l'observatoire spatial Kepler a pour mission de découvrir des planètes extrasolaires. Kepler observe une certaine portion de la voûte céleste comprenant environ 100 000 étoiles dans la constellation du Cygne. Les astronomes espèrent découvrir un nombre de petites planètes en proportion, et par là même des mondes potentiellement habitables. Pour réaliser ses observations avec le moins de perturbations possibles, ce télescope spatial n'orbite pas autour de la Terre, mais autour du Soleil sur l'orbite terrestre et en retard sur la Terre, dont il s'éloigne de plus en plus au fil des ans. Le miroir primaire de ce télescope de près de 5 mètres de haut et 1 039 kilogrammes mesure 1,4 m de diamètre. En décembre 2011, Kepler avait déjà découvert 2 421 planètes, dont 207 semblables à la Terre, et parmi ces dernières, 54 situées dans la zone habitable.

Les tréfonds de l'Univers

Galaxies et cosmologie

Une multiplicité de formes

Observées à l'œil nu, les galaxies comme celle d'Andromède ressemblent à la tache d'une petite nébuleuse. Mais examinées avec de grands télescopes, elles ressemblent à des îles flottant dans la profonde obscurité du cosmos. Ces îlots stellaires composés de milliards d'étoiles et d'énormes masses de gaz et de poussières sont les entités de base du cosmos.

On distingue sur cette photo de la **galaxie elliptique ESO 325-G004** différents types de galaxies, dont plusieurs galaxies spirales aux bras plus ou moins marqués. »

Galaxie elliptique, la **radiogalaxie Centaurus A** fait de l'effet, même en lumière visible.

Dans l'état actuel de nos connaissances, l'Univers visible englobe plus de 100 milliards de galaxies. De formes, tailles, masses et magnitudes très différentes, elles présentent une très grande diversité. Les astronomes divisent les galaxies en plusieurs classes :

Galaxies elliptiques Plus de la moitié des galaxies sont sphériques à ovales et ne présentent pas de structure en spirale ou en disque. Les galaxies elliptiques, qui abritent surtout des étoiles jaune et rouge, donc âgées, n'accueillent que peu de gaz et de poussières – et donc plus de naissances d'étoiles. Dans ces galaxies, les rapprochements voire les collisions sont rares ; elles conservent ainsi leur forme sphérique, où chaque étoile suit sa propre orbite autour du centre.

La galaxie **NGC 1672** et ses caractéristiques : le centre galactique et les bras spiraux abritant étoiles, gaz et poussières. «

Galaxies lenticulaires Ces galaxies semblent à première vue parentes des galaxies elliptiques, mais s'en distinguent par leur noyau sphérique volumineux, abritant de vieilles étoiles rouge et jaune, qu'entoure un disque d'étoiles, de gaz et de poussières les faisant ressembler – aussi par la taille – aux galaxies spirales. La circonférence du noyau est toutefois plus importante que chez les galaxies spirales de taille similaire. Les galaxies lenticulaires se différencient avant tout des galaxies spirales par l'absence de bras spiraux, et l'absence presque totale de signes indiquant la naissance d'étoiles dans leur disque.

Galaxies spirales Ces galaxies, comme notre Voie lactée et la galaxie d'Andromède, possèdent, comme l'indique leur nom, une structure en spirale formant deux ou trois bras autour du disque, dont la région centrale bombée (bulbe) et abritant de vieilles étoiles ressemble à une galaxie elliptique. Les bras spiraux accueillent une grande quantité de jeunes étoiles, de nébuleuses brillantes ainsi que de gaz et de poussières formant le matériau de nouvelles étoiles. Le disque est entouré d'un halo sphérique où gravitent des amas globulaires et des étoiles isolées.

Les bras spiraux de ces galaxies peuvent être plus ou moins bien dessinés. Il existe ainsi des galaxies spirales avec un bulbe très développé et des bras à peine cintrés, d'autres avec une partie centrale de petite taille et des bras très développés. Environ 25 % à 30 % des galaxies les plus proches sont des galaxies spirales.

Les galaxies spirales barrées ont une forme intéressante, qui les fait parfois considérer comme une classe de galaxies à part. De part et d'autre de leur centre sphérique s'étend une longue barre dont partent les bras spiraux. Notre Galaxie est très probablement une galaxie spirale barrée.

Schéma de Hubble La classification des galaxies remonte à l'astronome américain Edwin P. Hubble, qui la mit au point en 1920 à l'aide d'un télescope de 2,5 m de diamètre. Ce télescope se révéla assez puissant pour résoudre la galaxie d'Andromède en ses différentes étoiles, mais aussi pour différencier les types de galaxies. Hubble mit ainsi au point le premier schéma de classification des galaxies, qui est toujours utilisé. Le schéma de classification de Hubble

La **galaxie lenticulaire M012**, vue ici par la tranche, révèle nettement son noyau sphérique, son disque composé de poussières sombres, de gaz et d'étoiles, et aussi le halo qui l'entoure. «

La **galaxie spirale NGC 4414**, qui selon le schéma de classification de Hubble appartient au type Sc, offre un superbe exemple de la distribution du gaz et des poussières dans les bras spiraux.

ressemble à une fourchette au manche formé par les galaxies elliptiques, et les dents par les galaxies spirales (en haut) et les galaxies spirales barrées (en bas).

Les galaxies elliptiques (désignées par la lettre majuscule E) sont aussi notées de 0 à 7 en fonction de leur degré d'aplatissement. La note 0 signifie « sphérique », et la note 7 « fortement aplatie ». De leur côté, les galaxies spirales (S) se voient attribuer une lettre minuscule : a, b ou c, indiquant la taille du noyau par rapport au développement des bras spiraux. Les galaxies spirales barrées (SB) sont accompagnées du même système de symboles ; le « a » correspond là aussi à un noyau très développé, entouré de deux minces bras spiraux, tandis que le « c » désigne un petit noyau accompagné de bras spiraux fortement développés.

Au point de jonction du manche et des dents se trouvent des galaxies lenticulaires, classées SO – des galaxies au gros noyau mais sans bras spiraux bien définis ou dénuées de bras spiraux. Les galaxies irrégulières ne font pas partie du schéma de Hubble.

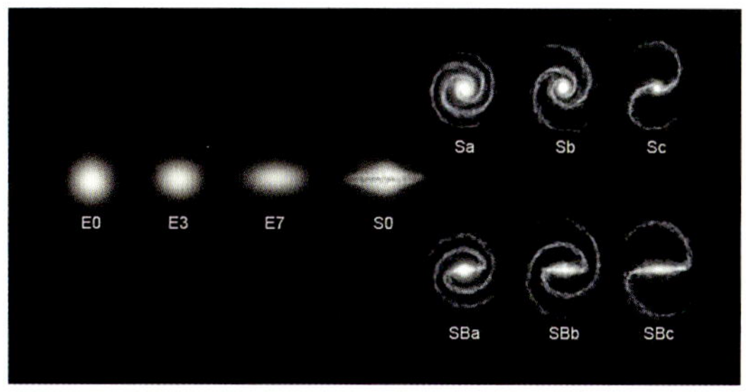

Le **schéma de classification** des galaxies mis au point par **Edwin Hubble** en 1920 a la forme d'une fourchette et il est toujours employé pour classer les différents systèmes galactiques de la Voie lactée.

Galaxies irrégulières

Des originales Certaines galaxies ne se laissent ranger ni parmi les galaxies elliptiques, ni parmi les galaxies lenticulaires, ni dans les galaxies spirales ou spirales barrées. Quelques-unes de ces « galaxies irrégulières » entrent même en collision avec une autre galaxie proche, ou sont déformées par ses forces gravitationnelles. Ces galaxies renferment généralement énormément de gaz et de poussières, ainsi que des étoiles chaudes et bleues – et souvent aussi de gigantesques nébuleuses à émission de couleur rose, qui sont des berceaux d'étoiles. Quelques galaxies irrégulières laissent également deviner un embryon de structure : barres centrales ou bras spiraux. Le Petit et le Grand Nuage de Magellan, aux portes de la Voie lactée, sont les plus célèbres exemples de galaxies irrégulières.

Autres types de galaxies

Outre les galaxies irrégulières, il existe aussi d'autres formes de galaxies qui ne rentrent pas dans le schéma de Hubble et le complètent. Citons entre autres les galaxies naines, qui ont une faible luminosité et une forme elliptique ou irrégulière, ou encore les galaxies en interaction, où se rencontrent deux ou trois galaxies ; ces galaxies ont soit de longs bras de gaz et de poussières, soit un anneau d'étoiles résultant de la dislocation de la galaxie la moins massive, et généralement orienté perpendiculairement au plan principal des galaxies.

Galaxies actives D'autres galaxies au noyau très brillant sont appelées pour cette raison « galaxies à noyau actif » (en anglais AGN, « Active Galactic Nucleus »). Leur intensité lumineuse est probablement due à un trou noir actif et massif situé au centre.

Les radiogalaxies, qui appartiennent à cette classe, émettent un rayonnement énorme dans le domaine radio, et sont étudiées grâce à la radioastronomie. Il n'est pas rare d'y observer jusqu'à deux jets de matière (Centaurus A dans Persée, M87 dans la Vierge). On trouve aussi les galaxies de Seyfert, au noyau « quasi stellaire » très lumineux. Citons encore les objets BL Lacertae (blazars), dont le spectre ne présente ni raies d'absorption ni raies d'émission, et qui sont, après les quasars, parmi les plus brillants objets connus – sans oublier les quasars eux-mêmes, qui possèdent la plus forte magnitude absolue jamais observée ; en raison de leur grand éloignement, seul leur noyau « quasi stellaire » est visible. Il faut enfin mentionner les galaxies à sursaut de formation d'étoiles (dites « starburst » en anglais), qui présentent un taux de naissances stellaires très élevé, et en conséquence un rayonnement intense. La galaxie M82, déjà étudiée, en est un bon exemple.

Les galaxies des **Antennes**, dans la constellation du Corbeau, sont une paire de galaxies en forte interaction car en train de fusionner ; elles se composent des galaxies NGC 4038 et NGC 4039.

Dans la galaxie à sursaut de formation d'étoiles **M82**, située à environ 14 millions d'années-lumière, les naissances stellaires sont dix fois plus fréquentes que dans la Voie lactée. »»»

Les amas galactiques

Bien que les galaxies soient séparées les unes des autres par des millions, ou même des milliards d'années-lumière, et qu'il n'y ait entre elles que le vide cosmique – elles interagissent par gravité, ce qui explique qu'elles forment souvent des amas en se groupant autour d'une ou plusieurs galaxies massives.

La galaxie d'**Andromède M31** photographiée dans le domaine UV ; ses anneaux d'étoiles d'âge différent – jeunes étoiles bleues par exemple – ressortent nettement.

Le Groupe local

La Voie lactée appartient par exemple à un petit amas de galaxies appelé « Groupe local ». Le Groupe local, d'un diamètre d'environ 10 millions d'années-lumière, englobe quelque 50 galaxies. Les plus importants de ses membres sont notre Voie lactée, la galaxie d'Andromède (M31) et la galaxie Triangulum (M33), qui subit l'influence de la galaxie d'Andromède.

Un crash dans trois milliards d'années

Accident cosmique La galaxie d'Andromède et notre Voie lactée foncent l'une vers l'autre à la vitesse de 120 kilomètres par seconde ; elles se rencontreront dans trois milliards d'années. Il ne faut cependant pas s'imaginer cette rencontre comme la collision de deux autos. Les deux galaxies vont plutôt s'interpénétrer et osciller l'une devant l'autre à plusieurs reprises, pour finalement fusionner. Au centre, de gigantesques nuages de gaz vont se télescoper en un brillant feu d'artifice, et des milliers d'étoiles verront le jour. Les étoiles de la périphérie, au contraire, seront éjectées dans l'espace. Le résultat final prévisible sera une galaxie elliptique massive, une supergalaxie à laquelle les astronomes ont déjà trouvé un nom : « Milkomeda », fusion de « Milky Way » et « Andromeda ».

La galaxie d'Andromède Messier 31 (M31) Située à quelque 2,5 millions d'années-lumière de la terre, la galaxie M31, dans la constellation d'Andromède, est l'objet le plus éloigné visible à l'œil nu ; cet îlot d'étoiles est presque le jumeau de notre Galaxie. Grâce à son inclinaison à 78° par rapport à l'observateur, la galaxie d'Andromède offre une excellente vue de son plan discoïdal. En sus des bandes de poussière qui parcourent le disque de toute galaxie spirale et séparent les bras les uns des autres, on distingue également son bulbe central. La distance cosmique réduite séparant la galaxie d'Andromède de notre Voie lactée permet d'y observer de l'extérieur tous les phénomènes internes qui s'y déroulent – sans doute les mêmes que dans notre Galaxie, où ils sont en grande partie masqués par la poussière interstellaire.

Avec une masse identique à celle de la Voie lactée, mais un diamètre 40 fois supérieur, M31 est probablement une galaxie spirale barrée. Autour d'elle gravitent plusieurs petites galaxies satellites attirées par la gravité de la galaxie d'Andromède. Les galaxies satellites de notre Voie lactée sont le Grand et le Petit Nuage de Magellan, qui portent le nom du découvreur portugais Ferdinand Magellan (1480-1521).

La **galaxie Triangulum M33**, aux bras « floconneux », est la plus brillante galaxie spirale du ciel nocturne après celle d'Andromède, et le troisième membre du Groupe local par la taille.

Le Grand Nuage de Magellan Le Grand Nuage de Magellan, situé à 160 000 années-lumière, dans la constellation australe de la Dorade, est « aux portes » de la Voie lactée. Il s'agit d'une galaxie satellite appartenant à la classe des galaxies irrégulières, et affichant un diamètre de 30 000 années-lumière. C'est une pouponnière d'étoiles extrêmement active, abritant beaucoup de gaz et de poussière, et où dominent de brillants amas stellaires de jeunes étoiles bleu et blanc. Depuis la Terre, on peut distinguer une barre dans sa région centrale, et des embryons de bras spiraux permettant de conclure que cette galaxie est trop petite pour former une véritable galaxie spirale. Le Grand Nuage de Magellan fit sensation avec l'explosion, en 1987, d'une supernova en bordure de la nébuleuse de la Tarentule, située dans ledit nuage.

Le Petit Nuage de Magellan À 200 000 années-lumière de la Terre et donc bien plus éloigné que le précédent, le Petit Nuage de Magellan, dans la constellation du Toucan, reste observable à l'œil nu. Il possède un diamètre d'environ

La couleur bleue qui prédomine dans les deux **Nuages de Magellan** est le signe qu'ils renferment essentiellement des étoiles chaudes, relativement jeunes, de population I, et une énorme proportion de gaz et de poussières.

10 000 années-lumière, pour une masse totale équivalant à quelque 7 milliards de masses solaires. Ce nuage renferme de grandes quantités de gaz et de poussière, et plusieurs régions de naissance d'étoiles. Une grande partie de son matériel est concentrée dans sa barre. Le Petit nuage de Magellan est certainement le résidu d'une petite galaxie spirale barrée qui s'est disloquée au contact de la Voie lactée.

Le courant de Magellan Les deux nuages de Magellan sont reliés ensemble ainsi qu'à la Voie lactée par un mince pont d'hydrogène appelé « courant de Magellan ». Voici encore peu de temps, les astronomes pensaient que ce courant circulait en orbite autour de la Voie lactée ; mais les dernières recherches laissent supposer qu'il la longe. Les deux Nuages de Magellan avancent l'un vers l'autre à la vitesse de 55 kilomètres par seconde.

Amas et superamas

En dehors du Groupe local, il existe encore bien d'autres groupes galactiques, comme le groupe de Maffei, dans les constellations de Cassiopée et de la Girafe (à 6-12 millions d'années-lumière), le groupe du Sculpteur dans la constellation australe du même nom (environ 10 millions d'années-lumière), le groupe M81 (à peine un peu plus loin que celui du Sculpteur), le groupe M83 dans les constellations australes de l'Hydre et du Centaure, ainsi que le groupe Canes Venaciti I, dans les Chiens de Chasse (13-18 milliards d'années-lumière).

Cluster Les groupes de galaxies font eux-mêmes partie d'un amas (« cluster » en anglais) réunissant au maximum quelques milliers de galaxies. Un certain nombre de clusters sont de forme sphéroïdale et renferment de nombreuses galaxies elliptiques. D'autres, de forme irrégulière, abritent surtout des galaxies spirales. On suppose que ces amas grossissent par fusion et que ceux de forme irrégulière sont nés « récemment ». Le gaz brûlant des galaxies se concentre au centre de l'amas, où il émet un rayonnement X que l'on peut capter depuis la Terre.

Les Nuages de Magellan portent le nom du navigateur et découvreur portugais **Ferdinand Magellan**, qui décrivit pour la première fois ces deux galaxies lors de son tour du monde à la voile, en 1519.

Superamas Dans la seconde moitié des années 1950, les astronomes se sont rendu compte qu'une grande partie des plus brillantes galaxies observées appartient à une structure plus vaste encore, ayant pour centre l'amas galactique Virgo. Cet amas contenant plus de 2 000 galaxies s'étend sur une région de 15 millions d'années-lumière environ ; son centre est situé à 60 millions d'années-lumière de la Terre, dans la direction de la constellation de la Vierge.

L'amas galactique Virgo forme ainsi avec 100 à 200 autres amas galactiques le superamas de la Vierge, qui possède la forme d'un disque aplati et un diamètre de 150 à 200 millions d'années-lumière. Le Groupe local étant abrité vers son bord, le superamas de la Vierge est également baptisé « Superamas local ». Le Groupe local se rapproche du centre du Superamas local à la vitesse de 1,4 million de kilomètres par seconde.

Filaments Mais il y a mieux encore en matière d'amas galactiques. En 1989, deux scientifiques, Margaret Geller et John Huchra, découvrirent un amas galactique aux dimensions inimaginables : 500 millions d'années-lumière de longueur, 200 millions d'années-lumière de largeur et « seulement » 15 millions d'années-lumière d'épaisseur. Baptisé « le Grand Mur », ce filament de galaxies situé à 200 millions d'années-lumière de la Terre en direction de la constellation de la Vierge renferme de vastes espaces vides. Il n'est surpassé que par le Sloan Great Wall, découvert en 2003, mesurant 1,3 milliard d'années-lumière de longueur et situé à 1 milliard d'années-lumière de la Terre.

Image d'une portion de l'**amas galactique de Coma**, gigantesque concentration de plus de 1 000 galaxies dans la constellation de la Chevelure de Bérénice.

Structure en bulles de l'Univers

La structure de l'Univers Quand des astronomes, dans les années 1980, reconstituèrent en trois dimensions la localisation de près de 20 000 galaxies, ils se rendirent compte que les amas galactiques forment une fine trame de filaments. Ils constatèrent par ailleurs qu'entre les régions, en forme de coquilles, à haute densité de galaxies, s'étendaient aussi de gigantesques espaces n'en renfermant que très peu : les « voids ». Les amas galactiques groupés autour de ces vides forment comme des cloisons entre des alvéoles, donnant à l'Univers une structure en bulles, ou nid d'abeilles. Les superamas galactiques, qui peuvent s'étendre sur plusieurs centaines de millions d'années-lumière, forment des nœuds d'intersection au coin des alvéoles.

L'**amas galactique Virgo**, à quelque 65 millions d'années-lumière de la Terre, forme le centre du Superamas local.

»

Les amas galactiques renfermés dans le filament du Grand Mur, dont fait également partie le Superamas de la Vierge renfermant le Groupe local, se dirigent tous vers le « Grand Attracteur » découvert en 1990 – un grand filament de galaxies situé entre 150 et 250 millions d'années-lumière et dont la masse – 10 billiards de masses solaires – en fait l'une des structures les plus massives actuellement connues dans l'Univers.

Collisions de galaxies

Compte tenu de leur taille, les galaxies sont plus proches les unes des autres que les étoiles, et entrent donc bien plus fréquemment en collision. Ces collisions, auxquelles participent au moins 100 milliards d'étoiles et d'immenses quantités de gaz et de poussières constituent le plus grand événement du cosmos. Dans les tréfonds de l'Univers s'allume alors un feu d'artifice où les nuages sont tant surchauffés qu'ils « s'évaporent » de leur galaxie. Sous l'action des forces de gravité, il arrive même que s'en détachent des bras spiraux entiers. La collision des nuages interstellaires de gaz et de poussières donne naissance à de nouvelles étoiles ; leur présence est un important indice, pour les astronomes, de la collision passée d'une galaxie d'apparence aujourd'hui « normale » avec une autre. Ces collisions peuvent s'étaler sur plusieurs centaines de millions à 1,5 milliard d'années.

Quelques-unes des 59 photos de **collisions de galaxies** publiées le 24 avril 2008 par la NASA et l'ESA, à l'occasion du 18e anniversaire du télescope spatial Hubble.

La galaxie **M51** (Whirlpool, alias galaxie du Tourbillon), est composée de deux galaxies en interaction : une galaxie spirale (NGC 5194), vue ici par le dessus, et une galaxie irrégulière plus petite (NGC 5195).

Galaxies en interaction Bien que l'on emploie les termes de « collision » ou de « crash » pour désigner la rencontre de deux galaxies, il ne faut pas s'imaginer cette rencontre comme le choc de deux boules de billard. Cet événement cosmique majeur est plutôt comparable à la pénétration et au mélange progressif d'un liquide coloré dans de l'eau claire. L'espace séparant les différentes étoiles est tout bonnement trop important pour que puissent se produire des collisions stellaires.

Il en va tout autrement des nuages de gaz abrités par les galaxies : ces nuages entrent réellement en collision, perdant ainsi une partie considérable de leur énergie cinétique et donnant naissance à de nombreux amas globulaires. Les astronomes appellent donc « galaxies en interaction » les galaxies en collision, dont la fusion s'accompagne d'un remaniement de chacune d'entre elles. Les différentes interactions entre les galaxies, qui amènent des galaxies spirales à fusionner (« merging »), à perdre du gaz de leur disque, et leurs étoiles à adopter des orbites chaotiques, semblent être à l'origine du passage des galaxies, au fil de milliards d'années, d'un type à un autre.

Naissance des galaxies Le mode de formation des galaxies est l'une des plus passionnantes questions de l'astrophysique et de la cosmologie, qui n'est cependant pas encore entièrement résolue. Tout indique que leur naissance a dû avoir lieu « peu » après le big-bang originel. Photographié en 2003 par le télescope spatial Hubble, le champ ultra-profond de Hubble (Hubble Ultra Deep Field) révèle les galaxies les moins lumineuses, qui sont aussi les plus éloignées. La lumière de ces galaxies ayant mis 13 milliards d'années à nous arriver, cela signifie qu'en les observant, nous regardons en arrière vers le premier âge de l'Univers, 800 millions d'années après le Big Bang, et les premières galaxies apparues après l'« âge sombre ».

À l'origine des galaxies, il y eut des fluctuations de densité qui ont crû par instabilité gravitationnelle jusqu'à former des halos de matière sombre à partir desquels se constituèrent les étoiles, les trous noirs et les galaxies. Jusqu'à présent, ces processus ont été expliqués à l'aide de deux théories concurrentes :

Modèle top-down et modèle bottom-up D'après le modèle top-down, les galaxies seraient d'abord nées

Image de l'**amas galactique Abell 520** montrant, outre les galaxies, le gaz chaud (en rose) et les zones de plus forte gravité (en bleu) de l'amas. «

de la condensation d'immenses bandes nuageuses, avant de se fragmenter en étoiles. Selon le modèle bottom-up au contraire, les étoiles seraient nées les premières en petits groupes qui auraient fusionné en structures de taille croissante : les galaxies et leurs amas.

Dans l'une et l'autre de ces théories, le rôle majeur revient au comportement d'une matière particulière dont les scientifiques, qui l'incluent dans leurs théories, pensent que dans les premiers temps de l'Univers, elle était beaucoup plus répandue que la matière « normale » : la matière noire (ou « sombre »). Cette matière était-elle chaude et très rapide, comme le postule la théorie top-down ? Si oui, des structures géantes ont pu d'abord apparaître, puis se condenser pour donner naissance aux galaxies. Mais cette théorie n'est pas compatible avec les observations selon lesquelles les premières étoiles et les trous noirs galactiques sont nés peu après le big-bang originel. Ou alors, la matière noire était-elle froide et lente – comme dans la théorie bottom-up ?

Des télescopes modernes et performants ont récemment mis en évidence une myriade de petites galaxies dans l'Univers jeune (champ ultra-profond de Hubble) – ce qui semblerait indiquer que le scénario bottom-up est le bon.

Matière noire – Énergie noire

Mais quelle est donc la vraie nature de cette matière dont le rôle est si important dans ces théories ? Même les astronomes ne le savent pas vraiment. Elle n'a en tout cas rien de commun avec les nuages obscurs, car n'émettant quasiment aucun rayonnement optique ou électromagnétique, et n'en réfléchissant pas non plus, elle n'est décelable qu'indirectement. La matière noire a fait son entrée dans l'astronomie quand les scientifiques se sont aperçus, en étudiant les galaxies et les amas de galaxies, que leur masse de matière rayonnante ne correspondait pas à la force d'attraction assurant leur cohésion. Il est vraisemblable qu'une partie de la matière noire s'abrite dans les trous noirs, dans des amas de matière ordinaire ou encore autour des halos des galaxies ; la matière noire est en majeure partie composée de particules exotiques chaudes (particules subatomiques à la vitesse proche de celle de la lumière) ou froides (particules non identifiées, lourdes et lentes).

Énergie noire L'énergie noire est plus mystérieuse encore que la matière noire. Passée du stade de l'hypothèse à celui de réalité depuis 2008, elle est censée expliquer l'accélération continue de l'expansion de l'Univers – mais sa nature physique ne peut encore être exactement définie. Le plus simple est de l'accepter comme une propriété donnée et fondamentale de l'Univers. Quoi qu'il en soit, cette énergie modifie le comportement attendu de l'Univers dont l'expansion, au lieu d'être ralentie par la gravité de la matière, est accélérée par l'énergie noire. Selon des théories actuelles, l'Univers, depuis le BIG-BANG intervenu il y a 13,7 milliards d'années, se composerait à 72 % d'énergie noire, à 23 % de matière noire et à seulement 4,6 % de matière visible.

Distribution de la **matière noire** dans une portion de l'Univers, d'après les données fournies par le télescope spatial Hubble. La matière noire est localisée grâce aux déformations galactiques qu'elle induit.

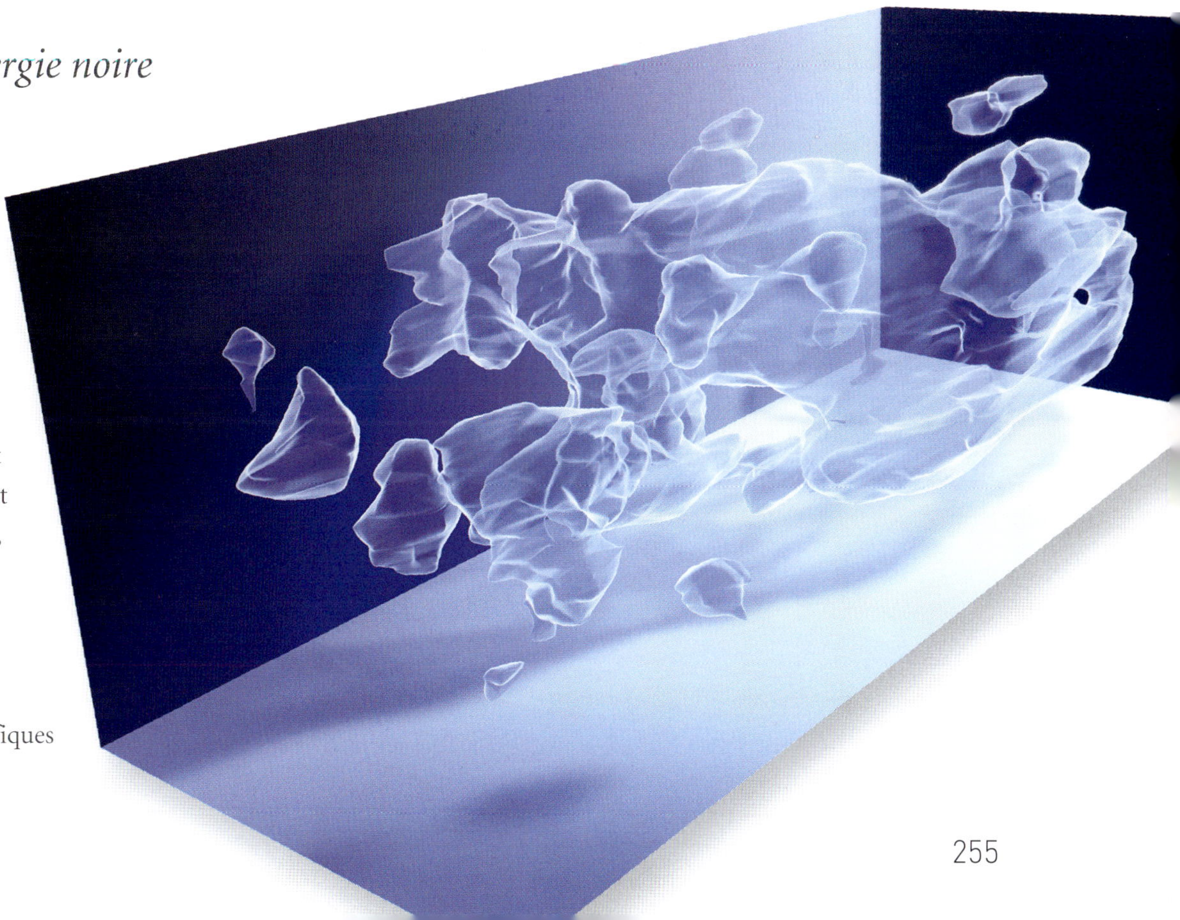

Naissance et mort de l'Univers

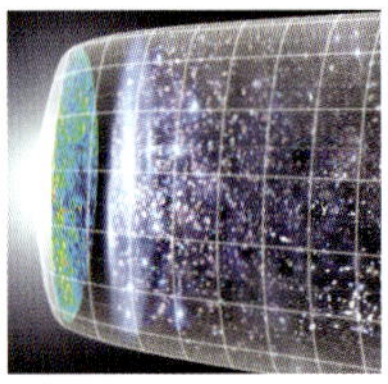

Comment l'Univers est-il né et comment finira-t-il ? Pendant des millénaires, seule la religion apporta une réponse à cette question fondamentale en attribuant l'évolution du cosmos à l'action d'un Dieu créateur. Mais depuis le milieu du XXe siècle, ce problème fait l'objet de recherches cosmologiques.

Le **champ ultra-profond de Hubble**, avec ses étoiles d'âge, de taille et de forme variées. Les plus petites galaxies, à l'éclat rouge, font partie des plus éloignées. Leur lumière provient de l'époque où l'Univers, après le big-bang intervenu voici 13,7 milliards d'années, n'avait que 800 millions d'années.

Les réponses théoriques, mais étayées par les recherches concrètes conduites à l'aide de grands télescopes modernes, de satellites et d'accélérateurs de particules géants, sont fascinantes. Elles dépassent souvent notre capacité d'imagination.

C'est le cas avec la naissance du cosmos lors du big-bang, théorie sur laquelle se fonde le modèle standard de la cosmologie actuelle. L'importance et le rôle de ce modèle sont comparables à la théorie de la tectonique des plaques pour les géographes. C'est le modèle qui explique le mieux l'expansion actuelle de l'Univers, qui se traduit par le décalage vers le rouge – découvert par Edwin Hubble – du spectre des galaxies lointaines : tous les systèmes galactiques semblent s'éloigner les uns des autres, les plus éloignés présentant la vitesse la plus élevée. Ce modèle explique également le rayonnement d'arrière-plan cosmique à 3 °K (dit aussi rayonnement fossile ou fond diffus cosmologique) arrivant de toutes les directions de l'Univers, ainsi que la distribution de fréquences des éléments, notamment de l'hydrogène.

Vue d'artiste de l'**Univers primordial** à l'âge de moins de 1 milliard d'années – époque de formation des premières étoiles.

L'explosion primordiale Le terme d'« explosion originelle », « big-bang » en anglais, a été forgé par l'astronome Sir Fred Hoyle (1915–2001) au cours d'une émission de la BBC. Hoyle, qui réfutait la théorie de l'explosion primordiale, entendait ainsi lui donner une appellation choc. Mais même si ce terme évoque une explosion, le début de l'Univers n'a pas été un déchirement ou une projection de matière dans un espace existant – car au moment du big-bang, l'espace n'existait pas. À la place, il y avait un point à la fois infiniment petit mais infiniment chaud et dense, où l'espace, le temps, la matière et l'énergie étaient réunis (singularité primordiale), et avec eux les quatre forces naturelles fondamentales : la nucléaire forte, la force nucléaire faible, la force électromagnétique et la force gravitationnelle. D'après nos connaissances, le big-bang se serait produit il y a 13,7 +/-0,2 milliards d'années.

Inflation Au terme d'une brève période – 10^{-43} seconde – baptisée « ère de Planck », ce point se dilata avec une étonnante rapidité. On appelle « inflation » cette dilatation sans doute déclenchée par le fait que la gravité se sépara des autres forces naturelles, dont la force nucléaire forte se dissocia à son tour. De 10^{-35} à 10^{-32} seconde, l'ensemble de l'Univers actuellement observable se dilata donc au minimum d'un facteur 10^{26} à partir d'un point des milliards de fois plus petit qu'un proton, pour atteindre les dimensions d'un terrain de badminton. L'Univers était à ce moment-là une soupe brûlante où rayonnements, particules élémentaires et antiparticules uniformément répartis tournoyaient sans cesse les uns autour des autres.

Premiers atomes Au stade d'évolution suivant (de la première seconde à environ 500 000 ans après le big-bang), se formèrent de plus en plus de particules de matière, cependant que l'Univers continuait à s'étendre, passant de quelque 10 années-lumière à plus de 100 millions. Dans le même temps, il se refroidit de 10^{13} °K à 2 500 °K, et les particules de matière fondamentales – protons, neutrons et électrons – formèrent peu à peu les premiers atomes. Trois minutes environ après le big-bang se formaient des noyaux atomiques d'hélium et de deutérium.

Quelque 300 000 ans après le big-bang, les protons capturèrent les électrons, donnant naissance aux atomes d'hydrogène. Les noyaux d'hélium capturèrent eux aussi des électrons pour former des atomes d'hélium.

Rayonnement d'arrière-plan cosmique Désormais liés aux atomes, les électrons n'entrèrent plus en collision avec les photons et ne les perturbèrent plus. La matière et le rayonnement se trouvant ainsi « découplés », les photons purent désormais voyager sous forme de rayonnement dans tout l'Univers, dont l'état devint pour la première

De 1989 à 1993, le satellite de la NASA **COBE** (Cosmic Background Explorer) livra des mesures révolutionnaires du rayonnement fossile en effectuant le tour de la Terre à quelque 900 km d'altitude sur une orbite polaire.

fois transparent. Aujourd'hui encore, ces photons sont mesurables dans le domaine micro-ondes sous forme d'un rayonnement fossile peu énergétique. Leur longueur d'onde, qui était jadis celle de la boule de feu de l'Univers, correspond aujourd'hui à un objet froid, à -270 °C ou 3 °K.

Ce rayonnement d'arrière-plan cosmique fut découvert plus ou moins par hasard en 1962 par deux physiciens, Arno Pencias et Robert Wilson. On l'étudie aujourd'hui depuis la Terre à l'aide de diverses antennes ou de satellites comme COBE ou WMAP.

Ces recherches ont montré que l'émission du rayonnement d'arrière-plan cosmique n'est pas régulière mais présente de petites fluctuations en fonction de minimes variations de température de zones particulières d'émission – des grumeaux de matière noire à partir desquels se sont formées des galaxies. Ces régions correspondent à une période de formation de l'Univers où ne brillaient pas encore d'étoiles, et qui a donc été baptisée « âge sombre ». Les étoiles ne se sont allumées que 400 millions d'années environ après le big-bang.

Ces études ont apporté la preuve convaincante de l'expansion continue de l'Univers et de la vitesse croissante de celle-ci. Cette expansion continue de s'accompagner de la naissance de nouvelles étoiles et de la mort des plus vieilles, de la rencontre et de la collision de galaxies – et cela semble-t-il pour l'éternité.

Successeur de COBE, le satellite **WMAP** (Wilkinson Microwave Anisotropy Probe), livra de 2001 à 2010 une carte du rayonnement fossile améliorée d'un facteur 20.

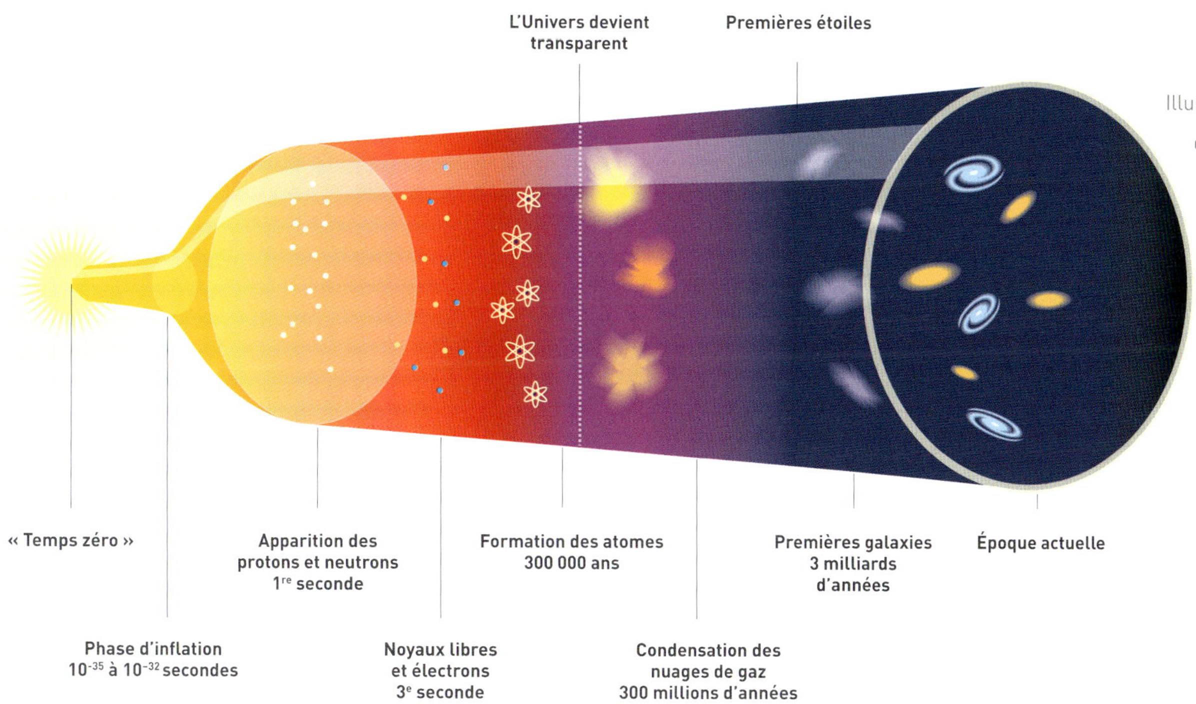

Illustration de l'**évolution de l'Univers**, telle qu'on se la représente dans l'état actuel des connaissances. L'Univers est en expansion toujours plus rapide.

Grâce aux recherches des astronomes **Saul Perlmutter**, Brian P. Schmidt et Adam G. Riess, nous connaissons le rôle de la matière et de l'énergie noires dans l'Univers.

L'avenir de l'Univers

L'impression que l'Univers est éternel est trompeuse. Le cosmos est lui aussi mortel, et passera un jour ou l'autre. Le quand et le comment dépendent de deux processus : d'une part de son expansion accélérée par l'énergie noire, et d'autre part de la gravité s'opposant à cette expansion – les effets de la gravité dépendant eux-mêmes du degré de densité de masse-énergie de l'Univers.

Big Crunch Si la gravité devenait prépondérante, elle finirait par stopper l'expansion de l'Univers, qui se recontracterait pour imploser finalement en un effondrement (Big Crunch) dévastateur, et devenir un point infiniment dense. Mais cela suppose un Univers clos ou courbé positivement – autrement dit sphérique –, et une densité de masse-énergie située au-dessus d'un seuil critique, et donc relativement élevée.

De plus, il faudrait que l'énergie noire soit plus faible que ce qui a été supposé jusqu'ici, ou que son action s'inverse dans le futur. Mais ces conditions – tout au moins dans l'état actuel de nos connaissances – n'étant pas réunies, un effondrement de l'Univers – Big Crunch – paraît improbable. Dans le cas contraire se déclencherait alors une autre explosion originelle, une sorte de rebond dont naîtrait un nouvel Univers.

Big Rip Mais en supposant que l'énergie noire adopte une certaine forme hypothétique appelée « énergie fantôme », elle accélérerait alors constamment – indépendamment de la densité de masse-énergie et de la courbure de l'Univers – l'expansion de ce dernier. Dans ce cas de figure, l'Univers s'achèverait à un âge déterminé – dans seulement quelques milliards d'années – sur un gigantesque « coup d'éclat » (dislocation finale appelée en anglais « final big-bang » ou « Big Rip, Grande Déchirure »). Auparavant, la matière serait déchirée avec une violence croissante et les régions proches se trouvant arrachées à la vitesse de la lumière, la distance au bord de l'Univers visible irait en se réduisant. Pour finir, le ciel s'obscurcirait, les atomes se dissocieraient en particules élémentaires se repoussant mutuellement. Tant qu'il restera de l'énergie noire, cette terrible fin est néanmoins peu probable.

Big Chill Reste encore un autre cas de figure où l'élan d'expansion de l'Univers est plus fort que la gravité, mais où les effets de l'énergie noire ne sont pas aussi puissants que dans le scénario du Big Rip. On assisterait alors à la mort de l'Univers par le froid, Big Chill (« Grand Gel ») en anglais. Une telle mort apparaît très vraisemblable dans le cas d'un Univers plat ou courbé négativement – donc en forme de plaine ou de selle à cheval –, et d'une énergie noire aux effets nuls ou simplement modérés.

Il existe deux variantes de Big Chill : dans le premier – le Big Chill « classique » – le taux d'expansion de l'Univers diminue lentement, tandis que dans le second – le Big Chill modifié –, il augmente. Dans les deux scénarios, la mort thermique de l'Univers survient progressivement, celui-ci se refroidissant lentement. Ses galaxies éjectent les nuages de gaz, les étoiles deviennent des naines noires et des trous noirs. Pour finir, les atomes se dissocient en particules élémentaires, et la température se rapproche du zéro absolu.

Le rôle exact de la matière noire et de l'énergie noire dans ces scénarios a pu être éclairci grâce à la découverte décisive effectuée par les astronomes Saul Perlmutter, Brian P. Schmidt et Adam G. Riess en étudiant les magnitudes de supernovæ (explosions stellaires), un résultat étonnant qui leur valut le prix Nobel de physique : non seulement l'expansion de l'Univers est éternelle, mais elle s'accélère sans cesse ! Grâce aux travaux de ces trois Prix Nobel, nous savons à présent que l'énergie noire a manifestement pris le pas sur la matière noire. Étudier et élucider la nature exacte de l'une et l'autre sera le prochain grand défi de la physique.

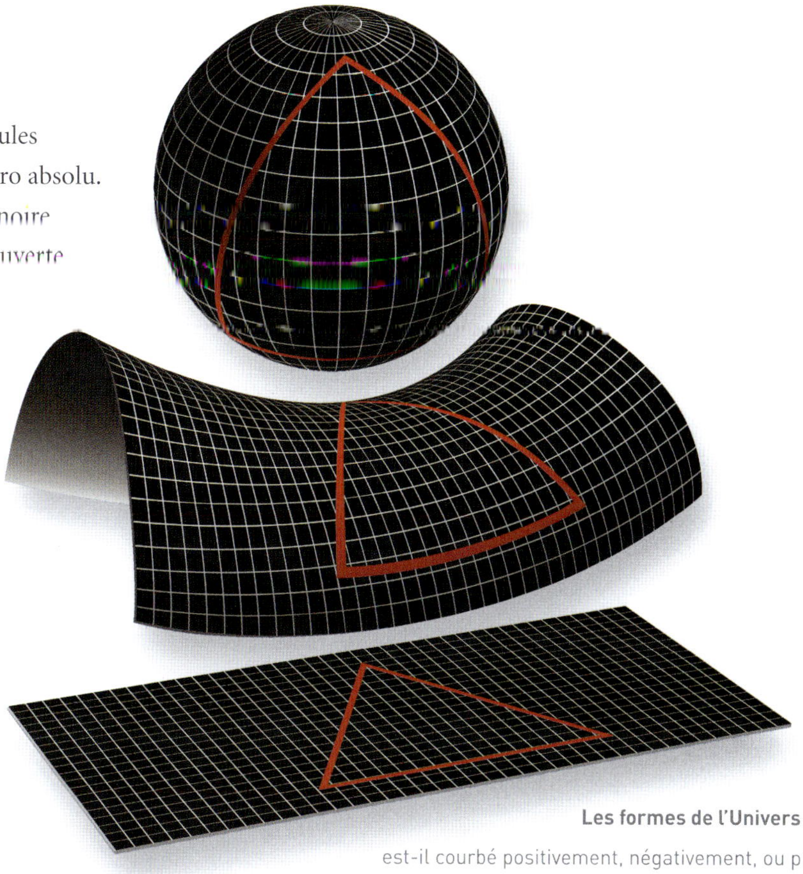

Les formes de l'Univers : l'Univers est-il courbé positivement, négativement, ou plat ? Déterminer sa forme aide à comprendre quel sera son destin probable.

De tout temps, les hommes s'affranchirent des limites de l'intelligible et du réel pour s'efforcer de découvrir ce qui anime le monde et assure sa **cohésion interne** – et il en sera toujours ainsi.

L'astronomie

La science des astres

Les prémices

Si l'astronomie n'inspire plus la même crainte que jadis aux néophytes, elle n'en continue pas moins de susciter la fascination. Car si la foule de publications qui lui sont consacrées a désacralisé l'étude de l'Univers et de ses objets, cette dernière reste souvent hermétique – ce qui n'a pas varié depuis des millénaires.

Observatoire astronomique du Néolithique ou partie d'un temple ? Le cercle mégalithique de **Stonehenge** pose encore bien des énigmes.

Travaux de maintenance du **télescope spatial Hubble** entrepris en mars 2002 par les astronautes de la navette spatiale. «

L'astronomie des premiers âges

L'astronomie passe, sans doute à juste titre, pour la plus ancienne de nos sciences. Sans elle, l'Homme aurait eu beaucoup de difficultés à se sédentariser. Pour passer de l'état de chasseur-cueilleur à celui d'agriculteur-pasteur et à une économie de stockage, il lui fallut acquérir la connaissance et la compréhension approfondies

Avec ses six ponctuations entre les cornes, ce **Taureau de Lascaux** est l'une des plus saisissantes mais aussi mystérieuses peintures rupestres connues.

de la course des astres et des cycles régissant les phénomènes célestes – comme la trajectoire diurne apparente du Soleil, notre étoile centrale, ou encore sa trajectoire annuelle apparente, avec ses différentes hauteurs à midi. L'élaboration d'un calendrier précis fut indispensable pour adapter l'activité humaine aux saisons, mais aussi célébrer les fêtes religieuses à des dates précises ; la connaissance des configurations stellaires représenta quant à elle un précieux moyen d'orientation au cours des voyages d'exploration de la planète.

L'astronomie à l'âge de pierre Des gravures sur os et des dessins découverts dans la grotte de Lascaux montrent que l'homme préhistorique s'intéressait au ciel étoilé dès le Paléolithique – c'est-à-dire, si l'on s'en tient à la datation de ce système de grottes, à une époque comprise entre 17000 et 15000 ans environ av. J.-C. Face à ces représentations paléolithiques d'objets ou de cycles célestes, et en l'absence de traces écrites, les préhistoriens en sont réduits à de simples conjectures.

Stonehenge Il en va de même pour Stonehenge, le plus célèbre monument du Néolithique. Entouré d'un fossé, ce cercle de mégalithes de plusieurs tonnes a été érigé sur une période de 1 500 ans. Vers 3100 avant J.-C. apparurent la butte de terre (talus) et le fossé, suivis par des palissades de bois. Les « pierres bleues » pouvant peser jusqu'à 4 tonnes furent dressées par paires en l'an 2500 avant notre ère ; quelque temps plus tard, ce fut au tour du cercle de sarsen intérieur, formé de 30 pierres gravées de 5 mètres de hauteur, au centre duquel se dressent cinq trilithes (deux piliers recouverts d'un linteau de pierre).

Tout près de Stonehenge, on trouve également, outre de nombreux tumuli, un « cursus », les enceintes circulaires à fossé et talus intérieur (henges) de Woodhenge et de la colonie de Durrington Walls, reliées par une allée à la rivière Avon, et même les vestiges d'un village. L'ensemble forme le complexe d'un grand sanctuaire qui réunissait à des dates précises les diverses tribus, à l'habitat largement dispersé. En dépit d'innombrables théories, la fonction exacte de Stonehenge et de ses « monuments annexes » n'est pas encore vraiment élucidée – et nous n'avons pas plus d'explications à l'abandon du site, en 1500 av. J.-C. environ.

Le disque céleste de Nebra Témoignage de la préhistoire/protohistoire de taille plus accessible, le disque céleste de Nebra a été découvert en 1999 en Allemagne par des pilleurs de tombes, dans une chambre en pierre abritée au sommet du mont Mittelberg, près de la ville de Nebra (Land de Saxe-Anhalt). Sa vente sur le marché noir ayant

Woodhenge : plaque informative en métal décrivant le marquage, par des bornes de différentes couleurs, des anciennes structures de ce site probablement érigé vers 2340 av. J.-C. – donc avant le cercle de pierres de Stonehenge. Les bornes au dessus rouge ne correspondent pas à une enceinte, mais à des tumuli. «

L'observation du Soleil

Reconstitution de l'enceinte de **Woodhenge**, à 2,3 km au sud-ouest de Stonehenge, grâce à 168 bornes en ciment plantées dans les trous des anciens poteaux en bois.

Dates calendaires Le monument de Stonehenge est aligné dans l'axe du Soleil levant au moment du solstice d'été et du Soleil couchant au moment du solstice d'hiver, et il pourrait aussi aider à déterminer les équinoxes de printemps et d'hiver. Le cercle sud de Durrington Walls est au contraire orienté vers le lever du Soleil au moment du solstice d'hiver. Autant de « dates » capitales pour un calendrier ! De récentes études montrent que la course de la Lune était elle aussi prise en compte dans l'architecture. D'autre part, il est possible que le solstice d'été ait signifié la fin de la vie et le solstice d'hiver, son début ; le cercle sud de Durrington Walls aurait ainsi pu représenter le Royaume des vivants et Stonehenge, le Royaume des morts.

pu être empêchée, ce disque est conservé depuis 2002 au musée régional de Préhistoire de Halle. Il s'agit d'une plaque circulaire en bronze (alliage de cuivre et d'étain) d'environ 32 centimètres de diamètre, 4,5 mm d'épaisseur au centre et 2,3 kg. Une étude du mobilier a permis de la dater de 1600 av. J.-C.

Le disque de Nebra est orné d'incrustations d'or représentant manifestement des phénomènes astronomiques et des symboles relevant du domaine religieux. Selon une interprétation, les petits disques d'or symbolisent des étoiles, le groupe de sept petits points représentant sans doute l'amas des Pléiades tandis que les 25 autres points, n'ayant pu être reliés à aucun objet astronomique, sont considérés comme de simples ornements. D'abord interprété comme l'image du Soleil, le grand disque d'or l'est aujourd'hui comme celle de la pleine lune, le croissant représentant la nouvelle lune (Lune montante). Grâce à ces représentations, le disque céleste de Nebra est considéré à la fois comme la plus ancienne représentation concrète du ciel nocturne que nous ait léguée une civilisation d'Europe centrale, et comme la première représentation du cosmos de l'histoire de l'humanité tout entière.

Découvert en 1999, le **disque céleste de Nebra** représente sans doute la Lune et des étoiles importantes, comme les sept astres des Pléiades.

Les premières grandes civilisations

À côté de conditions géographiques locales particulières – telles des saisons sèches alternant avec des crues périodiques ou des pluies de mousson, garanties d'abondantes récoltes quand existait un réseau de canaux d'irrigation –, la possession de solides connaissances astronomiques fut l'un des principaux facteurs de développement des premières grandes civilisations.

La **tour de Babel** et son temple n'étaient pas seulement une ziggurat, mais probablement aussi un observatoire astronomique.

Sur ce **kudurru babylonien** de Meli-Šipak figurent près du roi le Soleil, la Lune et Vénus ; représentants des dieux babyloniens, ces astres occupaient une place particulière dans l'astronomie. »

Ces conditions se trouvaient réunies dans les deltas de l'Euphrate et du Tigre, du Nil, de l'Indus et du Gange, du fleuve Jaune ainsi que dans les Andes et sur la presqu'île du Yucatan. Parmi les centres d'études astronomiques préantiques qui brillèrent dans ces régions, mentionnons :

Babylone Les débuts de l'astronomie babylonienne remontent au IIIe millénaire avant notre ère – son apogée se situant aux alentours de 600 à 500 avant J.-C., et sa fin au siècle précédant le changement d'ère. Les Babyloniens fondèrent les signes du zodiaque encore utilisés de nos jours et l'astrologie. Ils pouvaient prévoir avec exactitude la période moyenne s'écoulant entre deux phases lunaires identiques (lunaison), le retour périodique des planètes connues à la même position dans le ciel par rapport à la Terre, et les éclipses totales de Soleil.

Égypte La réussite la plus remarquable des astronomes égyptiens est l'invention du calendrier solaire. Dès le IVe millénaire av. J.-C., les Égyptiens se basaient sur une année solaire de 365 jours divisée en 12 mois de 30 jours et 5 jours supplémentaires (« épagomènes »). Le début de l'année était fixé par le lever héliaque de l'étoile Sirius (c'est-à-dire sa première apparition à l'aube au terme de sa période d'invisibilité totale) ; cette apparition coïncidait en effet peu ou prou avec la crue du Nil et son dépôt d'alluvions fertiles. Outre diverses constellations, les Égyptiens avaient imaginé une division du zodiaque en 36 décans (groupes d'étoiles) liés à certaines divinités.

Chine Comme Babylone et l'Égypte, la Chine ancienne possédait un calendrier très élaboré, datant du IIe millénaire av. J.-C. Les phénomènes célestes inhabituels étaient soigneusement observés par les astronomes de la cour impériale, qui transmirent leurs observations sous forme de chroniques. Ces chroniques qui nous sont parvenues et documentent l'apparition de novæ, de comètes et autres phénomènes célestes, représentent une précieuse mine de renseignements pour les chercheurs. Même les éclipses y étaient suivies. Les astronomes de la Chine ancienne se repéraient nécessairement sur des constellations – mais celles-ci sont très différentes des constellations babyloniennes et occidentales. Ils avaient ainsi divisé la bande équatoriale en 28 régions appelées « loges », et le nombre total des constellations s'élevait à 284.

Amérique centrale Dans l'Amérique précolombienne, les Mayas avaient développé dès le IIIe millénaire avant notre ère un savoir astronomique extrêmement diversifié. Beaucoup de leurs observations nous ont été transmises, comme l'éclipse de Lune du 15 février 3379 av. J.-C. Les prêtres-astronomes mayas connaissaient avec une grande

Cette reconstitution, à Pékin, d'un **observatoire astronomique** de la Chine ancienne et de ses instruments témoigne du haut degré de développement de la « science des astres » dans l'empire du Milieu.

Les **vestiges de l'observatoire maya Caracol**, à Chichen Itza, étonnamment semblables aux observatoires de notre époque.

Le **disque de pierre** du calendrier solaire maya, avec au centre le visage du dieu du Soleil.

exactitude la période de révolution synodique des planètes et la périodicité des éclipses. Célèbre par sa précision, leur calendrier demeure énigmatique quant à sa signification. Son jour zéro correspond au 8 juin 8498 av. J.-C, date à partir de laquelle le temps est compté à l'aide de diverses subdivisions. Le calendrier maya utilisait une « année vague » de 365 jours (18 mois de 20 jours et 1 mois intercalaire de 5 jours) et une année de 260 jours, ou « tzolkin ».

L'astronomie était aussi très développée chez les Incas de l'ancien Pérou, qui connaissaient avec précision la période de révolution synodique des planètes. Leur calendrier était basé sur une année solaire de 365 jours divisée en 12 mois de 30 jours auxquels s'ajoutaient 5 jours intercalaires.

Toutes ces civilisations avaient comme point commun de considérer les phénomènes célestes apparents comme des données réelles auxquelles il n'était nul besoin de chercher d'explications cachées. La Terre était ainsi considérée comme un disque ou une forme s'en approchant, entourée d'une voûte céleste parfois représentée par le corps d'une divinité, comme celui de la déesse égyptienne du Ciel, Nout.

L'astronome grec **Hipparque** s'efforçant de mieux différencier les étoiles à l'aide d'une longue-vue.

L'astronomie en Grèce

C'est seulement en Grèce que l'astronomie atteignit un nouveau stade de développement. Certes, la Terre y était aussi considérée comme un disque, avec au centre le trône des dieux, le mont Olympe, et autour le fleuve entourant le monde, Oceanos. Mais progressivement s'imposa l'idée que la Terre était sphérique. Les preuves en sont la courbure de l'horizon au-dessus de la mer, le fait que lors d'une éclipse de Lune, l'ombre de la Terre occultant le disque lunaire présente toujours un bord circulaire, et que les astres observés simultanément de différents points apparaissent à des hauteurs différentes. Eratosthène (vers 276-195 av. J.-C.) réussit ainsi à calculer la circonférence de la Terre, obtenant une mesure très proche de l'actuelle.

D'autres astres encore étaient reconnus comme des corps sphériques : Anaxagore (vers 500-428 av. J.-C.) affirma ainsi que le Soleil était une pierre incandescente plus grande que le Péloponnèse. Démocrite (vers 470-380 av. J.-C.) était d'avis que la Voie lactée se composait d'une myriade d'étoiles. Hipparque (190-125 av. J.-C.) établit pour sa part le premier catalogue complet des étoiles, répertoriant la position de 850 étoiles fixes.

Représentation artistique de la **conception géocentrique** de l'Univers, avec la Terre immobile au centre du système planétaire ; cette vision prévalut jusqu'à la fin du Moyen Âge.

Système géocentrique Mais l'apport le plus remarquable de l'astronomie grecque résida dans la formulation d'une théorie du mouvement des planètes. Selon cette théorie parachevée par Hipparque et Claude Ptolémée (vers 75-160 apr. J.-C.), sept planètes – la Lune, Mercure, Vénus, le Soleil, Mars, Jupiter et Saturne –, fixées sur des sphères de cristal, tournent chacune autour de la Terre immobile sur un cercle à l'orbite centrée sur un cercle plus grand ; ces petits cercles, ou épicycles, correspondent à l'orbite véritable de la planète. L'hypothèse des épicycles dans l'astronomie permettait d'expliquer correctement et de prévoir les « boucles » apparentes décrites par Mars. Le système géocentrique était si bien réfléchi et correspondait si parfaitement à la conception de l'Univers de l'Église catholique, qu'il fut utilisé jusqu'à la fin du Moyen Âge. En revanche, la conception héliocentrique du monde, que défendait entre autres, dans la Grèce antique, Aristarque de Samos (vers 320-250 av. J.-C.), ne parvint pas à s'imposer.

Les astronomes des temps modernes

Au cours des siècles suivants, le système géocentrique de Ptolémée fut de plus en plus difficile à concilier avec le mouvement des planètes. Seul un nouveau système cosmologique pouvait permettre de sortir de ce dilemme.

Mais les hommes qui développèrent cette nouvelle conception du cosmos durent être prêts à affronter l'idéologie dominante de l'époque et surtout les autorités régnant sur le monde scientifique d'alors. Ces chercheurs courageux furent les pionniers de l'astronomie moderne.

Au terme de longues observations et réflexions, l'astronome germano-polonais **Nicolas Copernic** plaça le Soleil au centre du système planétaire.

Nicolas Copernic L'astronome Nicolas Copernic (1473-1543), chanoine de Frauenburg en Pologne, fut le premier à douter de la véracité de la traditionnelle conception géocentrique du monde et des théories du mouvement des planètes. Il commença à rechercher si la Terre ne gravitait pas elle-même autour d'un autre corps. Copernic parvint à la conclusion que non seulement la Terre tournait sur elle-même, mais qu'elle orbitait également autour du Soleil en compagnie des six planètes alors connues. Peu avant sa mort, il publia l'ouvrage *De revolutionibus orbium coelestium* (« Sur les révolutions des orbes célestes »), où le système cosmique héliocentrique supplantait le système géocentrique.

Galileo Galilei Il s'agissait à présent d'asseoir cette nouvelle conception du monde sur une base solidement établie. C'est ce que fit l'astronome et physicien italien Galileo Galilei (1564-1642) en s'aidant d'une nouvelle invention : la première lunette d'approche, réalisée en 1608 par l'opticien hollandais Hans Lippershey, et que Galilée utilisa pour la première fois en 1610 pour des

En utilisant pour la première fois une lunette astronomique, **Galileo Galilei** apporta de nombreuses preuves de la justesse du système héliocentrique.

observations astronomiques. Il vit ainsi les cratères lunaires et les phases de Vénus, découvrit les quatre lunes les plus brillantes de la planète Jupiter, observa les taches solaires et résolut la Voie lactée en ses différentes étoiles. Mais il ne put déterminer comment les planètes tournent autour du Soleil.

Johannes Kepler Le mathématicien Johannes Kepler (1571-1630) apporta une réponse en élaborant dès 1609, grâce au dépouillement des données très précises résultant des observations de l'astronome danois Tycho Brahe (1546-1601), les premières descriptions mathématiques exactes du mouvement des planètes – baptisées plus tard « lois de Kepler ». Ces lois offraient une définition mathématique correcte des mouvements observés au sein du système solaire, mais ne disaient rien de leur origine.

Presque en même temps que le télescope à lentille, le physicien anglais Isaac Newton inventa le **télescope à miroir** (réflecteur), sur le principe duquel reposent tous les grands télescopes modernes.

Isaac Newton Le physicien Isaac Newton (1643-1727) fut le premier à résoudre définitivement la question de l'origine du mouvement des planètes en décrivant les effets de la gravitation. La gravitation, à laquelle tous les corps célestes sont soumis, est la force assurant la cohésion des systèmes cosmiques. Newton publia en 1687 sa loi de la gravitation universelle, selon laquelle l'attraction mutuelle (gravitation) est une propriété universelle de la matière par laquelle deux corps quelconques s'attirent en raison directe de leurs masses et en raison inverse du carré de la distance qui les sépare.

Successeurs Grâce à Copernic, Galilée, Kepler et Newton, l'astronomie était devenue une science moderne basée sur les mathématiques et la physique, et sur laquelle les astronomes suivants purent appuyer leurs travaux : l'astronome germano-britannique Friedrich Wilhelm Herschel (1738-1922) développa l'astronomie stellaire en étudiant les objets de la Voie lactée. L'astronome Friedrich Wilhelm Bessel (1784-1846) réalisa la première mesure de la distance d'une étoile. En 1859, Gustav Robert Kirchoff (1824-1887) et Robert Bunsen (1811-1899) introduisirent dans l'astronomie l'analyse spectrale de la lumière et ils fondèrent la discipline majeure d'aujourd'hui, l'astrophysique. Grâce à son calcul de la distance de la galaxie d'Andromède et sa découverte de l'expansion de l'Univers, l'astronome américain Edwin Powell Hubble (1899-1953) élargit l'horizon des astronomes au-delà du monde des galaxies et jusqu'aux origines de l'Univers. Depuis, l'astronomie inclut aussi la cosmologie, dont les lois exigent que nous modifiions du tout au tout notre mode de pensée.

La théorie de la relativité d'**Albert Einstein** remit en question toute la conception du cosmos des physiciens.

Albert Einstein En 1905, le physicien allemand Albert Einstein (1879-1955) en fournit un exemple avec ses premiers écrits sur la théorie de la relativité et la théorie quantique, dans lesquels il asseyait sa théorie de la relativité restreinte – qu'il devait compléter peu après par la formule $E = mc^2$. En 1915, Einstein formula la théorie de la relativité générale *(Théorie unitaire des champs gravitationnel et électromagnétique)*, considérée comme vérifiée depuis l'observation, en 1919, de la déviation de la lumière d'une étoile lors d'une éclipse de Soleil. En 1921, Albert Einstein reçut le Prix Nobel de physique pour ses travaux, qui ont révolutionné notre conception de l'espace et du temps. Il est considéré comme le plus grand physicien du XXe siècle.

Stephen Hawking Le physicien britannique Stephen William Hawking (8 janvier 1942) est l'Einstein du XXIe siècle . De 1979 à 2009, il fut titulaire de la chaire lucasienne de mathématiques à l'université de Cambridge, jadis occupée par Isaac Newton. Hawking, qui souffre depuis 1963 d'une affection dégénérative du système nerveux moteur (SLA), est rivé à son fauteuil roulant et ne peut plus communiquer, depuis 1985, que par l'intermédiaire d'un ordinateur à système vocal. Mais il a fourni d'importantes contributions dans le domaine de la cosmologie, où il concentre ses recherches sur les trous noirs. Il a, en autres, développé le modèle du « rayonnement de Hawking », selon lequel les trous noirs émettent un rayonnement plus ou moins rapide selon leur masse.

L'astronome américain Edwin P. Hubble, qui découvrit le décalage spectral vers le rouge, devant le miroir du télescope de Schmidt, sur le **mont Palomar**.

L'astrophysicien britannique **Stephen Hawking** a développé un grand nombre de nouvelles et brillantes idées en matière de cosmologie.

Le rayonnement électromagnétique

Aucune astronomie ne serait possible sans le rayonnement électromagnétique et son large spectre, seul moyen pour les astronomes d'obtenir des informations sur les objets cosmiques infiniment éloignés : toutes les étoiles, les galaxies, les nébuleuses de gaz, les novæ et supernovæ émettent un rayonnement dans l'ensemble du spectre électromagnétique.

Notre **atmosphère** – ici la pleine lune à son lever –, n'est pas une simple étendue d'air, mais un bouclier protecteur.

Le bouclier atmosphérique

Toutefois, notre atmosphère ne laisse passer que la lumière visible, la chaleur et le rayonnement radio. Les autres types de rayonnements, plus durs et dangereux pour les organismes vivants, sont bloqués par ce bouclier naturel.

Le **spectre électromagnétique** avec les différents types de rayons et leurs longueurs d'onde, dont le domaine optique ne représente qu'une infime partie.

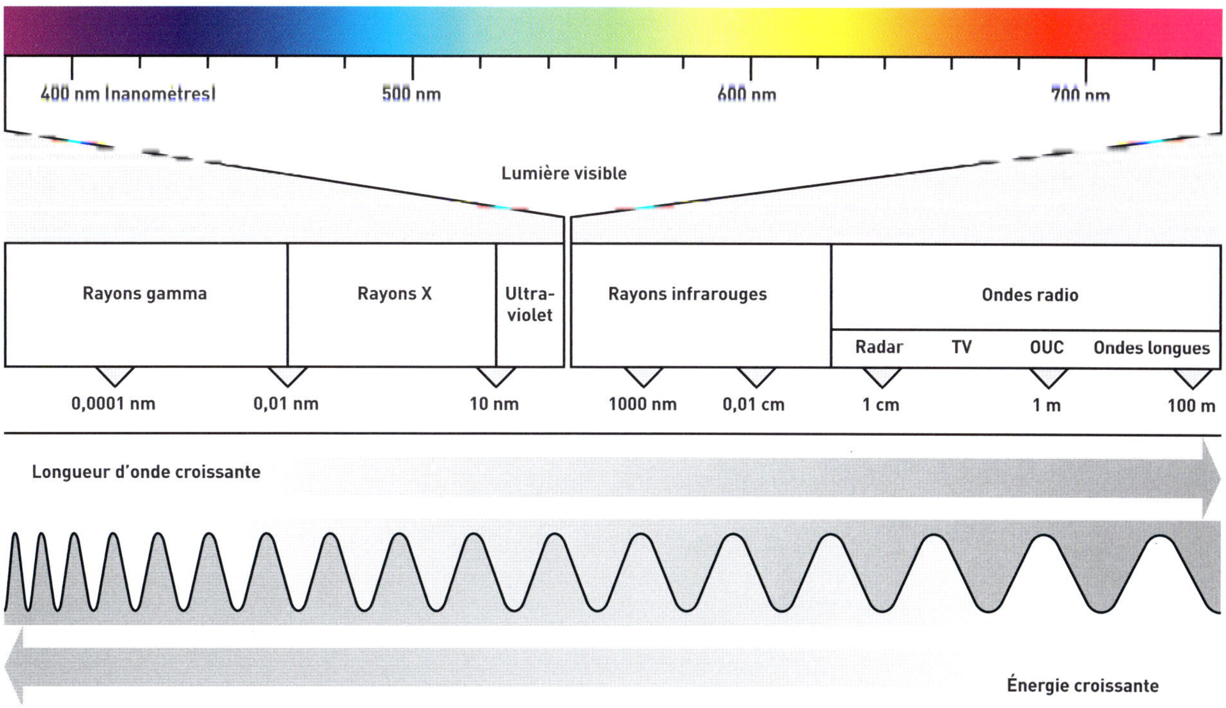

Jusqu'au début de l'ère spatiale, la lumière visible et le rayonnement radio étaient les seules sources d'information dont disposaient les astronomes – qui n'entendaient donc qu'une seule note de la partition. Or, pour vivre et comprendre pleinement la musique, il faut entendre toutes les notes, des plus graves aux plus aiguës. Transposée au domaine de l'astronomie, cette image signifie qu'outre la lumière visible et le rayonnement radio, il faut aussi capter les rayonnements infrarouge, ultraviolet, X et gamma. Grâce aux observatoires spatiaux, des satellites d'observation astronomique spéciaux dont nous disposons depuis le dernier tiers du XXe siècle, l'opération ne pose plus de problème. L'astronomie est passée des observations dans le domaine visible à la radioastronomie, puis à l'astronomie multi-longueur d'ondes.

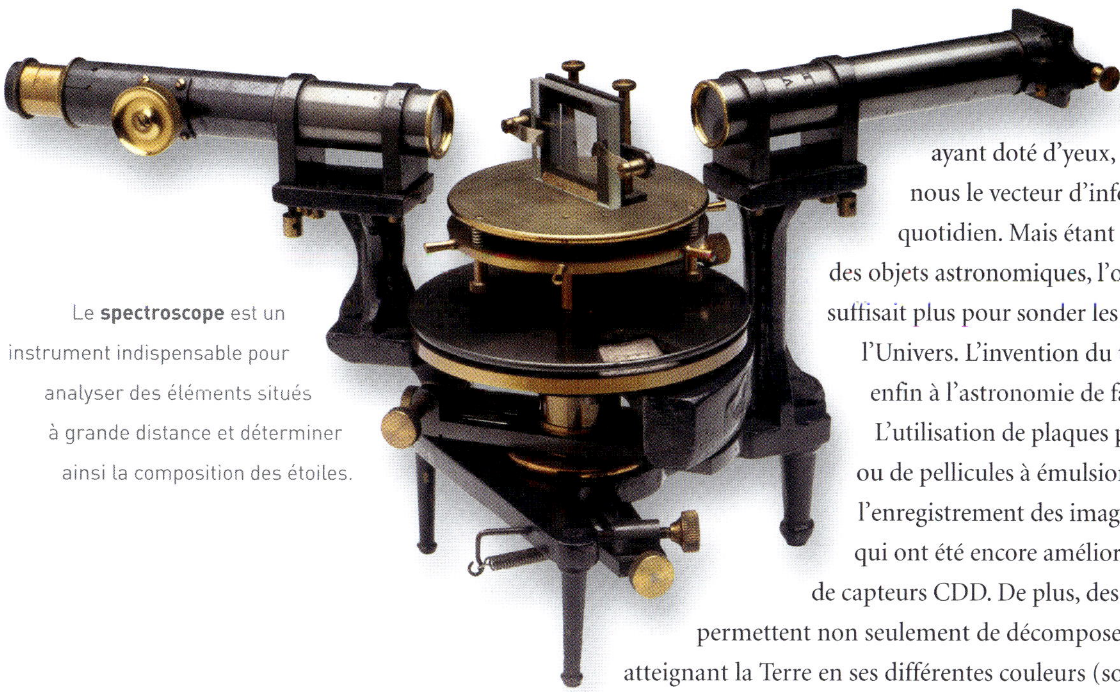

Le **spectroscope** est un instrument indispensable pour analyser des éléments situés à grande distance et déterminer ainsi la composition des étoiles.

Lumière visible

La nature nous ayant doté d'yeux, la lumière est pour nous le vecteur d'informations le plus quotidien. Mais étant donné les distances des objets astronomiques, l'œil humain ne suffisait plus pour sonder les profondeurs de l'Univers. L'invention du télescope permit enfin à l'astronomie de faire un pas de géant. L'utilisation de plaques photographiques ou de pellicules à émulsions chimiques permit l'enregistrement des images par les télescopes, qui ont été encore améliorés par l'emploi de capteurs CDD. De plus, des « spectrographes » permettent non seulement de décomposer la lumière atteignant la Terre en ses différentes couleurs (son spectre),

mais aussi d'analyser, à l'aide des lignes d'absorption sombres visibles dans le spectre, les éléments présents dans la source de lumière, et d'obtenir ainsi des informations sur sa composition.

Ondes radioélectriques Le rayonnement radioélectrique est le second type de rayonnement parvenant jusqu'à la surface de la Terre. Il possède l'avantage de n'être arrêté, que ce soit dans le cosmos ou l'atmosphère terrestre, par aucun type de nuages. En 1932, les astronomes découvrirent le rayonnement radio de la Voie lactée, et en 1942, celui du Soleil. Grâce aux progrès de la technique radio pendant la Seconde Guerre mondiale, la radioastronomie a accompli un vrai bond en avant ; elle est devenue le second auxiliaire de l'observation astronomique au sol. Cette évolution se remarque aussi par la taille sans cesse plus imposante des installations de réception des observatoires de radioastronomie, dont les antennes concaves présentent un diamètre toujours plus important : 100 mètres pour le radiotélescope d'Effelsberg dans le massif de l'Eifel en Allemagne, 305 mètres pour celui d'Arecibo à Puerto Rico, sans compter les champs d'antennes (Arrays) établis au Nouveau Mexique ou dans le désert de l'Atacama au Chili.

Les radioastronomes ont ainsi pu étudier l'hydrogène gazeux des bras spiraux de notre Voie lactée, et par la suite décrypter la structure de ce système stellaire. Grâce à leurs

L'une des stations du radiotélescope **LOFAR**, réparties sur toute l'Europe.

Télescopes en réseau

Interconnectés Pour augmenter la résolution et la qualité d'image des radiotélescopes, les astronomes en connectent plusieurs en réseau pour en obtenir un plus grand. Ainsi, les 27 antennes paraboliques du Very Large Array au Nouveau Mexique (dont chacune fait 25 mètres de diamètre) peuvent être déplacées le long de trois voies de chemin de fer en forme de « Y » pour ne plus former qu'un seul télescope de 36 kilomètres de diamètre. L'Atacama Large Millimeter Array (ALMA), sur le haut plateau de Chajnantor, dans les Andes chiliennes, est encore en construction ; des poids-lourds spéciaux sont chargés du transport des 66 antennes de 12 mètres de diamètre chacune prévues à ce jour. Un degré de perfectionnement supplémentaire consiste dans l'interconnexion de tous les radiotélescopes d'un même continent, de façon à former un Very Long Baseline Array (VLBA) ; en Europe par exemple, il est possible de combiner quelque 10 000 antennes en Low Frequency Array (LOFAR). Le VLBA des USA a une capacité de résolution plus élevée que le télescope spatial Hubble. Les images ainsi obtenues présentant malgré tout des lacunes, les radioastronomes font travailler en réseau les télescopes de plusieurs continents, et avec l'aide de la rotation de la Terre, détectent morceau par morceau l'objet à étudier.

radiotélescopes, ils ont pu pénétrer dans le centre galactique, caché par d'épais nuages de poussières, découvrir sa structure et analyser les processus qui s'y déroulent.

Les radioastronomes ont découvert de très nombreux objets hautement énergétiques (quasars, radiogalaxies), étudié des vestiges de supernovæ ou des « tourbillons » magnétiques au voisinage de trous noirs supermassifs. Les radiotélescopes ont également permis de mettre en évidence des molécules cosmiques – les briques de construction de nouvelles planètes et êtres vivants.

Le réflecteur non orientable de l'**observatoire radio d'Arecibo** est installé au-dessus d'une cuvette.

ALMA, sur le plateau de Chajnantor, à 5 000 m d'altitude, est le plus haut observatoire au monde.

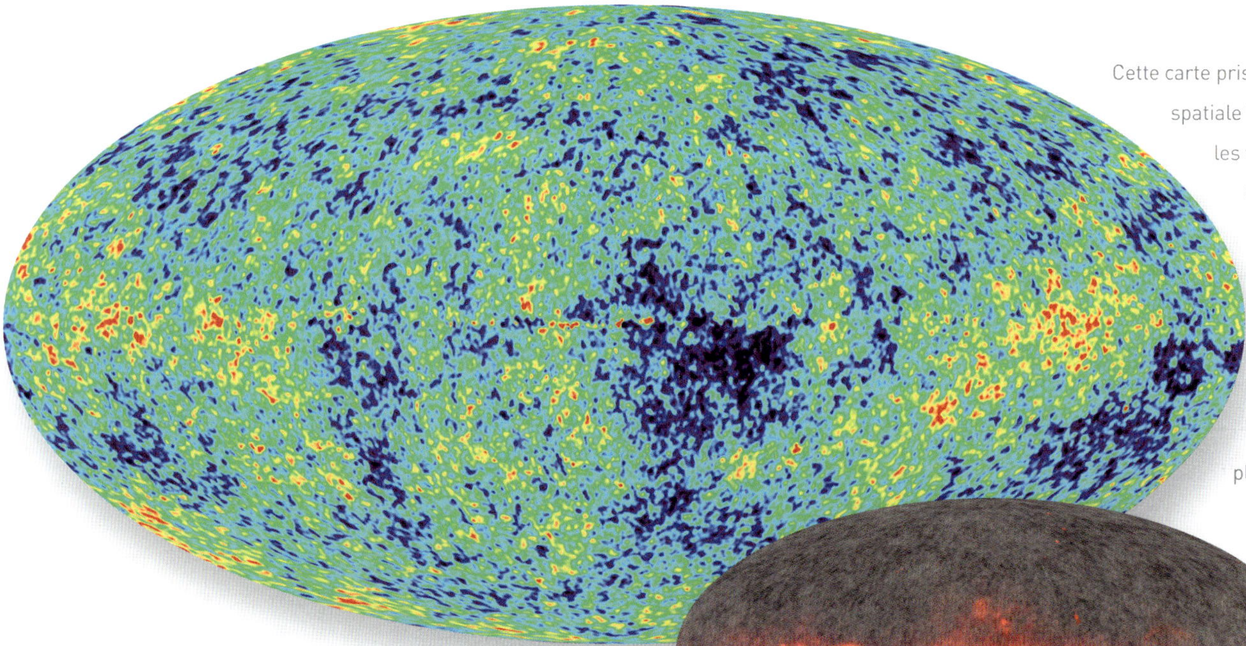

Cette carte prise par la sonde spatiale **WMAP** montre les variations de température du **rayonnement d'arrière-plan cosmique**. Le rouge correspond aux températures les plus hautes et le bleu, les plus basses.

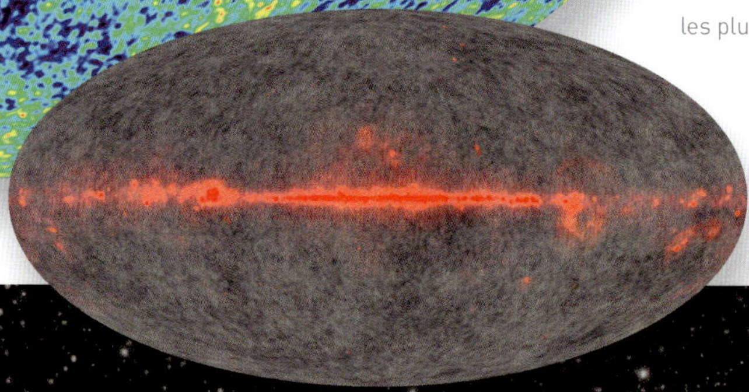

La sonde spatiale **WMAP** (Wilkinson Microwave Anisotropy Probe) est restée en fonctionnement de 2001 à 2010.

Micro-ondes Avec une longueur d'onde comprise entre 30 centimètres et 1 millimètre, les micro-ondes sont les plus courtes des ondes électromagnétiques émises par des objets comme des étoiles en formation. Le rayonnement d'arrière-plan cosmique – l'« écho » du big bang originel – est aussi un rayonnement micro-ondes. Les micro-ondes peuvent être captées à l'aide d'antennes au sol comme celles du télescope du pôle Sud ; mais pour l'obtention d'informations détaillées, il faut se servir de télescopes spatiaux comme WMAP.

Rayonnement infrarouge Sur le spectre électromagnétique de la lumière, le rayonnement infrarouge (rayonnement thermique), à la longueur d'onde comprise de 780 nanomètres à 1 millimètre, se situe juste en dessous de la bande rouge de la lumière visible. Il est subdivisé en quatre domaines : l'infrarouge proche, moyen, lointain et submillimétrique. La radiation infrarouge permet d'observer de jeunes étoiles entourées d'épaisses couches de poussière, qui émettent souvent des jets de gaz brûlant. Au nombre des autres sources infrarouges, citons notamment les géantes froides (géantes rouges) de notre Galaxie – et plus loin dans l'Univers, les galaxies infrarouges ou à sursaut de formation d'étoiles, qui émettent plus de rayonnement thermique que de lumière. Les nuages de poussière froids rayonnent dans l'infrarouge lointain, et l'écho du big-bang est observable dans l'infrarouge submillimétrique.

Les observations IR sont compliquées par l'atmosphère terrestre. Le dioxyde de carbone et la vapeur d'eau qu'elle renferme absorbent la majeure partie du rayonnement infrarouge cosmique, dont seule une infime partie parvient

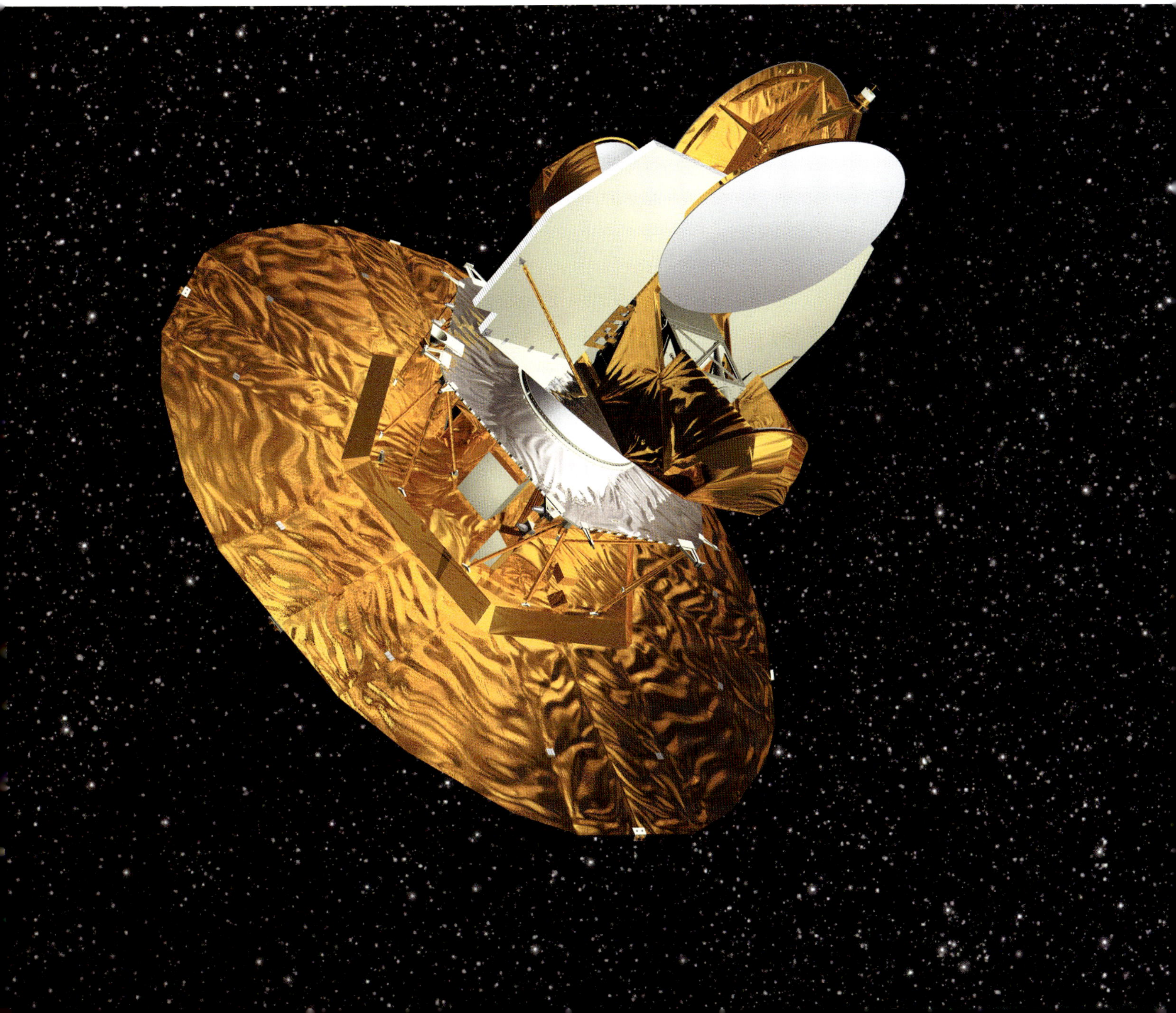

Le **satellite d'astronomie infrarouge** IRAS (Infrared Astronomical Satellite), premier télescope spatial d'observation dans l'infrarouge moyen et lointain.

jusqu'au niveau de la mer. Quelques-uns des rayonnements infrarouges courts et longs atteignent les sommets élevés, en haut desquels ont donc été dressés des télescopes d'observation dans l'infrarouge. Mais les meilleurs résultats sont obtenus grâce aux instruments d'observation des satellites en orbite autour de la Terre. En 1983, le satellite IRAS découvrit 300 000 sources cosmiques infrarouges.

Rayonnement ultraviolet Le domaine de l'ultraviolet est plus réduit que celui de la lumière visible ; il s'étend de l'extrémité violette du spectre visible (380 nanomètres) au commencement du rayonnement X (10 nanomètres). La gamme de longueurs d'onde située entre 10 et 91 nanomètres est appelée ultraviolet extrême.

Une simple observation UV de notre Univers proche fournit des renseignements intéressants. La chromosphère solaire, dont le gaz atteint 120 000 °C, brille dans l'ultraviolet – contrairement à la surface visible du Soleil, qui ne dépasse pas 5 507 °C. Les étoiles les plus brillantes de notre Galaxie, qui font 20 000 °C, émettent dans l'ultraviolet. Il en va de même dans les galaxies lointaines : vue au télescope optique, la galaxie M 94 ne révèle qu'un renflement central brillant surtout composé de vieilles étoiles froides – mais sur les images UV, ce renflement central fait place à un gigantesque anneau de jeunes étoiles chaudes nées au cours des 10 derniers millions d'années.

Rayonnement X Avec des longueurs d'onde entre 0,001 et 10 nanomètres, les rayons X sont beaucoup plus courts et beaucoup plus énergétiques que le rayonnement visible. Fort heureusement, la haute atmosphère terrestre absorbe la totalité des radiations X cosmiques, qui ne sont émises que par des objets dont la température dépasse 1 million de degrés Celsius : gaz de la couronne solaire, gaz éjecté dans l'Univers par des supernovæ, gaz entourant les pulsars et les trous noirs, ou encore mince enveloppe de gaz des amas

Le gaz éjecté dans l'espace par les supernovæ (ici le rémanent de la supernova Cassiopée A) fait également partie des objets de recherches de l'« **astronomie X** ». »

de galaxies. Les petits noyaux très énergétiques des quasars émettent un rayonnement X. Le ciel en X fourmille ainsi de grands nuages de gaz brillants et d'étoiles variables exotiques.

Rayonnement gamma De tous les rayons du spectre électromagnétique, les rayons gamma sont ceux qui possèdent les longueurs d'onde les plus courtes, mais la plus forte énergie. Ces rayons sont émis lors de certaines désintégrations atomiques, où des particules entrent en collision à la vitesse de la lumière, ou bien dans l'annihilation matière-antimatière. Même les plus grandes longueurs d'ondes du rayonnement gamma, proches du rayonnement X, sont plus courtes que celles des atomes ; quant à la plus courte longueur d'onde mesurée, elle est 1 billiard de fois plus petite que celle de la lumière visible.

Le rayonnement cosmique gamma étant totalement absorbé par l'atmosphère terrestre, il ne peut être directement observé que par des satellites spéciaux, comme le Fermi Gamma-ray Space Telescope, mis en orbite en 2008 – ou indirectement depuis le sol à l'aide des télescopes Tcherenkov. Ces télescopes enregistrent les éclairs bleutés des pluies de particules (« lumière Tcherenkov ») se produisant lors de la collision des rayons gamma avec l'atmosphère terrestre.

Ce que voient ces instruments en lumière gamma sont de gigantesques nébuleuses de gaz brillantes entre lesquelles s'observent des points lumineux jetant de temps en temps un éclair. Certains sont des pulsars, d'autres des « sursauts gamma », un flash illuminant tout le ciel pendant quelques secondes. Selon les théories les plus récentes,

Vue de l'observatoire de neutrinos **IceCube**, au pôle Sud, achevé le 18 décembre 2010.

Namibie : l'un des quatre **radiotélescopes H.E.S.S.** destinés à l'observation du rayonnement cosmique gamma. Chaque miroir est composé de 382 facettes rondes de 60 cm de diamètre.

ces sursauts gamma seraient produits par un certain type de supernovæ, l'explosion d'une étoile massive en fin de vie. Par ailleurs, les vestiges de supernovæ, comme les étoiles à neutrons ou les trous noirs, émettent un rayonnement gamma quand ils capturent de la matière. Dans le cas des trous noirs, ce sursaut gamma est baptisé « cri d'agonie » de la matière.

Neutrinos et ondes gravitationnelles Outre les ondes du spectre électromagnétique mentionnées plus haut, il existe deux autres vecteurs d'informations sur le cosmos qui, en raison de leurs propriétés particulières, se sont longtemps soustraits – voire se soustraient – à l'étude : les neutrinos et les ondes gravitationnelles. Continuellement produits au sein du Soleil, les neutrinos n'ont pas de charge électrique et traversent sans peine ni heurts des corps comme la Terre. Pour les détecter, des télescopes spéciaux affectant la forme de grandes citernes ont été installés le plus souvent dans des mines, ainsi que sur la banquise de l'Antarctique (IceCube).

La détection des ondes gravitationnelles n'est pas plus facile. Selon la théorie de la relativité générale, ces ondes sont libérées par l'accélération ou même la fusion (trous noirs) d'objets massifs de l'Univers. Mais il s'agit de vagues de très faible amplitude, étirant par exemple l'espace Terre-Lune de moins du milliardième de l'épaisseur d'un cheveu durant un millième de seconde. Les astronomes cherchent à les déceler, depuis la Terre, à l'aide de détecteurs d'ondes gravitationnelles (interféromètres) tels que LIGO, GEO600 et VIRGO, équipés d'un rayon laser réfléchi entre plusieurs miroirs, mais aussi, d'ici quelques années, depuis l'espace, grâce au système de satellites LISA.

Les instruments astronomiques

Pendant des siècles, l'astronomie se pratiqua depuis le sol, avec pour seuls « yeux » les lunettes astronomiques. Mais grâce aux techniques de l'aviation et des vols spatiaux, les astronomes peuvent désormais étudier l'Univers depuis des observatoires d'un genre nouveau, situés plus haut et peu ou pas du tout ennuagés.

L'un des quatre télescopes de 8,2 m du **VLT** dans sa coupole ouverte ; on appelle « coupole » le bâtiment abritant les télescopes. »

L'**observatoire du Mauna Kea**, situé en haut du volcan hawaïen Mauna Kea, actuellement en sommeil. L'altitude élevée (4 200 m) autorise une vue magnifique sur l'Univers.

Les télescopes

De même que les biologistes utilisent le microscope, les astronomes usent d'un instrument spécifique : la lunette astronomique (ou le télescope). L'astronomie est indissociable des lunettes et télescopes, construits selon deux principes différents inventés presque au même moment, et sans cesse perfectionnés grâce à l'amélioration de leur système optique et l'ajout d'équipements auxiliaires.

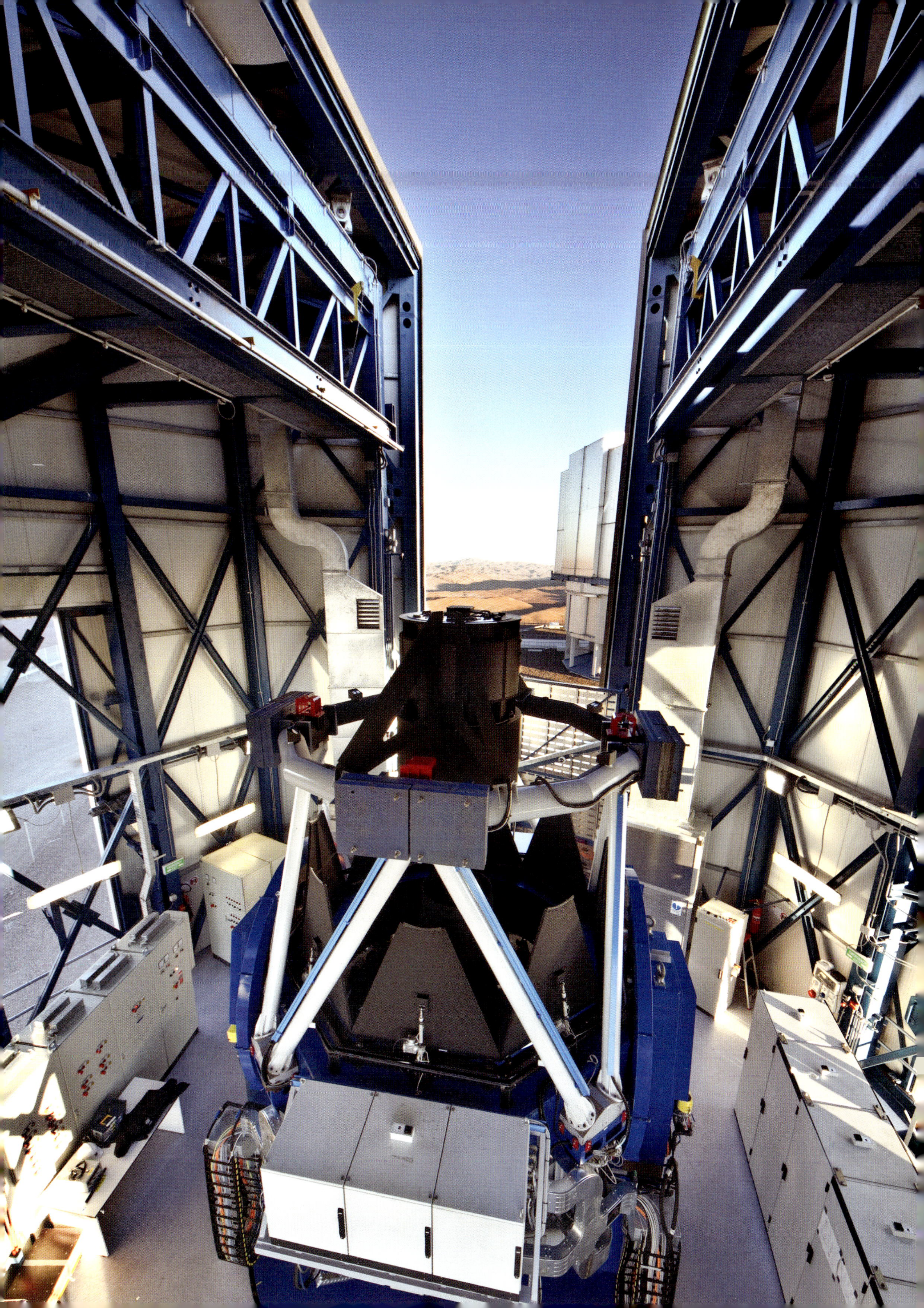

« Télescopes » à lentille ou télescopes à miroir On distingue les « télescopes » à lentille (lunette astronomique ou réfracteur), où la lumière est déviée vers l'observateur par des lentilles, des télescopes à miroir (réflecteurs), où la lumière est captée et réfléchie vers l'observateur par des miroirs. L'un et l'autre type d'instruments possèdent à leur base une lentille optique appelée oculaire.

La surface collectant la lumière (lentille ou miroir) est appelée objectif. La quantité de lumière reçue par le télescope ainsi que les objets les plus faibles qu'il pourra observer dépendent du diamètre de l'objectif. Quand on parle des dimensions d'un télescope, c'est donc toujours du diamètre de l'objectif qu'il s'agit, et jamais de sa longueur. Le diamètre d'une lentille d'objectif est limité par le poids et la déformation du verre liée au poids, inhérente à tout corps plastique. Avec des instruments comme le grand réfracteur de l'observatoire astronomique Archenhold, inauguré à Berlin en 1896 et mesurant 68 centimètres de diamètre pour 21 mètres de long – ce qui en fait la plus longue lunette astronomique du monde –, ou le réfracteur Yerkes de 102 centimètres de diamètre, mis en fonctionnement en 1897, la construction des « télescopes » à lentille atteignit sa limite. C'est pourquoi, peu après le début du XXe siècle, le système optique préféré des astronomes de métier devint le télescope à miroir – les astronomes amateurs continuant cependant d'utiliser à égalité réfracteurs et réflecteurs.

Les plus grands télescopes Avec respectivement 5 et 6,1 mètres de diamètre, le réflecteur Hale du mont Palomar (1706 mètres d'altitude), et le réflecteur Zelentchoukskaïa, dans le Caucase, passaient jusqu'au début des années 1990 pour les plus grands télescopes à miroir du monde. Mais ils ont été détrônés depuis par le VLT (Very Large Telescope) de l'Observatoire européen austral, implanté à 2 635 mètres d'altitude sur le Paranal au Chili et équipé de quatre miroirs de 8,2 m, ainsi que par les deux réflecteurs Keck, de 10 mètres chacun, basés à 4 214 mètres d'altitude sur le Mauna Kea à Hawaï, et le Large Binocular Telescope (deux miroirs de 8,5 m montés comme des jumelles), installé en haut du mont

L'**European Extremely Large Telescope** (E-ELT), qui sera équipé d'un miroir primaire de 39,3 m de diamètre, doit voir le jour en 2022 au sommet du Cerro Amazones (3 064 m) au Chili.

L'**observatoire du Paranal de l'ESO** comprend outre les quatre miroirs du VLT quatre autres réflecteurs auxiliaires plus petits (1,8 m de diamètre chacun).

Les grands télescopes optiques modernes

Nom de l'observatoire	Localisation	Diamètre du miroir
Keck I et Keck II	Mauna Kea, Hawaï	2 fois 10 m
Gran Telescopio Canarias	La Palma	10,4 m
Hobby-Eberly Telescope	Texas/USA	9,9 m
South African Large Telescope	Afrique du Sud	9,2 m
Large Binocular Telescope	Mont Graham/É.-U.	2 fois 8,4 m
Subaru Telescope	Mauna Kea, Hawaï	8,3 m
ESO/VLT	Paranal/Chili	4 fois 8,2 m
Gemini Nord et Sud	Hawaï et Chili	8 m chacun

L'observatoire infrarouge aéroporté Sofia, qui est depuis le 30 novembre 2010 le plus grand successeur de l'observatoire infrarouge aéroporté Kuiper.

Graham, en Arizona.

Leur qualité d'image a été encore considérablement améliorée par les systèmes d'optique active et adaptative, qui compensent les turbulences atmosphériques et les déformations thermiques du miroir utilisé comme objectif. Actuellement, des télescopes à miroir d'un diamètre encore supérieur sont en préparation, comme l'European Extreme Large Telescope (E-ELT) de l'ESO sur le Cerro Amazones au Chili (non loin du VLT du Cerro Paranal), et le télescope américain Thirty Meter Telescope (TMT), au sommet du volcan hawaïen Mauna Kea. Au lieu d'un grand objectif circulaire unique, ces deux télescopes seront dotés d'une multitude de petits miroirs hexagonaux (l'E-ELT en possèdera jusqu'à 1 000) ; ils devraient être opérationnels en 2018.

Les observatoires aéroportés

Si l'atmosphère terrestre protège les êtres vivants des rayons cosmiques durs, son épaisseur et ses turbulences gênent en revanche le travail des astronomes au sol, qui mettent tout en œuvre pour lui échapper. Avec les observatoires implantés sur des sommets à l'atmosphère raréfiée, le recours à des télescopes et instruments de mesure aéroportés sur avions ou ballons (observatoires aéroportés) est la solution la moins coûteuse – contrairement aux moyens techniques et financiers exigés par les satellites stationnés dans l'espace.

Ballons stratosphériques Les ballons ont été très tôt utilisés pour les observations astronomiques. En 1874 déjà, des chercheurs téméraires de l'observatoire de Meudon, près de Paris, s'élevèrent dans la nacelle d'un aérostat à près de 8 000 mètres d'altitude pour observer le Soleil au moyen d'un spectroscope portable. Mais les astronomes durent attendre les avancées techniques de la seconde moitié du XXe siècle pour réaliser leur rêve : faire emporter leurs instruments dans la stratosphère. Dans cette couche située de 30 à 50 kilomètres d'altitude, soit au-dessus de 99 % de la masse atmosphérique terrestre, l'imagerie optique n'est quasiment plus troublée par des turbulences – ce qui permet d'obtenir une résolution d'image d'environ un dixième de seconde d'arc.

Dans cette atmosphère résiduelle ténue, la lumière parasite est fortement atténuée, ce qui permet d'obtenir une image des objets célestes massifs plus contrastée. De plus, il est possible d'y observer des régions spectrales situées au-delà du domaine optique : par exemple, dans la gamme des ondes courtes, l'ultraviolet moyen et le rayonnement X et gamma.

Les ballons à air chaud ne sont cependant pas capables de monter assez haut. C'est pourquoi, en astronomie, on utilise soit des ballons surpressurisés, soit des ballons à pression constante. Les ballons surpressurisés possèdent une enveloppe en polyéthylène indéchirable qui se dilate lors de l'ascension jusqu'à ce que la pression intérieure soit légèrement supérieure à la pression extérieure. Des ballons de ce type ont également été utilisés du côté nuit de Vénus dans le cadre de la mission Véga.

Les ballons à pression constante sont en revanche ouverts à la base. Pour lancer ces aéronefs, on gonfle leur gigantesque mais mince enveloppe (53 000 mètres carrés pour 30 micromètres d'épaisseur) avec de l'hydrogène ou de l'hélium (1 % du volume). L'enveloppe se dilate tout au long de l'ascension pour atteindre, entre 30 et 50 kilomètres d'altitude, son diamètre maximal de 130 mètres, cependant que le gaz en excès s'échappe par l'ouverture permanente ; le ballon flotte ainsi dans l'atmosphère pendant des mois ou des semaines. SUNRISE 2009, avec son télescope équipé d'un miroir d'un mètre d'ouverture, permet ainsi d'étudier les très fines structures de la surface du Soleil ; sa précieuse cargaison, abritée dans une nacelle capitonnée, redescend ensuite sur Terre grâce à un parachute.

Les **ballons stratosphériques** sont un maillon précieux entre les observatoires au sol et les systèmes d'observation stationnés dans l'espace. «

Aperçu, par la fenêtre d'observation ouverte de l'avion, de la structure du télescope à miroir de 270 centimètres de l'**observatoire infrarouge aéroporté SOFIA**, exploité par la NASA et le DLR.

Observatoires aéroportés sur avions Ils offrent plus de possibilités – notamment en ce qui concerne le transport d'instruments. On utilise pour l'astronomie infrarouge des avions gros porteurs, équipés d'un réflecteur abrité dans une fenêtre d'observation et volant entre 12 et 14 kilomètres d'altitude – cette région est située au-dessus de la troposphère, donc le rayonnement infrarouge n'est presque plus absorbé.

De 1974 à 1995, l'observatoire Kuiper Airborne Observatory (KAO) fonctionna ainsi à bord d'un avion de transport militaire de type Lockheed C-141 réaménagé à cet effet. Depuis 2002, c'est au tour du Stratospheric Observatory For Infrared Astronomy (SOFIA), un système d'observation exploité par la NASA et le Centre aérospatial allemand (Deutsches Zentrum für Luft- und Raumfahrt, DLR), de voler dans un Boeing 747SP ; le réflecteur mesure 270 centimètres de diamètre, et l'avion peut embarquer 12 personnes incluant pilotes, techniciens et scientifiques. Ce projet est prévu pour se poursuivre durant 20 ans à raison de 120 vols par an.

Les observatoires spatiaux

N'étant plus entravée par l'atmosphère, l'observation depuis l'espace représente bien sûr le nec plus ultra de la recherche astronomique. D'où le développement, depuis le début de l'ère spatiale, de toute une gamme d'observatoires spatiaux – c'est-à-dire de satellites emportant à leur bord toutes sortes de télescopes ou de détecteurs adaptés aux différentes longueurs d'ondes, et ayant pour mission d'observer les objets et phénomènes cosmiques sur plusieurs années à partir d'orbites différentes.

Le télescope spatial Hubble (TSH) Lancé le 25 avril 1990, le Hubble Space Telescope (HST), qui porte le nom de l'astronome américain Edwin P. Hubble, est non seulement le plus célèbre, mais aussi le plus populaire de tous les observatoires spatiaux. Propagées dans le monde entier et rendues accessibles à tout un chacun par le biais d'Internet, ses innombrables et spectaculaires prises de vues ne cessent de fasciner un large public. La NASA a un jour qualifié Hubble de meilleur agent de relations publiques qu'elle ait jamais eu. La mission de Hubble a failli échouer dès après le lancement à cause d'un défaut de courbure de son miroir principal de 2,47 m – problème qui put être pallié en 1993 grâce à la mise en place d'un système de correction optique. De façon générale, Hubble a été conçu pour offrir une grande facilité d'entretien ; au cours des cinq missions de maintenance de la navette spatiale (STS 61, STS 82, STS 103, STS 109 et STS 125), il a ainsi pu bénéficier des toutes dernières avancées techniques et permettre de

Lancé en 1990, le **télescope spatial Hubble**, ici lors d'une mission de maintenance par la navette spatiale, est le plus connu des observatoires spatiaux.

Le **télescope spatial Hubble** orbite autour de la Terre à 575 km d'altitude. Il est équipé d'un revêtement isolant, et d'un volet mobile de protection du système optique.

nouveaux types d'observations, ce qui lui garantit de rester opérationnel au moins jusqu'en 2014. Mais en 2018 au plus tard, il devrait être remplacé par le James Webb Space Telescope (JWST), dont le diamètre du miroir primaire atteindra 6,5 m et qui travaillera dans l'infrarouge. Le JWST est un projet commun de la NASA, de l'ESA et de l'Agence spatiale canadienne. Mais les coûts de ce télescope spatial ayant augmenté de façon exorbitante, l'arrêt de sa construction est envisagé.

Autres observatoires spatiaux En dehors de Hubble, qui fait le tour de notre planète, à 575 kilomètres d'altitude, en 96 minutes, nombreux sont les observatoires spatiaux à avoir élargi et à élargir encore du tout au tout notre conception du cosmos : SOHO (lancé en 1995) observe ainsi en permanence le Soleil ; XMM-Newton et Chandra (1999) surveillent, de même qu'INTEGRAL (2002), le domaine du rayonnement X ; la sonde Wilkinson Microwave Anisotropy Probe (WMAP, 2001) a étudié jusqu'en 2010 les fluctuations du rayonnement d'arrière-plan cosmique ; le Spitzer Space Telescope SST (2003) est dédié aux observations infrarouges et le Swift (2004) à l'observation des sursauts gamma ; les deux satellites de la mission Stereo (2006) ont pour tâche de livrer des images en trois dimensions du Soleil, et COROT, lancé la même année, de rechercher des exoplanètes. Enfin, les télescopes spatiaux de l'ESA Herschel et Planck (2009) sont chargés de détecter les premières galaxies nées après le big-bang ainsi que le rayonnement fossile.

D'autres observatoires spatiaux plus sophistiqués et plus efficients encore sont prévus pour le futur. Jusqu'à présent, les services des satellites ont rendu superflue la construction d'une base d'observation sur la Lune. Mais il n'en ira sans doute pas toujours ainsi. La multiplication des infrastructures techniques sur notre planète et dans l'espace environnant entraînera à l'avenir une

Les catalogues d'étoiles

Une classification nécessaire Les astronomes ont catalogué les objets qu'ils étudient de manière à documenter l'état des recherches et pouvoir retrouver à tout moment ces objets dans le ciel. Créé vers 300 av. J.-C. par le Grec Hipparque, le premier catalogue d'étoiles comprenait 800 étoiles. Un autre catalogue de l'époque antique est celui de Ptolémée ; publié dans son traité intitulé *Almageste*, il répertoriait 1 022 étoiles. Parmi les célèbres catalogues astronomiques de l'époque moderne, il convient de citer le *Catalogue des Nébuleuses* de l'astronome français Charles Messier (1730–1817), où les objets sont désignés par la lettre M ; la nébuleuse du Crabe porte ainsi le nom de M1. Mais de nombreux objets Messier sont également désignés par les lettres NGC, acronyme du New General Catalogue publié en 1888, et dressant la liste des nébuleuses, amas stellaires et galaxies.

Le **télescope spatial Planck**, lancé par l'ESA en 2009, étudie le rayonnement fossile.

Avec son miroir primaire de 3,5 m, le **télescope infrarouge Herschel**, de l'ESA, possède le plus grand miroir jamais construit pour un satellite. »»»

augmentation croissante des rayonnements parasites. Les astronomes envisagent donc l'implantation, dans les cratères de la face invisible de la Lune – opposée à la Terre et donc protégée de tout rayonnement en provenance de celle-ci – de vastes installations de réflecteurs (et même de miroirs liquides) ainsi que de champs de radiotélescopes. Ils espèrent ainsi capter un jour, peut-être, des signaux provenant d'intelligences extraterrestres – véritable seconde révolution copernicienne, et couronnement des recherches entreprises avec les télescopes spatiaux.

Le **télescope spatial Spitzer**, qui travaille dans l'infrarouge entre 3 et 180 micromètres, peut observer des régions inaccessibles en lumière visible.

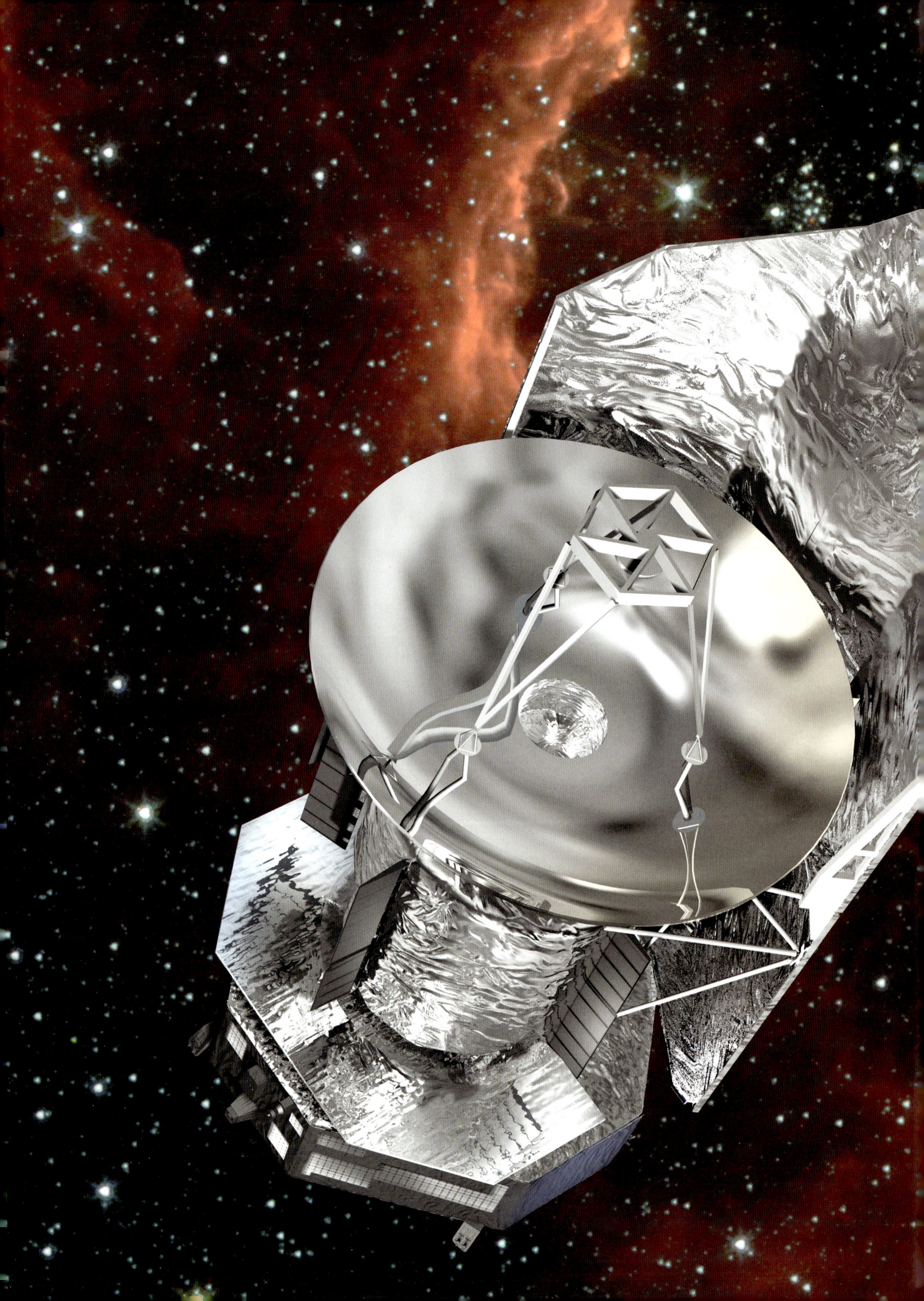

Les entrées principales sont signalées en caractères demi-gras.

AAC : Col Druscie Obs./A. Dimai 146 h ; **Arecibo Observatory** : Cornell, NAIC/Frank Drake (UCSC) 202 h ; R. Arlt : 32 h, 33 h ; **CNES** : D. Ducros 233 h ; **ESA** : 35, 147 b, 177 b, C. Carreau 172/173, P. Carril 21 b, DLR/FU Berlin/G. Neukum 110/111, 111 b, D. Ducros 300/301, A. Fujii 166 h, Halley Multicolor Camera Team/Giotto Project 149 h, Planck Collaboration/T. Dame et al 168 ; **ESO** : 166 b, 173, 213, 218, 219 h, 219 b, 235 h, 238 b, 241 b, 251, 292/293, ALMA (ESA/NAOJ/NRAO)/L. Caldçada 282/283, S. Brunier 233b, 248/249, L. Calçada 230 h, 231 b, F. Courbin 229 h, H. H. Heyer 293, M. Kornmesser 178 b, 224/225, G. Lombardi 291, S. Steinhöfel 184/185, VISTA/J. Emerson 2 ; **Fotolia** : Hubert Koerner 31 h ; **Gary A. Glatzmaier** : (UCSC) 88 b ; **H.E.S.S.** : 288 ; **Interfoto, München** : Bildarchiv Hansmann 268 b, Classicstock 82, Iberfoto 167 h, Imagebroker/Josef Puchinger 274 b, Thomas Höfler 174 b, JTB Photo 174h, Mary Evans Picture Library 157, 194, 273 h, 274 h, NASA/SSPL 24/25, National Trust Photo Library 275 b, PHOTAISA 167 b, Raga/PHOTAISA 30/31, Sammlung Rauch 142/143, 268, 273 b, Toni Schneider 12/13, 70 b, Science & Society 10 b, 64, 65 b, Science & Society/National Aeronautics & Space Administration/SSPL 121 h, 112, 132, 192, 297, Science & Society/Science Museum/SSPL 158, 175, 279 b, Bernd Spreckels 84/85. The Travel Library/Ben Pipe 80 b, ; **ICRR** : Kamioka Observatory/The University of Tokyo 34 ; **Landesamt für Denkmalpflege et Archäologie Sachsen-Anhalt** : Juraj Lipták 267 b ; **Lunar Planetary Institute** : 69 h, 70 h, 139 b ; **mauritius images, Mittenwald** : Â© KINA/ANP Photo/James van Leuven 80 h, AGE 7 b, 21 h, 55 h, 100, 112 h, 148/149, 262, 281 h, Alamy 11, 42/43, 57 h, 176/177, 249 h, 250 b, 264 h, 269, 270/271, 272, Ikon images : 161, imagebroker : 45, 54 h, 54 b, 81 h, 130, 197 b, Kerstin Langenberger 174, Herbert Kehrer 93 b, Bard Loken 20/21, Edm et Nägele 264 b, NPL – Wild Wonders of Europe 58 h, Photo Researchers, Inc. : Chris Cook 43, John Chumack 189 b, 198 b, John R. Foster 162, William Kaufmann/JPL/Science Source 133 h, Calvin Larsen 151, Gerard Lodriguss 156, 158, Jerry Lodriguss 191 b, 199 h, Larry Londolfi 71, Science Source/Fritz Hasler & Hal Pierce 87 h, Jason T. Ware 158 h, Detelv van Ravenswaay 6 h et b, 8/9, 66/67, 68 h, 68, 128 b, H. Schmied 152, P. Widmann 161 h, Photononstop/Christophe Lehenaff : 168 g, Phototake : 56/57, Lee C. Coombs 156 h, 163 b, Prisma 41 b, Profimedia : 217 b, Science Faction : 15 b, 28/29, 40 h, 55 b, 87 b, 150, 153 h, 170/171, 182/183, Science Photo Library : 6 M., 38/39, Mark Garlick 36/37, SuperStock : 90/91 h, 90/91 b, 91 hd, 91 bd, 275 h, United Archives : 25, 129 b, 132 b, 146, 160, 261 b, 265, 267 h, 268 h, 276 h, 277, Westend61 : 82/83 ; **MSAM/TopHat** : 290 ; **NASA** : 60 b, 61 b, 062, 65 h, 73, 75, 77 h, 80/81, 89, 104 b, 116 b, 119, 127 b, 133 b, 134, 139 h, 143 b, 149 b, 150 b, 153 b, 257, 296, 298, Ames Research Center : 61 h, 78, Apollo 11 Crew : 44 h, ARCADE/Roen Kelly 294, H. Bond (STSci), R. Ciardulla (PSU), WFPC2, HAST 185 b, A. Caulet (ST-ECF, ESA) 208 h, COBE Science Team 258, L. Esposito (University of Colorado, Boulder) 96 h, H. Ford (JHU), J.P. Harrington, K.J. Borkowski (University of Maryland) 186, GRIN/Apollo 11 Crew/Neil Armstrong 53 h, GSFC/TOMS science team & the Scientific Visualization Studio 88h, Jeff Hester (Arizona State University) 208 b, Hinode JAXA 18 b, G. Illingworth (UCSC/LO), M. Clampin (STScl), G. Hartig (STScl), the ACS Science Team and ESA 210, Jet Proulsion Laboratory 132 h, 143, Johns Hopkins Applied Physics Laboratory 74, 92 h, Johnson Space Center 68 b, Kepler mission 235 b, Lunar and Planetary Institute/Paul Schenk 118 b, NASSDC Photo Gallery 77 b, 143 h, NOAO/ESA/The Hubble Heritage Team (STScl/AURA) 207 b, Damian Peach 112 b, Raghvendra Sahal and John Trauger (JPL), the WFPC2 science team 212, K. Reardon (Osservatorio Astrofisico di Arcetri, INAF), IBIS, DST, NSO 17, Michael Rich, Kenneth Mighell, James D. Neill (Columbia University), Wendy Freedman (Carnegie Observatories) 226 h, G. Scharmer (ISP ; RSAS), Lockheed-Martin Solar & Astrophysics Lab 16 b, David R. Scott 46/47 ; **NASA/CXC** : ASU/J. Hester et al 222 h, CfA/W. Forman *et al* 223, Chinese Academy of Sciences/F. Lu *et al* 186/187, IUSS/A. De Luca *et al* 222 b, SAO/D. Patnande et al 286/287, University of Wisconsin-Madison/S. Heintz et al 221 h, SDO et AIA, EVE, et HMI science teams 23 b, SOFIA/Tony Landis 295, Steele Hill 27, STScl 226 b, STScl/Digitized Sky Survey/Noel Carboni 195, The Hubble Heritage Team (AURA/STScl) 215, Umass/D. Wang *et al* 169 g, USGS/Viking Project 105 h, Vacuum Tower Telescope, NSO, NOAO 22 h, Voyager 2 136, M. Weiss 181, 188, 227, 228 h, 228 b, Wisconsin/D. Pooley & CfA/A.Zezas 197 h ; **NASA/ESA** : AURA/Caltech 200/201, G. Bacon (STScl) 140/141, 214, 230 b, Bruce Balick (University of Washington), Vincent Icke (Leiden University, The Netherlands), Garrelt Mellema (Stockholm University) 211, S. Beckwith (STScl) and the Hubble Heritage Team (STScI/AURA) 253, S. Beckwith (STScl) and the HUDF Team 258 b, L. Calçada (ESO for STScl) 231 h, J. Clarke (Boston University), Z. Levay (STScl) 123 h, 123 b, ESO/CXC/D. Coe (STScI)/J.Merten (Heidelberg/Bologna) 254, ESO/FITS Liberator/Digitized Sky Survey 193, J. Hester and A. Loll (Arizona State University) 216 b, Margarita Karovska (Hacard-Smithsoniam Center for Astrophysics) 191 h, A. Nota (STScl/ESA) 169 b, R. Massey (California Institue of Technology) 255, J. Parker (Southwest Research Institute) ; P. Thomas (Cornell University), L. McFadden (University of Maryland, College Park), M. Mutchler et Z. Levay (STScl) 142 h, M. Robberto (Space Telescope Science Institute/ESA) 206 b, L. Sromovsky et P. Fry (University of Wisconsin), H. Hammel (Space Science Institue) et K. Rages (SETI Institute) 129 h, Alfred Vidal-Madjar (Institut d'Astrophysique de Paris, CNRS) 234, The Hubble Heritage Team (STScl) 206 h, The Hubble Heritage Team (STScl/AURA) 169 d, 190, 202 h, 205, 207 h, 239, 240, 241 h, 244/245, The Hubble Heritage Team (STScl/AURA)-ESA/Hubble Collaboration 7 M., 236/237, 242/243, The Hubble Heritage Team (STScl/AURA)-ESA/Hubble Collaboration/A. Evans (University of Virginia, Charlottesville/NRAO/Stony Brooks University) 252, The Hubble Key Project Team and the High-Z Supernova Search Team 217 h, The Hubble SM4 ERO Team 204/205 ; **NASA/Human Spaceflight** : 41 h, 45 b, 50, 50/51, 58 b, 59, 62/63, 63 hg, 63 hd, 278 b ; **NASA/Johns Hopkins University Applied Physics Laboratory/Carnegie Institution of Washington** : 92, 94 h, 94 b ; **NASA/JPL** : 4, 40 b, 72, 79 b, 96 b, 97 b, 98/99 b, 99 hg, 99 hd, 107 g, 114/115, 116 h, 120 b, 126(127, 131 h, 135 h, 135 b, 209, 299 b, JHUAPL 144, Malin Space Sciences Systems 104 h, 105 b, 106 h, MSSS 102, Space Science Institute 113, 120 h, 121 b, 122 h, 124/125, 127 h, UCSD/JSC 86/87, University of Arizona 107 d, 118 h, USGS 44 b, 128 h, 136/137 ; **NASA/JPL-Caltech** : 7 h, 36 h, 52 h, 52 b, 79 h, 103, 106 b, 138 b, 147 h, 154/155, 178 h, 179 b, 196 b, 232, 246 h, 286, Cornell/ASU 102, Havard-Smithsonian CfA/DSS 198, S. J. b Higdon (Cornell University) 238 h, R. Hurt (SSC) 125 h, 170 h, J. Jenkins (GSFC) 250 h, h Krause (Steward Observatory) 220, MSSS 110 h, T. Pyle (SSC) 74/75, J. Stauffer (SSC) 196 h, STScl/Vassar 247 h, UCLA 144/145, 246 b, UCLA/MPS/DLR/ IDA 150 h, University of Arizona 76, 122 b, 189 h, 247 b ; **NASA/NSSDC** : 46 b, 69 b, 101 ; **NASA/Planetary Photojournal** : 46 h, 95, 117, 131 b ; **NASA/WMAP Science Team** : 258 h, 259 h, 261 h, 284 h, 284 b, 284/285 ; **NS NOAA** : 85 h ; **NSF** : Forest Banks 288/289, NAIC/ Arecibo Observatory 281 b ; **picture-alliance, Frankfurt a. M.** : imagestate 276 b, imagestate/ HIP/The British Library 157 h, Roy Kaltschmidt/Lawrence Berke 260, United Archives 179 h, WaterFrame 18 h ; **Royal Swedish Academy of Science** : 23 h, SST/LMSAL 12 ; **SOHO** : (ESA & NASA) 10 h, 13, 14h, 14 b, 15 h, 19, 22 b, 24 b, 26 h, 26 b ; **Top-foto** : Assen 280 ; **University of California Santa Cruz** : 216 h ; **Wikimedia Commons** : Gemeinfrei 266 h, 299 hg, distribué sous licence Creative Commons Attribution 2.0 Generic : Cropbot 290 b, Adam Evans 203, distribué sous licence Creative Commons Attribution 3.0 Unported : Lennart Kudling 53 b, distribué sous licence Creative Commons Attribution-Share Alike 3.0 Unported : AllenMcC. 229 b, Anynobody 221 b, Dickbauch 266 b, Harp 241, JorisvS 138 h,Kieff 180 b, Eberhard Marx 60 h, John Owens 33 b, Dr. G. Schmitz 278 h, Skatebiker 163 h, distribué sous licence Creative Commons Attribution-Share Alike 3.0 Unported, 2.5 Generic, 2.0 Generic, 1.0 Generic Pascalou petit 32b

Illustrations :
Römer & Osadtschij, Schwäbisch Gmünd : 16 h, 56 b, 56 h, 83 h, 90 b, 124 h, 148 h, 176, 177 h, 180 h, 259 b, 279 h
Huber Medien GmbH, Munich : Kapitel-Icons

Cartographie :
Huber Medien GmbH, Munich : 93 h, 97 h, 164/165
Institut de cartographie, université technique de Dresde : 48/49, 108/109